Claudia Kaiser

Gefüllte sensitive Hydrogele

Synthese und Anwendung in Aktor-Sensor-Systemen

TUD*press*

Claudia Kaiser

Gefüllte sensitive Hydrogele
Synthese und Anwendung in Aktor-Sensor-Systemen

TUDpress

2012

Die vorliegende Arbeit wurde am 12. September 2011 an der Fakultät Mathematik und Naturwissenschaften der Technischen Universität Dresden als Dissertation eingereicht und am 14. Mai 2012 erfolgreich verteidigt.

Gutachter:
Prof. Dr. rer. nat. habil. Karl-Friedrich Arndt
Prof. Dr. Ing. habil. Gerald Gerlach

Bibliografische Information der Deutschen Nationalbibliothek
Die Deutsche Nationalbibliothek verzeichnet diese Publikation in der Deutschen Nationalbibliografie; detaillierte bibliografische Daten sind im Internet über http://dnb.d-nb.de abrufbar.

Bibliographic information published by the Deutsche Nationalbibliothek
The Deutsche Nationalbibliothek lists this publication in the Deutsche Nationalbibliografie; detailed bibliographic data are available in the Internet at
http://dnb.d-nb.de.

ISBN 978-3-942710-97-8

Verlag der Wissenschaften GmbH
Bergstr. 70 | D-01069 Dresden
Tel.: 0351/47 96 97 20 | Fax: 0351/47 96 08 19
http://www.tudpress.de

Gesetzt vom Autor.
Printed in Germany.

Gefüllte sensitive Hydrogele

Synthese und Anwendung in Aktor-Sensor-Systemen

DISSERTATION

zur Erlangung des akademischen Grades

Doctor rerum naturalium
(Dr. rer. nat.)

vorgelegt der Fakultät Mathematik und Naturwissenschaften

der Technischen Universität Dresden von

Diplomchemikerin Claudia Kaiser
geboren am 31.12.1981 in Karl-Marx-Stadt

Eingereicht am 12.09.2011

Die Dissertation wurde in der Zeit von
August 2007 bis September 2011 an der Professur
„Spezielle Physikalische Chemie/ Physikalische Chemie der Polymere“
angefertigt.

GUTACHTER

Prof. Dr. rer. nat. habil. Karl-Friedrich Arndt

Prof. Dr. Ing. habil. Gerald Gerlach

Tag der Verteidigung: 14.05.2012

Inhaltsverzeichnis

Abkürzungsverzeichnis

$\Delta 2\theta$	Reflexverbreiterung
λ	Wellenlänge
ν_p	Vernetzungsdichte
ω	Drehzahl
ρ	Dichte
ρ_w	spezifischer elektrischen Widerstand
τ	Zeitkonstante
θ	Beugungswinkel
$\vec{B}$	magnetische Induktion
$\vec{F}_C$	Coulombkraft
$\vec{F}_L$	Lorentzkraft
$\vec{v}$	Geschwindigkeit der Ladungsträger
M_c	Netzkettenmolmasse
b	Breite
A_H	Hall-Koeffizient
AFM	Atomic Force Microscopy
ald	gekauft bei SIGMA ALDRICH
Bi	Bismut
BIS	N,N´-Methylenbisacrylamid
c	Konzentration
D	Diffusionskoeffizienten
D_v	virtuelle Dosis
D_{coop}	kooperativer Diffusionskoeffizient
d_L	Leiterdicke
D_{Strahl}	Strahlendosis
DA	Dispergieradditiv
DP	Demonstratorprinzip
DSC	Differential Scanning Calorimetry
e_0	Elementarladung
$E_\perp$	elektrisches Feld (senkrecht)
ESL	Elektronenstrahllithografie
f	Funktionalität
F_M	masseabhängiger Füllgrad
F_V	volumenabhängiger Füllgrad

FG .... Füllgrad
FWHM .... Full Width at Half Maximum/ Halbwertsbreite
g .... Gelgehalt
GG .... Gleichgewicht
GMR .... Giant Magnetoresistance
GNP .... Goldnanopartikel
HG .... Hydrogel
HMF .... halbmetallischer Ferromagnet
HPC .... Hydroxypropylcellulose
I .... Stromstärke
Index 0 .... im Trockenen
Index 1 .... Lösung-/ Quellmittel
Index 2 .... Polymer/ Gel
IPN .... interpenetrierendes Netzwerk
K .... Scherrer-Formfaktor
KPS .... Kaliumperoxodisulfat
KZ .... Koordinationszahl
l .... Länge
L_{xxx} .... maximaler Kristallitdurchmesser senkrecht zum Substrat
LCST .... Lower Critical Solution Temperature
M_R .... magnetische Remanenz
M_w .... molare Masse
MFS .... Magnetfeldsensor
MFS .... Magnetfeldsensoren
n .... Elektronendichte
NIPAAm .... N-Isopropylacrylamid
NP .... Nanopartikel
NW .... Netzwerk
P4VP .... Poly(4-vinylpyridin)
PAS .... Poly(acrylsäure)
PE .... Polyethylen
PF127 .... Pluronic F 127
PNIPAAm ..... Poly(N-Isopropylacrylamid)
PNK .... Polymernanokomposit
pNVW .... polymere Nanoverbundwerkstoffen
PVA .... Poly(vinylalkohol)
PVCL .... Poly(N-vinylcaprolactam)
PVDF .... Poly(vinylidenfluorid)
PVME .... Poly(vinylmethylether)
PÜ .... Phasenübergang
QG .... Quellgrad

QM .... Quellmittel
REM .... Rasterelektronenmikroskop
RET .... Rubber-Elasticity-Theory
RIfS .... Reflektometrische Interferenzspektroskopie
RKKY-WW .... Ruderman-Kittel-Kasuya-Yoshida-Wechselwirkung
Rq .... quadratischer Mittenrauwert
RS .... Rückstand
RT .... Raumtemperatur
s .... Solgehalt
S_A .... Sensorempfindlichkeit
SD .... Schichtdicke
syn .... synthetisiert
T_C .... Curie-Temperatur
T_{crit} .... kritische Entmischungs -oder Phasenübergangstemperatur
t_E .... Einstelldauer
T_G .... Glasübergangstemperatur
TEMED .... N,N,N´,N´-Tetramethylethylendiamin
TG .... Thermogramm
TGA .... Thermogravimetrische Analyse
TOAB .... Tetraoctylammoniumbromid
U_B .... Beschleunigungsspannung
U_H .... Hall-Spannung
UCST .... Upper Critical Solution Temperature
VPÜ .... Volumenphasenübergang
w_B .... Massenbruch
XRD .... X-Ray Diffraction
Zusatz[1] .... Die Darstellung der Titel im Literaturverzeichnis erfolgte nach den Vorgaben der Autoren/ Verlage.
Zusatz[2] .... Die Dezimaltrennzeichen wurden als Punkt angegeben, um eine Einheitlichkeit mit den Ausgaben der verwendeten Auswerteprogramme zu gewährleisten.

Abbildungsverzeichnis

Tabellenverzeichnis

Teil I.

Einleitung

1. Motivation

Die in-situ Verfolgung der Wechselwirkungen von smarten Hydrogelen und niedermolekularen Stoffen im sub-μm Bereich ist mit derzeitig bekannten analytischen Messmethoden nicht möglich. Da aber die Anwendung von Mikrosensoren und -aktoren für biomedizinische Fragestellungen perspektivisch ein enormes Potential darstellt, ist die Entwicklung eines einfachen Messprinzips, welches das sensitiv steuerbare Quellvermögen von vernetzten Polymeren in ein messbares elektrisches Signal umwandelt, ein interessanter Forschungsansatz.

Aktuelle wissenschaftliche Projekte zur Sensorentwicklung müssen daher zwei grundlegende Konzepte verfolgen. Zum Einen soll die direkte Abhängigkeit der Magnetfeldstärke permanent magnetischer, anorganischer Nanopartikel vom Abstand zum Detektor genutzt werden, um den Quellgrad zu bestimmen und so möglicherweise Aussagen über das zu untersuchende Fluid treffen zu können. Des Weiteren gehört der Array-Aufbau zu den schon heute üblichen Standardverfahren, um in der Diagnostik schnell und direkt eine Charakterisierung von Substanzen durchzuführen. Die entsprechenden Forschungen müssen daher die Kombination mehrerer Hydrogelarten, sowie -geometrien beinhalten, mit dem Anspruch der Unbedenklichkeit für eine Zulassung im medizinischen Sektor. In der Hydrogelsynthese erfordert das die Suche nach additivfreien Vernetzungsmethoden, die Strukturen im nm-Bereich erzeugen können.

Gelingt es generell, smarte Hydrogele in definierten Dimensionen darzustellen und zusätzlich verschiedene Sensitivitäten in Hydrogelverbunden oder Mehrschichtsystemen zu kombinieren, eröffnen sich neben der sub-μm-Sensorik weitere interessante Möglichkeiten. Für die Anwendung in einem Aktuator eignen sich Dimensionen im cm- bis mm-Bereich. Will man Transportprozesse verfolgen, ist die Kugelform Ausgangspunkt. Spielt vor allem die Geschwindigkeit der Detektion, beispielsweise bei „Lab-on-a-Chip"-Konstruktionen, eine entscheidende Rolle, müssen beispielsweise angebundene Schichte erzeugt werden. Die Gruppe der „stimuli-sensitiven" oder intelligenten Hydrogele bildet hierbei durch ihre Fähigkeit, auf chemische oder physikalische Reize mit einer Änderung des Quellgrades zu reagieren, das ideale Ausgangsmaterial. In Forschungsarbeiten der Technologiezweige Optoelektronik und Informationsverarbeitung werden sie bereits flächendeckend als Steuerungselemente für Aktor-Sensor-Systeme eingesetzt. Ihr Quellverhalten wird außerdem zur Durchflussregulation in Mikroventilen der Fluidtechnik genutzt. Die Fähigkeit einiger Hydrogele, in den pH- oder Temperaturbereichen des menschlichen Körpers sensitiv zu schalten, macht sie zu potentiellen Materialien für Drug-Delivery-Systeme und für den Einsatz zur Wachstumssteuerung körpereigener Zellen.

2. Zielstellung

Die vorliegende Arbeit befasst sich mit der Synthese sensitiver Hydrogele im μm- und nm-Bereich, sowie deren Quellungsverhalten unter verschiedenen Bedingungen. Es werden pH- und temperatursensitive Polymere hinsichtlich ihrer Vernetzbarkeit auf chemischen und photochemischen Weg, sowie die Vernetzung mit hochenergetischer Elektronenstrahlung untersucht.
Um eine umfassende Charakterisierung zu erreichen, werden die Gele in unterschiedlichen Dimensionen hergestellt. Erste Experimente werden im makroskopischen Bereich (cm- und mm-Maßstab) durchgeführt, da hier die Analytik leichter handhabbar ist. Im weiteren Verlauf ist die Synthese dünner freitragender Filme (μm-Bereich), sowie angebundener Schichten (nm-Bereich) vorgesehen.
Nach erfolgreicher Auswahl geeigneter Polymere und den damit verbundenen Synthesebedingungen, folgt die Herstellung gefüllter Gele. Als Füllmaterialien sollen anorganische Nanopartikel mit magnetischen Eigenschaften dienen. Die Charakterisierung der gefüllten Proben wird im Hinblick auf den Einfluss der Füllstoffe auf die Qualität und die Quelleigenschaften der Gele durchgeführt.
Zum Abschluss soll eine mögliche Anwendung sensitiver, gefüllter Hydrogele in Form eines Sensormodells umgesetzt werden. Dabei werden zwei Sensormessprinzipien diskutiert.
Aus diesen Zielstellungen ergeben sich folgende Aufgabenstellungen:

Identifikation relevanter Polymere Im ersten Arbeitspunkt sollen geeignete Polymere für die nachfolgenden Untersuchungen ausgewählt werden. Dabei gelten für die Darstellung der sensitiven Hydrogele mittels verschiedener Vernetzungsmethoden einige zwingende und optionale Bedingungen, die beachtet werden sollen.

Die ausgewählten Materialien müssen:

- sensitiv auf sich ändernde Umgebungsbedingungen (wie Temperatur, Ionenkonzentration, organische Lösungsmittel oder pH-Wert) reagieren,
- neben mindestens einer anderen Vernetzungsvariante, strahlenchemisch vernetzbar sein und
- die Vernetzungsreaktion darf das sensitive Verhalten nicht beeinträchtigen.

Idealerweise sollten sie:

- schnell verfügbar (einfache Synthese mit geringem Zeitaufwand oder kommerziell beziehbar),

- biologisch verträglich und
- in gewerblich beziehbaren Lösungsmitteln, vornehmlich Wasser, löslich sein.

Untersucht werden sollen die Polymere:

- Hydroxypropylcellulose,
- Poly(4-vinylpyridin),
- Poly(N-isopropylacrylamid) und
- Poly(vinylalkohol)/Poly(acrylsäure) als Vertreter der Blendpolymere.

Vergleich verschiedener Vernetzungsmethoden Im zweiten Teil der Arbeit werden die Polymere hinsichtlich ihres Vernetzungsverhaltens untersucht. Neben der strahlenchemischen Synthese sollen weitere Vernetzungsmethoden an den Polymeren getestet werden, um Qualität und Quellungsverhalten der Proben zu vergleichen. Die Auswahl zusätzlicher Vernetzungsstrategien soll dabei abhängig von den gesammelten Erfahrungen bisheriger Forschungen der Arbeitsgruppe erfolgen. Folgende Synthesen werden durchgeführt:

- die strahlenchemische Synthese von allen Polymeren,
- die chemische Vernetzung von Hydroxypropylcellulose, Poly(N-Isopropylacrylamid) und Poly(vinylalkohol)/Poly(acrylsäure), sowie
- die photochemische Vernetzung von Poly(N-isopropylacrylamid).

Variation der Probendimensionen Um ein umfassendes Anwendungsfeld sensitiver Hydrogele zugänglich zu machen, ist es notwendig, verschiedene Dimensionen herzustellen und diese zu charakterisieren. Mittels der oben genannten Vernetzungsmethoden sollen Probenkörper im cm-, mm-, μm- und nm-Maßstab hergestellt werden. Die Darstellung erfolgt dabei in unterschiedlichen Geometrien, wie Zylinder, Filme, Schichten und Strukturen. Die Schichten und Strukturen werden an ein Silizumsubstrat angebunden, alle anderen Geometrien freitragend hergestellt.

Füllung mit anorganischen Nanopartikeln Um die sensitiven Hydrogele für das Anwendungsfeld der Sensorik zugänglich machen zu können, ist der Einbau anorganischer Füllstoffe notwendig. Dabei erfolgt die Auswahl der Partikel hinsichtlich des Wandlerprinzips, so dass vorwiegend magnetische Effektoren untersucht werden sollen. Die in-situ-Verfolgung der Quellprozesse soll dabei als Signalgebung dienen, wobei die Änderung eines magnetischen Feldes das direkte Messsignal darstellt. Auf Grund der Zieldimensionen der smarten Hydrogele soll ausschließlich mit Partikeln im nm-Maßstab gearbeitet werden.

In diesem Arbeitspunkt sollen folgende Schritte durchgeführt werden:

- Auswahl geeigneter Nanopartikel (unter Berücksichtigung der Anforderungen: homogene Größenverteilung, magnetisches Verhalten und kommerzielle Verfügbarkeit),
- Einbau der Nanopartikel (Untersuchung verschiedener Einbaumethoden),
- Nachweis des dauerhaften Verbunds Nanopartikel-Hydrogel und
- Untersuchung des Einflusses der Partikel auf die Hydrogele.

Charakterisierung des Quellungsverhaltens Beim Einsatz der sensitiven Hydrogele ist das Quellverhalten in Abhängigkeit von veränderbaren Bedingungen wie Quellmittel oder Umgebungstemperatur die relevante Untersuchungsgröße für einen potentiellen Einsatz in der Sensorik. Daher soll für alle Hydrogele untersucht werden, wie ihre Quellung im ungefüllten und gefüllten Zustand von den Synthesebedingungen, Füllgraden, sowie Geometrien beeinflusst wird. Das Hauptinteresse gilt dabei der Quellung in Wasser bei verschiedenen Temperaturen. Weiterhin wird die Quellung in Ethanol untersucht.

Umsetzung eines Sensormodells Nach der Festlegung der geeigneten Materialien folgt, in Zusammenarbeit mit der Arbeitsgruppe Dr. Mönch[1], die Entwicklung eines Sensordemonstrators. Das Messprinzip basiert auf der Änderung des elektrischen Ausgabesignals. Magnetische Nanopartikel werden in eine sensitive Hydrogelstruktur eingebaut. Die Stärke eines Magnetfeldes wird dabei durch die Änderung des Quellzustandes der sensorischen Hydrogelschicht beeinflusst. Für die Umsetzung werden der Hall- und der Giant Magnetoresistance-Effekt als Messprinzip eines Magnetfeldsensors angewendet. Für eine Übertragung auf weitere sensorische Anwendungen wird die Verwendung andere Nanopartikel diskutiert. Dabei stehen Gold für optische, sowie Silber und Bariumtitanat für elektrische Verfahren (z.B. Leitfähigkeitsmessungen) zur Auswahl.

[1]Leibniz-Institut für Festkörper- und Werkstoffforschung Dresden, Institut für Integrative Nanowissenschaften (IFW)

3. Kenntnisstand

3.1. Sensitive Hydrogele

3.1.1. Allgemeine Grundlagen

Definition Unter einem Gel versteht man ein gequollenes dreidimensionales polymeres Netzwerk (NW). Vernetzte Polymere sind in der Lage, eine definierte Menge eines Lösungsmittels aufzunehmen und unter Volumenzunahme zu quellen, ohne dabei selbst in Lösung zu gehen [1]. Die Bezeichnung leitet sich von Gelantine, dem Abbauprodukt des Kollagens ab. Der Aufbau eines Gels erfolgt durch die mechanisch stabile Vernetzung und räumliche Fixierung von Polymerketten über Netzknoten (siehe Abbildung 3.1).

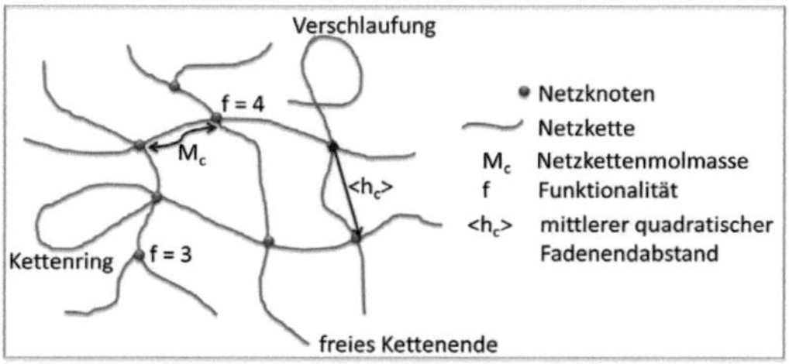

3.1.: Polymeres Netzwerk

In einem NW können neben den verknüpften Netzketten zusätzlich Netzketten mit freien Kettenenden, Verhakungen, sowie zum Ring geschlossene Ketten auftreten. Diese "Defekte" beeinflussen die Qualität, Stabilität und damit das Quellvermögen der Gele.

Chemische und physikalische Betrachtung polymerer Netzwerke Die wichtigste Größe zur Beschreibung ist die Netzkettenmolmasse M_c, definiert als Molmasse eines Kettenstücks, das zwei Vernetzungspunkte miteinander verbindet. M_c ist indirekt proportional zur Vernetzungsdichte ν_p, d.h. zur Anzahl Netzketten (N_C/N_L) in Mol pro Volumeneinheit V.

$$\nu_p = \frac{N_C}{N_L \cdot V} \tag{3.1}$$

Bezieht man sich auf das Volumen des ungequollenen Netzwerkes, gilt zwischen der Dichte des Polymers ρ_2 und der Vernetzungsdichte folgender Zusammenhang:

$$M_C = \frac{\rho_2}{\nu_p} \tag{3.2}$$

Die Bestimmung der Netzwerkdichte und der Netzkettenmolmasse kann über verschiedene Methoden erfolgen [2]. Zu beachten ist dabei, dass sich die erhaltenen Werte, je nach Versuchsaufbau für ein NW unterscheiden können. Es werden nur die elastisch-effektiven Netzketten bestimmt, ohne zwischen chemischen Vernetzungspunkten und mechanischen Verhakungen zu unterscheiden. Die wichtigsten physikalischen Methoden sind Spannungs-Deformations-Messungen und die Gleichgewichtsquellung.
Durch den Vernetzungsprozess kommt es im System zu einer drastischen Eigenschaftsänderung. Das meist flüssige Ausgangsprodukt (oder -gemisch) ändert seinen Aggregatszustand zu fest. Grund ist die zunehmende Zahl der Vernetzungspunkte, die aus einem oligomeren, linearen Polymer ein verzweigtes Molekül aufbauen (Gelierung). Liegt erstmals ein unlösliches Molekül unendlicher Molmasse vor, hat das System seinen Gelpunkt erreicht. Er ist eine der wichtigsten kinetischen Kenngrößen der Vernetzung. Neben der Gültigkeit von $M_W \rightarrow \infty$ treten bei dem Makromolekül ab diesem Punkt eine unendliche Viskosität, sowie charakteristische elastische Eigenschaften auf. Im weiteren Verlauf der Reaktion erhöht sich die Vernetzungsdichte. Es werden jedoch nicht alle Bausteine im Netzwerk eingebaut, so dass nach Abschluss der Vernetzungsreaktion im NW unvernetzte Anteile (M endlich = Sol) und vernetzte Anteile (M unendlich = Gel) vorliegen. Der lösliche Solanteil muss durch Extraktion entfernt werden. Weiterhin kann ein Netzwerk über die Funktionalität f der Vernetzungsstellen definiert werden. f gibt dabei die Anzahl der Netzketten, die pro Netzknoten verbunden sind, an. Die Netzwerkstruktur ermöglicht eine Aussage über die Verteilung der Vernetzungspunkte. Je nachdem ob sie gleichmäßig oder statistisch verteilt vorliegen, werden Eigenschaften wie die Formbeständigkeit unter Wärmeeinwirkung beeinflusst. Die relevante physikalische Größe stellt dabei die Glastemperatur T_G dar. Amorphe Netzwerke gehen bei dieser Temperatur vom stabilen, glasartigen in einen gummiartigen Zustand über. Die Umwandlung tritt sprunghaft auf, so dass eine Bestimmung durch Messverfahren wie die Kalorimetrie oder Differentialthermoanalyse (DTA) erfolgen kann. Je nach Lage der Glastemperatur werden ungequollene polymere Netzwerke in Elastomere und Duromere eingeteilt. Bei Elastomeren liegt eine weitmaschige Vernetzung vor, die T_G liegt unterhalb der Gebrauchstemperatur. Duromere haben eine hohe Vernetzungsdichte und es sind viele, kurze Netzketten vorhanden, so dass T_G oberhalb der Anwendungstemperatur liegt. Grund hierfür ist die große Anzahl Netzknoten je Volumeneinheit, die zu einer eingeschränkten Beweglichkeit der Kettensegmente führt. Allgemein gilt, dass die Glasübergangstemperatur mit der Vernetzungsdichte ansteigt [3].

Einteilung polymerer Netzwerke Die Klassifizierung der Netzwerke kann nach Herkunft, Art der Vernetzung und dem sensitiven Quellvermögen in verschiedenen Quellmitteln erfolgen [3],[4].

Betrachtet man zunächst die Entstehung, kann man Gele natürlichen und synthetischen Ursprungs finden [5]. Typische Vertreter der auf natürlichen Materialien beruhenden Neztwerke sind Wolle oder das Lignin des Holzes. Beide werden seit Jahrhunderten in verschiedenster Form vom Menschen eingesetzt. Problematisch hat sich jedoch die thermische und mechanische Stabilität erwiesen, so dass man sich bereits sehr früh mit Methoden zur Eigenschaftsmodifikation auseinander gesetzt hat. Das bis heute bekannteste vernetzte natürliche Polymer ist Gummi, ein trockenes und dauerhaft elastisches Material, welches erstmals von dem US-amerikanischen Eisenwarenhändler GOODYEAR hergestellt wurde. Durch einen Zufall entdeckte er, dass die Vulkanisation einer Schwefel-Naturkautschuk-Mischung die geforderten Eigenschaften lieferte. 1844 erhielt er dafür vom US-Patentamt das Patent mit der Nummer 3633. 1898 gründeten die Gebrüder SEIBERLING ihre Firma zur Herstellung von Gummierzeugnissen und Reifen und benannten sie in Gedenken nach dem Erfinder GOODYEAR TIRE & RUBBER COMPANY [6].

Eine weitere Option der Einteilung von Netzwerken ist die Art der Bildung und Stabilität der Netzknoten [7]. Erfolgt die Ausbildung der Netzknoten auf Grund von Ordnungseffekten durch Nebenvalenzkräfte (wie Van-der-Waals-Kräfte) und sind sie dadurch ausschließlich reversibel, so spricht man von physikalischen Netzwerken. Sie werden durch Mikrophasentrennung, Verglasung, teilweiser Kristallisation oder mechanischen Verschlaufungen gebildet und sind in ihren Eigenschaften stark von äußeren Einflussgrößen (z.B. Temperatur) abhängig. Sind die Verknüpfungen hingegen irreversibel, liegt eine chemische Vernetzung über kovalente Bindungen vor [3]. Chemische NW sind unlöslich, quellen aber in geeigneten Lösungsmitteln um ein Vielfaches. Das Anwendungsfeld der chemisch vernetzten Polymere ist deutlich breiter gefächert, so dass die meisten technisch relevanten Polymernetzwerke zur zweiten Klasse gehören. Beispiele sind Polyurethanschäume, die als Bauschaum oder Schaumgummi eingesetzt werden, Phenolharze, die in der Klebstofftechnik Anwendung finden oder Polysiloxane für Lacke, Dichtstoffe oder Plastinationen [8]. Eine Sonderform der chemischen Netzwerke stellen die interpenetrierenden Netzwerke (IPN) dar. Hier durchdringen sich zwei unabhängig voneinander gebildete NW gegenseitig, ohne zu reagieren. Mittels dieser Methode können NW aus eigentlich nicht mischbaren Polymeren aufgebaut werden.

Eine ebenfalls übliche Klassifizierung, relevant vor allem in Bezug auf die technische Anwendung, erfolgt nach dem Quellvermögen in verschiedenen Quellmitteln [5]. Je nach Art des Quellmittels unterteilt man in Lyogele (Quellmittel ist eine Flüssigkeit) oder Aerogele (Quellmittel ist ein Gas). Die am häufigsten verwendeten Gele sind Hydrogele. Sie speichern ein Vielfaches ihres Eigenvolumens an Wasser und besitzen neben einer hohen Elastizität eine Weichheit, die diese Materialien für eine Vielzahl von Anwendungen zugänglich machen. Die Einteilung dieser dreidimensionale Polymernetzwerke erfolgt dann nach ihrem Verhalten gegenüber äußeren Einflüssen, d.h. ihrem sensitiven Charakter. Diese Gele werden durch den Zusatz "stimuli-sensitiv", "smart" oder "intelligent" gekennzeichnet. Die Anregung der Eigenschaftsänderung der sensitiven Hydrogele erfolgt über eine Änderung der Umgebungsparameter. Abbildung 3.2 zeigt den Ablauf der Volumenänderung, sowie die Anpassung der mechanischen Eigenschaften schematisch.

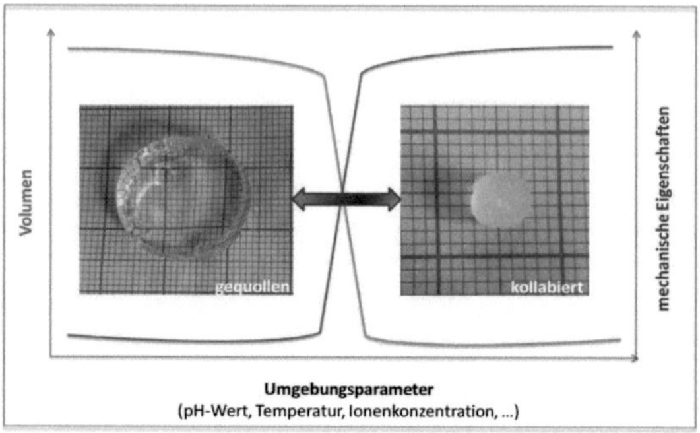

3.2.: Phasenübergangsverhalten sensitiver Hydrogele

Eine Unterscheidung dieser Stimuli kann entsprechend der Reizeinwirkung in chemische, biochemische und physikalische Effekte erfolgen [9]. Zu den chemischen Einflüssen gehören der pH-Wert und die Ionenkonzentration. Physikalisch ist es möglich, die Temperatur zu variieren oder elektrische Felder anzulegen [10]. Bei der biochemischen Anregung werden Enzyme oder Metabolite eingesetzt [11]. Die Hydrogele reagieren mit Formänderungen, Änderungen der mechanischen oder optischen Eigenschaften und mit Volumenab- oder -zunahme auf die Umgebungsänderung, wobei alle Reaktionen bei einer entsprechenden Anpassung der Umgebungsparameter reversibel sind. Der Volumenphasenübergang (VPÜ) (Zustandsänderung gequollen $\leftrightarrow$ ungequollen) kann damit wiederholt induziert werden. Im Bereich unterhalb des kritischen Punktes (z.B. T_{crit}, pH_{crit}, c_{crit}) sind die polymeren Netzketten stark aufgeweitet, dass Hydrogel verhält sich auf Grund des hohen Wassergehaltes elastisch. Ausgehend vom Vernetzungsgrad variieren hier die mechanischen Eigenschaften von hoch elastisch bis mechanisch stabil [12]. Steigt der Wert der physikalischen Eigenschaft, schwächt sich der Einfluss der Wasserstoffbrückenbindungen des Wassers auf die polymeren Ketten ab, so dass der Quellgrad des Hydrogels sinkt. Am kritischen Punkt ändert sich die Eigenschaft des Lösungsmittel abrupt von gut nach schlecht. Das Hydrogel kollabiert, was eine drastische Änderung der mechanischen Eigenschaften zur Folge hat (z.B. das Hydrogel wird fester). Oberhalb des kritischen Bereiches treten kaum weitere Veränderungen des Quellgrades oder der mechanischen Werte auf.
Die ersten theoretischen Voraussagen zum Phasenübergang von gequollenen Gelen stammen aus dem Jahr 1968 von DUŠEK und PATTERSON [11]. Sie beschrieben ihn als eine Trennung in eine polymerreiche und eine polymerarme Phase. Weitere umfassende wissenschaftliche Betrachtungen von Phasenübergängen gequollener Gelsysteme, stammen aus dem Jahr 1978 von TANAKA [13]. Eine detaillierte Unterscheidung des sensitiven Quellverhaltens von ionischen und nichtionischen Hydrogelen wurde von HOOPER et al. vorgenommen [14], [15]. Sie untersuchten den Einfluss der Ausgangsreaktanten auf das Phasenübergangsverhalten.
Zu den in der Literatur am häufigsten charakterisierten Sensitivitäten gehört die Thermo-

sensitivität. Bei Hydrogelen mit dieser Eigenschaft tritt durch eine Temperaturänderung über bzw. unterhalb einer kritischen Phasenübergangstemperatur (T_{crit}) ein Volumenphasenübergang auf. Zeigt sich eine Phasenseparation von Hydrogel und Quellmittel oberhalb T_{crit}, spricht man vom LCST-Verhalten (Lower Critical Solution Temperature). Untersuchungen dieser Systeme haben gezeigt, dass der Vorgang der Phasenseparation entropiebestimmt ist und der Hauptanteil der thermodynamischen Kraft auf die Überwindung der Wasserstoffbrückenbindungen bei der Erwärmung des Hydrogels zurückzuführen ist. Beeinflusst werden kann die Lage der LCST durch den Anteil hydrophiler Gruppen im NW. Steigt dieser, sinkt die LCST, eine Verringerung führt zu einem Anstieg der Temperatur [16]. Kommt es zur Phasenseparation unterhalb T_{crit}, liegt ein UCST-Verhalten (Upper Critical Solution Temperature) des Systems vor. Abbildung 3.3 (in Anlehnung an [3]) zeigt schematische die Darstellung eines Phasendiagramms des LCST (links)- bzw. UCST-Verhalten (rechts).

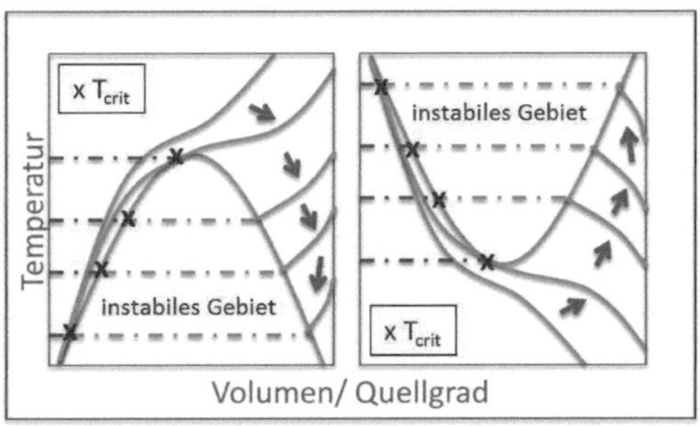

3.3.: Phasendiagramm des LCST- und UCST-Verhalten

Die Diagramme zeigen einen diskontinuierlichen Volumenphasenübergang, der die Vorraussetzung für den Einsatz sensitiver Hydrogele in Sensor-Aktor-Systemen darstellt. Die Lage des Übergangs ist dabei eine Funktion der Zusammensetzung des Ausgangspolymers. Eine Verschiebung der kritischen Temperatur kann durch eine Änderung der chemischen Zusammensetzung (z.B. Einbau ionischer Gruppen) erfolgen. Mit steigendem Anteil tritt dann eine höhere LCST bzw. UCST auf (dargestellt durch die Pfeile im Diagramm). Die Breite des instabilen Gebiets ist eine Funktion der Vernetzungsdichte. Schwach vernetzte Gele weisen einen diskontinuierlichen Übergang auf, sie sind somit ungeeignet für die Anwendung in der vorliegenden Arbeit. Der geforderte kontinuierliche Verlauf kann nur durch einen ausreichenden Vernetzungsgrad erreicht werden.

Das UCST-Verhalten tritt hauptsächlich bei Polymeren in organischen Lösungsmitteln wie Polyethylen (PE) auf [17], LCST-Verhalten findet man bei Polymeren wie HPC [18], PNIPAAm [19] und PVME [20]. Dabei haben Untersuchungen gezeigt, dass das sensitive Verhalten der Polymere auf die Gele, unabhängig von der Vernetzungsart, übertragen werden kann. Hirokawa und Tanaka untersuchten beispielsweise PNIPAAm-Hydrogele und wiesen einen Phasenübergang (PÜ) bei ca. 33 °C nach [21]. Das Polymer weist eine

Temperatur von 31 °C auf.
Sind basische oder saure Komponenten im NW eingebaut, kann das Quellverhalten durch eine Änderung des pH-Wertes beeinflusst werden. Der PÜ wird durch die Ladung und damit die Basizität bzw. Acidität der Monomere bestimmt. Die Säuregruppen liegen in einem sauren Milieu protoniert, d.h. ungeladen vor. Kommt es zu einer Verschiebung in den basischen Bereich, deprotonieren sie und durch die Ladungserzeugung steigt die Hydrophilie. Das Hydrogel beginnt zu quellen. Dem gegenüber quellen basische Gruppen in einem pH-Bereich < 7, da hier die Protonen anbinden und Ladungen erzeugen. Im Basischen hingegen liegen sie entquollen vor. Untersuchungen zum pH-abhängigen Verhalten wurden unter Anderem von SIEGEL et al. gemacht. Ihre Experimente bezogen sich hauptsächlich auf Hydrogele auf Basis polyelektrolyter Comonomere [22], [23].

In Tabelle 3.1 sind die oben beschriebenen Klassifizierungsmöglichkeiten vernetzter Polymere zusammengefasst und Beispiele sowie Verwendungsmöglichkeiten angegeben.

TYPOLOGIE	EINTEILUNG	BEISPIELE	VERWENDUNG
Vorkommen	natürlich	Wolle	Kleidung
	synthetisch	Lignin	Brennstoff
	modifiziert	Bakelite	Haushaltsgeräte
Vernetzung	physikalisch	Kollagen	Gelatine
	chemisch	Polyurethan	Dichtungen, Schläuche
Quellmittel	Flüssigkeit	Lyogel	Kontaktlinsen(Hydrogel)
			Stabilisatoren(Organogel)
			Desinfektionsmittel(Alcogel)
	Gas	Aerogel	thermischer Isolator(Silikat-Aerogel)
Sensitivität	Temperatur	PNIPAAm	Drug-Delivery
	pH-Wert	P4VP	pH-Sensor
	c(Ionen)	PVA/PAS	Drug-Delivery

Tabelle 3.1.: Klassifizierungsoptionen vernetzter Polymere

Aufbau polymerer Netzwerke Die Darstellung von Polymernetzwerken durch chemische Verknüpfungen wird in zwei Reaktionsarten unterteilt [3]:

1. Polymeraufbau und Vernetzungsreaktion laufen simultan ab, es liegt ein Ein-Schritt-Mechanismus vor. Die niedermolekularen Moleküle reagieren zu linearen, verzweigten oder vernetzten Strukturen.
2. Im Zwei-Schritt-Mechanismus erfolgt die Netzwerkbildung nach dem Polymeraufbau. Die Initiierung der Vernetzung kann beispielsweise chemisch durch Peroxide, oder energiereiche Strahlung erfolgen.

Beispiele für die simultane Synthese sind die durch Polykondensation, bei Verwendung von multifunktionalen Monomeren, erzeugten Duromere (z.B. Phenolharze), sowie durch radikalische Polymerisation von bi- und multifunktionellen Verbindungen gebildete Elastomere. Die Induzierung kann thermisch, photochemisch und mittels energiereicher Strahlung (γ-, UV- oder Elektronenstrahlung) erfolgen. Der getrennte Ablauf wird bevorzugt, wenn die Vernetzung erst nach der Formgebung stattfinden soll. Ausgangspunkt kann die Verwendung funktioneller Gruppen (z.B. Isocyanate), die strahlenchemischen Vernetzung oder die Plasmavernetzung sein. Die Vernetzung wird dabei zur Modifizierung von mechanischen Eigenschaften, wie der Erhöhung der Temperaturbeständigkeit, angewandt. Die Auswahl der geeigneten Vernetzungsvariante wird vor allem durch das gewählte Monomer, sowie das spätere Anwendungsprofil entschieden. Je nach Reaktionsart kann man die Homogenität des Netzwerkes (Bedingung für die Transparenz des Gels) und den Vernetzungsgrad/ Vernetzungsdichte (beeinflusst mechanische Stabilität, steuert Quellprozess und reguliert Eindringtiefe energiereicher Strahlung) beeinflussen. Abbildung 3.4 zeigt den Einfluss der Netzwerkstruktur auf die daraus resultierenden Eigenschaften.

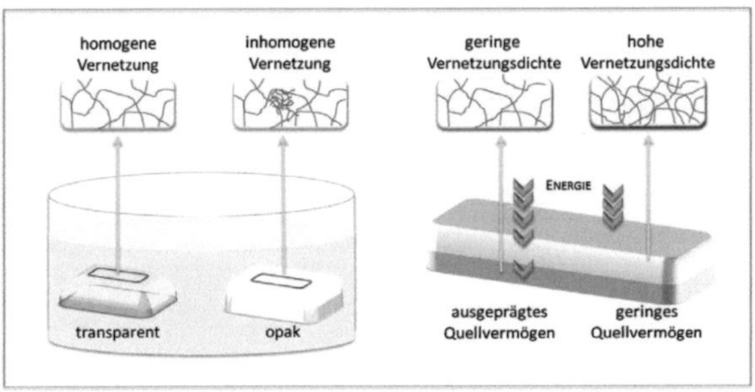

3.4.: Geleigenschaften in Abhängigkeit von der Vernetzung

In der vorliegenden Arbeit wurden Vernetzungsmethoden beider Mechanismen angewandt. Eine ausführliche Beschreibung erfolgt in Kapitel 5.

Quellprozesse polymerer Netzwerke Die unendliche Molmasse eines Netzwerks bedingt die Unlöslichkeit der Materialien. Die Zugabe eines Lösungs- bzw Quellmittels führt, durch die Affinität der hydrophilen Gruppen, zu dessen Aufnahme in das Netzwerk und Quellung durch Dehnung der Vernetzungsstellen. Ist ein Gleichgewicht (GG) erreicht, spricht man von einem Gel im Zustand der Gleichgewichtsquellung. Es stellt sich ein Gleichgewicht zwischen der osmotischen Kraft (Verdünnung des Polymeren durch Lösungsmittelaufnahme, beschrieben durch die Flory-Huggins-Theorie) und der elastischen Rückstellkraft durch Deformation des Netzwerkes während der Quellung (beschrieben durch die Rubber-Elasticity-Theory (RET)) ein. Für das GG gilt, dass das chemische Potential des Quellmittels in der Umgebung (μ') (bei reinem QM gilt $\mu' = \mu_0$) gleich dem chemischen Potential des Quellmittels in dem NW (μ_1) ist.

$$\Delta\mu = \mu_1 - \mu_0 = 0 \tag{3.3}$$

Die Änderung des Quellungszustands erfolgt daher nur solange $\Delta\mu \neq 0$ ist [5]. Das chemische Potential setzt sich dabei aus der Addition folgender zwei bzw. bei ionischen Netzwerken drei Hauptermen zusammen:

$$\Delta\mu = \Delta\mu_{mix} + \Delta\mu_{net}(+\Delta\mu_{ion}) \tag{3.4}$$

Die Änderung des chemischen Potentials beim Mischen von Polymer und Lösungsmittel wird durch den Mischungsterm $\Delta\mu_{mix}$ beschrieben. Er wird mit Hilfe der FLORY-HUGGINGS-Theorie definiert:

$$\Delta\mu_{mix} = R \cdot T \cdot [ln(1-\phi) + \phi + \chi \cdot \phi^2] \tag{3.5}$$

R gibt die allgemeine Gaskonstante, T die absolute Temperatur, ϕ den Volumenanteil des Polymers im Gel und χ den FLORY-HUGGINGS-Wechselwirkungsparameter an. Dieser beschreibt die Wechselwirkungen zwischen dem Polymer bzw. Gel und dem Lösungs- bzw. Quellmittel. Je kleiner der Wert ist, desto besser ist die Qualität des entsprechenden Lösungsmittels für das Polymer und desto höher ist die Gleichgewichtsquellung des Gels [24].
Die Rubber-Elasticity-Theory leitet den Netzwerkterm $\Delta\mu_{net}$ her. Es wird die maximale Ausdehnung des Netzwerkes bei der Quellung beschrieben, die durch die Elastizität der Polymerketten zwischen zwei Vernetzungspunkten definiert ist. In einfachen Fällen wird sie wie folgt beschrieben:

$$\Delta\mu_{net} = R \cdot T \cdot V_1 \cdot \frac{n_e}{V_2} \cdot \phi^{1/3} \tag{3.6}$$

V_1 gibt das Molvolumen des reinen Lösungsmittels an, V_2 das Volumen des trockenen Polymers und n_e die Anzahl der elastisch effektiven Ketten im Netzwerk. Das Verhältnis n_e/V_0 beschreibt den Vernetzungsgrad des Polymers. Der ionische Term $\Delta\mu_{ion}$ spielt bei der Anwesenheit weiterer Ionen (z.B beim Einbau von ionischen Comonomeren) innerhalb und außerhalb des Netzwerks eine Rolle. Er berechnet sich:

$$\Delta\mu_{ion} = -R \cdot V_1 \cdot \sum_j (c_j^{Gel} - c_j^{ext}) \tag{3.7}$$

c_j^{Gel} gibt die Stoffmengenkonzentration der mobilen Ionen der Sorte j im Gel, c_j^{ext} in der umgebenden Lösung an. Liegt das Gel im gequollenen Zustand vor, erniedrigen die Gegenionen das chemische Potential. Auf Grund des Beitrags zur Freien Enthalpie G verfügen Gele die einen ionischen Comonomeranteil enthalten ein stärkeres Quellvermögen, als Gele aus ausschließlich ungeladenen Polymeren. Auch die Abstoßung zwischen den Gruppen hat eine zusätzliche Netzwerkaufweitung zur Folge [25].
Die Menge an aufgenommenen Quellmittel (d.h. der Quellgrad (QG)) wird dabei durch die Molmasse der Netzketten, sowie der Wechselwirkung zwischen Molekülen und QM beeinflusst [3]. An Hand der Qualität des QM ergibt sich die Unterscheidung in endo- und exotherme Quellung. Der Quellprozess ist durch die wirkenden Kräfte auf die Netzketten bestimmt. Erste umfassende theoretische und experimentelle Untersuchungen zum Quell-

verhalten von polymeren Gelen wurden bereits 1953 von FLORY veröffentlicht [26]. Seine Ergebnisse befassten sich vor allem mit der Thermodynamik der Wechselwirkungen zwischen dem NW und dem Quellmittel. Bei Zugabe eines QM zu einem trockenen, kollabierten NW kommt es durch die Wechselwirkungen NW-QM zur Aufweitung der Ketten. Deren Streckung führt zu einer Entropieabnahme, bis der Enthalpiegewinn durch die Änderung der inneren Energie diese ausgleicht. Damit beeinflussen der osmotische Druck und die Deformationskraft die Quellung gegenläufig. Hat sich ein Gleichgewichtszustand eingestellt, ist der maximale Quellungsgrad Q_0 erreicht. Er ist abhängig von der Güte des QM und der Vernetzungsdichte. Es ergibt sich ein Maximum bei einem geringen Wert für ν_c und einem Löslichkeitsparameter, der gleich dem des NW ist. Die Auswertung des QG kann in Abhängigkeit von der aufgenommenen Quellmittelmasse (Q_M) oder dem -volumen (Q_V) erfolgen. Die folgenden Gleichungen nach [3] definieren die mathematischen Zusammenhänge.

$$Q_M = 1 + \frac{m_1}{m_2} \tag{3.8}$$

$$Q_V = 1 + \frac{V^*{}_1}{V^*{}_2} = 1 + (Q_M - 1)\frac{\rho_2}{\rho_1} \tag{3.9}$$

Der Index *1* repräsentiert dabei das QM, *2* das NW. $V^*{}_1$ ist somit das aufgenommene Quellmittelvolumen, $V^*{}_2$ gibt das Volumen des ungequollenen Netzwerks an. Zur thermodynamischen Auswertung wird Q_V bevorzugt, da folgende Beziehung gilt:

$$Q_V = \frac{1}{\phi_2} \tag{3.10}$$

Werden die Eigenschaften des QM (hier Wasser) durch die Variierung eines äußeren physikalischen oder chemischen Stimulus beeinflußt (Änderung von μ') und das makromolekulare Netzwerk reagiert mit einer sprunghaften Änderung, bezeichnet man diese als sensitive oder smarte Hydrogele. Während des Quell- und Entquellvorgangs kommt es zur Änderung der Kettenkonformation, was einen direkten Einfluss auf das Volumen und somit die Größe des Gelkörpers hat. Erfolgte die Vernetzung statistisch, quellen die Gele isotrop, d.h. die Volumenzunahme erfolgt gleichmäßig in alle Raumrichtungen. Die Bestimmung des QG über die Messung der Probenhöhe bzw. dem Probendurchmessers im trockenen bzw. entgequollenen (d_0) sowie gequollenen (d_q) Zustand. Q_V berechnet sich dann:

$$Q_V = \left(\frac{d_q}{d_0}\right)^3 \tag{3.11}$$

Ein Gel verknüpft flüssigkeits- und festkörperähnliche Eigenschaften. Sie sind deformierbar, behalten jedoch ihre Formstabilität. Diffusionsprozesse sind durch die hohe Beweglichkeit der Makromoleküle bevorzugt. Eine Beschreibung der Kinetik von Quellprozessen erfolgte durch TANAKA et al. im Jahr 1979 [27]. Frühere Untersuchungen von TANAKA, HOCKER und BENDEK bezogen sich auf die Bewegungsgleichung von quellfähigen Netzwerken [28].

Eine für die Quellung typische Zeitkonstante τ berechnet sich danach für $t \mapsto \infty$:

$$Q(t) = \frac{U(t)}{\Delta a_0} = B_1 \cdot e^{-t/\tau_1} \tag{3.12}$$

Mit *U(t)* der Auslenkung zum Zeitpunkt *t*, Δa_0 der Differenz des Radius zum Zeitpunkt *t=0* und der Konstante B_1 (Herleitung siehe [28]). Über die logarithmische Auftragung von $\Delta U(t)/\Delta a_0$ über t/τ ergibt sich aus dem Anstieg die Zeitkonstante, die folgende Abhängigkeit zeigt:

$$\tau \sim \frac{l^2}{D_{coop}} \tag{3.13}$$

l beschreibt in dieser Gleichung eine charakteristische Dimension des Gels, D_{coop} den kooperativen Diffusionskoeffizienten, bestimmbar z.B. mit Dynamischer Lichtstreuung.
Die Verfolgung der Quellung der Hydrogelproben erfolgt in der vorliegenden Arbeit über ein Mikroskop mit angeschlossener CCD-Kamera. Ausgewertet werden dabei Volumen- und Massenquellungsgrad.
Die Volumenänderung kann, in Abhängikeit vom Aufbau der Gelmatrix, kontinuierlich über einen weiten Anregungsbereich oder sprunghaft mit einem charakteristischen kritischen Umschlagpunkt erfolgen. Für eine Anwendung in Sensorsystemen sind vor allem die Netzwerke interessant, die kontinuierliche Phasenübergänge zwischen dem gequollenen und kollabierten Zustand aufweisen. Hierbei handelt es sich vor allem um polyelektrolyte NW. Die Steuerung der reversiblen PÜ sind unter anderem durch Änderungen bei der Temperatur sowie der Einstellung von äußeren elektrischen Feldern möglich [29].
Zusammenfassend zeigt sich, dass die Möglichkeit der gezielten Steuerung des sensitiven Quellprozesses das Hauptkriterium für den Einsatz intelligenter Hydrogele ist. Die dafür grundlegenden Voraussetzungen sind:

- Kenntnis der Transportprozesse während des Quellvorgangs,
- Einstellbarkeit des Quellgrades und
- Steuerung der Quellkinetik.

Beherrscht man diese Faktoren, ist man in der Lage, das entsprechende Hydrogel mit der kürzesten Antwortzeit auf die Änderung der relevanten Umgebungsbedingung zu identifizieren [30].

3.1.2. Beispiele für die Anwendung von Hydrogelen

Die Nutzung von Hydrogele in Alltagsprodukten, bleibt dem Anwender zwar meist verborgen, ist jedoch weitreichend und unverzichtbar. Auf Grund ihrer Weichheit, Elastizität und der Biokompatibilität vieler Vertreter, erstreckt sich ihr Einsatz auf Produkte aus der Lebensmittel-, Pharmazeutik- und Kosmetikindustrie, der Medizin und Biomedizin, aber ebenso auf technische Anwendungen der Mikroelektronik, Informatioinstechnologie, sowie der Energiegewinnung [5].
Das wohl bekannteste Produkt wurde 1961 von Mills entwickelt. Das chemisch vernetz-

te Copolymer aus Acrylsäure und Natriumacrylat zeichnet sich durch das Vermögen aus. ein Vielfaches des Eigenvolumens an Flüssigkeit zu speichern, ohne diese unter Belastung wieder abzugeben. Seit 1987 finden die als Superabsorber bezeichneten Gele Anwendung in Windeln und Damenhygieneprodukten [31]. Doch auch andere Branchen nutzen das Potential. Superabsorber finden zunehmend in der Bauchemie (Verdickungsmittel in Mörtel [32]), der Brandbekämpfung (Gel-Löscher [33]) oder im Gartenbau (Speicher für die Langzeitversorgung mit Wasser und Nährstoffen [34]) Verwendung.
Die ersten medizinisch interessanten Hydrogele wurden von der Gruppe um WICHTERLE [35] Ende der 1950er Jahre untersucht. Zur Herstellung weicher Kontaktlinsen synthetisierten sie Gele auf Basis des Polymers Poly(2-hydroxyethyl methacrylat) (PHEMA).
Ein ständig wachsendes Potential für den Einsatz im biomedizinischen Bereich zeigen speziell die sensitiven Hydrogele. Gerade auf dem Gebiet der pH- und temperatursensitiven Hydrogele sind in den letzten Jahren zahlreiche neue Forschungen veröffentlicht worden [9]. So untersuchten KISHI et al. die Anwendbarkeit des strahlenchemisch vernetzten Poly(vinylmethylethers) (PVME) als künstlichen Muskel [36] oder LUTOLF et al. als funktionale Oberfläche zur Wachstumssteuerung von Zellen [37].
Ein ebenfalls zukunftsweisendes Forschungsgebiet, das neue Produkte auf der Basis der Hydrogele entwickelt, ist die Sensorik und Aktorik. Untersuchungen der Arbeitsgruppe ARNDT et al. haben gezeigt, dass das temperatursensitive Poly-N-isopropylacrylamid (PNIPAAm) zur Steuerung der Durchflussraten automatischer Mikroventile eingesetzt werden kann [29]. Durch die Änderung der Temperatur schaltet die Hydrogelstruktur und der Durchfluss kann gesteuert werden. Auf Grund erster Untersuchungen des Vernetzungs- und Strukturierungsverhaltens des temperatursensitiven PVME hat die Gruppe den Einsatz dieser Hydrogele in sogenannten "Bio-Chip-Labors" diskutiert. Der Gruppe um GERLACH[2] gelang es auf Basis eines Gels, welches aus einem basischen und einem sauren Polymer synthetisiert wurde, einen neuartigen pH-Sensor zu entwickeln. Dieser misst in Abhängigkeit von der Verformung einer Biegeplatte eine induzierte Spannung. Die Steuerung wird durch das Quellen bzw. Entquellen des Gels kontrolliert. 2005 konnte das Prinzip dann auf einen chemischen Sensor übertragen werden. Hierbei wird die Zusammensetzung einer Flüssigkeit auf Grund der Lage des Phasenübergangs des in der Flüssigkeit gequollenen Gels bestimmt [38]. Übersichtsarbeiten zum Einsatz sensitiver Hydrogele im sensorischen und aktorischen Bereich finden sich in [39] und [40].

Neben der Verwendung der Hydrogele in Abhängigkeit von ihren entsprechenden Sensitivitäten, entwickelt sich derzeit ein weiteres Untersuchungsgebiet rasant. Durch die Füllung dieser Gele mit anorganischen Nanopartikeln ist es möglich das Einsatzfeld deutlich zu erweitern und so neue Produktlösungen zu entwickeln. Vor allem auf dem Gebiet der Sensoren sind in den nächsten Jahren eine Vielzahl von Forschungsarbeiten zu erwarten. Im Folgenden soll der Einsatz von Füllstoffen, sowie der derzeitige Literaturstand vorgestellt werden.

[2]Institut für Festkörperelektronik, Technische Universität Dresden

3.2. Nanopartikel als Füllstoffe für sensitive Hydrogele

Für die Füllung sensitiver Hydrogele gibt es zwei Anwendungsoptionen. Zum einen können Wirk- oder Nährstoffe in ein NW eingebracht, so geschützt bis zum eigentlichen Wirkungsort tansportiert und dort durch eine Änderung der Umgebungsbedingungen freigesetzt werden. Diese Methode findet vor allem in der Medizin in Drug-Delivery-Systemen [41], [42] oder im Gartenbau in der Düngerversorgung [34] Verwendung. Im zweiten Fall geht es um die selektive Auswertbarkeit des sensitiven Quellvermögens der Hydrogele. Hierbei soll mit Hilfe des Einbringens der NP der Quellvorgang quantitativ messbar bzw. steuerbar werden. Mögliche Anwendungsfelder sind aktorische und sensorische Systeme. Für die vorliegende Arbeit spielt ausschließlich der zweite Ansatz eine Rolle. Daher wird dieses Prinzip im Folgenden ausführlich behandelt.

3.2.1. Allgemeine Grundlagen

Die Nanowissenschaften ("$\nu\alpha\nu o\zeta$ " abgeleitet aus dem altgriechischen für Zwerg) beschäftigen sich mit der Dimension, die geometrisch den millionsten Teil eines Millimeters beschreibt. Der Physiknobelpreisträger R. FEYNMAN gilt, auf Grund seines aus dem Jahre 1959 stammenden Vortrags, als Begründer dieser Technologie [43]. Er sprach bereits damals über seine Visionen zur Beeinflussung von Materie im Nanometerbereich, sowie den daraus resultierenden technologischen Möglichkeiten. Trotz der, zu diesem Zeitpunkt noch fehlenden elektronischen Verfahrensweisen für die experimentelle Umsetzung, skizzierte er bereits zahlreiche Anwendungsideen. Die endgültige Begriffseinführung "Nanotechnologie" erfolgte dann 1974 durch den Japaner TANIGUCHI. Bis zu den ersten technischen Umsetzungen dieser Dimension dauerte es jedoch noch bis in die frühen 1980er Jahre. Ausschlaggebend war hier die Erfindung der Rastertunnelmikroskopie 1981 [44]. Die erste nanoskalige Manipulation gelang 1990 den beiden Forschern EIGLER und SCHWEIZER. Sie ordneten 35 einzelne Xenonatome auf einer Nickeloberfläche in Form des IBM-Logos an. Neben den technologischen Entwicklungen zur Veränderung von Einzelatomen, motivierten vor allem die Entdeckung neuartiger Werkstoffe den rasanten Forschungszuwachs in den Nanowissenschaften. Zu den Meilensteinen gehören dabei die Fullerene ($\oslash$ ca. $7 \cdot 10^{-10}$ m) (1986) [45] und die Kohlenstoffnanoröhren ($\oslash$ ca. 1 - 50 nm) (1991) [46].

Synthese auf Nanoebene Bereits seit den 1980er Jahren beschäftigen sich Forscher mit der Synthese neuartiger Stoffe im sub-μm-Bereich. Für die Darstellung der Partikel gibt es zwei Herangehensweisen [44], [47]:

1. "Bottom-Up"-Ansatz: durch die Kombination einzelner Atome und/ oder Moleküle werden nanoskalige Einheiten aufgebaut.
2. "Top-Down"-Ansatz: hierbei werden mittels vorwiegend physikalischen Methoden Strukturen des makroskopischen Bereich bis in die Nanodimension verkleinert.

Mit Hilfe des "Bottom-Up"-Ansatzes werden Einzelatome, -moleküle oder Strukturen gezielt angeordnet um neue Objekte mit definierten Eigenschaften zu erzeugen [48]. In der Chemie wird dieser Ansatz bereits jahrzehntelang erfolgreich verwendet. Beispielsweise werden Säuren, Katalysatoren oder thermische Energie eingesetzt, um Oberflächen gezielt zu bearbeiten. Deutlich feinere und exakt reproduzierbare Strukturen erhält man dagegen erst mit neu entwickelten Methoden, wie der Rasterkraftmikroskopie. Damit lassen sich einzelne Atome definiert verschieben und platzieren. Eine dritte Möglichkeit ist die gezielt gesteuerte Selbstorganisation auf nanoskaliger Ebene. Durch autonom ablaufende Neuordnungen entstehen symmetrische Strukturen. Mit den letzten beiden Vorgehensweisen lassen sich eindrucksvolle Geometrien darstellen, jedoch sind bisher nur geringe Ausbeuten möglich, so dass ein großtechnischer Einsatz derzeit nicht absehbar ist. Die Darstellung der Füllstoffe für die Untersuchungen im Rahmen der Arbeit erfolgte durch die partikelspezifischen "Bottom-Up"-Verfahren (siehe Kapitel 4.2).
Im "Top-Down"-Ansatz werden mittels lithografischer Prozesse Nanostrukturen aus deutlich größeren Dimensionen erzeugt [49]. Das derzeit bekannteste Anwendungsfeld repräsentiert die Mikroelektronik. Hier wird das Verfahren zur Darstellung mehrerer sub-μm Strukturen auf einem Wafer genutzt. Zunächst erfolgt die Herstellung einer Lithografiemaske. Diese wird in den Lichtstrahl eines optischen Belichtungssystems gebracht, verschiedene Linsen realisieren dann die Strukturübertragung in den nm-Bereich auf das Substrat. Die eigentliche Strukturerzeugung wird durch das anschließende chemische Ätzen ausgelöst, das den zuvor aufgebrachten Schutzfilm an den Stellen entfernt, die bestrahlt wurden. Limitiert wird die Miniaturisierung der Abbilder mit diesem Verfahren durch die Wellenlänge des verwendeten Laserlichts. Abhilfe schaffen hier neu entwickelte Methoden, wie die Elektronenstrahllithografie, welche in der vorliegenden Arbeit für die Synthese der Hydrogelstrukturen verwendet wird (siehe Kapitel 5.3.3).

Anwendung von synthetischen Nanopartikeln Obwohl die Forschungen bezüglich Darstellung und Charakterisierung derzeit überwiegend noch im Grundlagenbereich stattfinden, sind Partikel im Nanometerbereich bereits jetzt in zahlreichen Produkten des täglichen Lebens zu finden [50]. Grund hierfür ist vor allem, dass in dieser Dimension neuartige Eigenschaften der Materialien auftreten, die sie im makroskopischen Bereich nicht aufweisen: beispielsweise quantenphysikalische Effekte oder das vornehmliche Auftreten von Oberflächen- und Grenzflächeneigenschaften anstatt der üblichen Volumeneigenschaften. Sie bilden die Grundlage für die Nutzung der Nanomaterialien in der Umwelttechnik (z.B. Brennstoffzellen, LEDs) [51], Automobiltechnik [52], Elektronik und Informationstechnologie (z.B. Computerchips, Speicherschichten in Festplatten) [53], sowie der Lebensmittel- und Medizintechnik (z.B. antibakterielle Verpackungen) [54]. Die Experimente in diesem Forschungsschwerpunkt erstrecken sich dabei überwiegend auf die Cluster- und Oberflächenphysik, sowie -chemie, die Halbleiterphysik und den Bereich der Lebensmitteltechnologie (sog. Nano-Food). Ein bisher eher kleinerer Forschungsbereich stellt die Entwicklung von sogenannten Nanobots dar. Hierbei handelt es sich derzeit noch um den ausschließlich

hypothetischen Ansatz zur Entwicklung autonomer Maschinen im nm-Format [55]. Die chemische Synthese von Nanopartikeln wird im weiteren Sinne ebenfalls in den Nanotechnologiebegriff eingeordnet.
Die Klasse der magnetischen Nanopartikel hat ihren Haupteinsatz vor allem in der biologischen und medizinischen Diagnostik ([56], [57]). Nachdem umfassende Studien hinsichtlich ihrer Eigenschaften und Biokompatibilität abgeschlossen waren ([58], [59]), fanden sie Anwendung in kommerziellen Applikationen, die beispielsweise für die Detektion von Proteinen und Nukleinsäuren eingesetzt werden oder zur Verbesserung des Abbildungskontrats in der Magnet-Resonanz-Tomographie dienen ([60], [61]).

3.2.2. Gefüllte thermosensitive Hydrogele - Polymernanokomposite

Die Entwicklung innovativer Werkstoffe auf Basis anorganischer Nanopartikel und sensitiver Hydrogele führt zu polymeren Nanoverbundwerkstoffen (pNVW) oder Polymernanokompositen (PNK) [44]. Durch die Verbindung von nicht mischbaren Substanzen auf makroskopischer Ebene erhält man optimierte Eigenschaften, die durch die Einzelbestandteile nicht gegeben sind. Die so funktionalisierten Materialien können eine signifikante Steigerungen des E-Moduls, der thermischen Ausdehnung oder eine erhöhte (magnetische oder elektrische) Leitfähigkeit bei gleichzeitiger Erniedrigung der Verschleissanfälligkeit zeigen [62].

Synthese von Polymernanokompositen Die Herstellung der PNK kann, im Gegensatz zu anderen Verbundwerkstoffen, nicht mit den üblichen Methoden erfolgen, da es auf Grund der großen Oberflächenenergie zu Agglomeration der Partikel und somit einer inhomogenen Verteilung in der Polymer- bzw. Gelmatrix kommen kann [63].
Alternativ stehen für den Einbau der Nanopartikel drei Verfahren zur Verfügung:

1. die Partikel werden synthetisiert, dann in die Monomer- (ML)/ Polymerlösung (PL) gegeben, anschließend erfolgt die Vernetzung [64],
2. die Partikel werden direkt im Hydrogel synthetisiert [65],
3. die zuvor hergestellten Partikel werden im Quellmittel dispergiert und durch nachfolgende Quell- und Entquellzyklen in das Netzwerk eingebaut [66].

In allen Verfahrenswegen ist die Stabilisierung der NP notwendig, um unerwünschten Nebenreaktionen (wie Zusammenlagerung oder Weiterreaktion) zu verhindern [67]. Nur so kann eine entsprechende Partikelgröße (wenige nm), eine enge Größenverteilung, eine hohe Konzentration, sowie eine homogene Verteilung im Netzwerk gewährleistet werden [68]. Kolloidale Goldpartikel zeigen beispielsweise eine starke Tendenz zur Agglomeration, die Aufrechterhaltung der Zielgröße ($\oslash < 20$ nm) bzw. eine homogene Verteilung im NW wäre nicht mehr gegeben. Der häufigste verwendete Stabilisator ist hier das Citrat [69]. Die sauerstoffempfindlichen Magnetitpartikel oxidieren zu Maghemit. Die Folge wäre die Verminderung oder der Verlust der physikalischen Kenngröße, die den Einsatz im Sensor

bedingt. Durch den Zusatz von Ölsäure wird die Oberflächenenergie der Teilchen herabgesetzt, so dass eine anschließende Dispergierung in der Monomer- bzw. Polymerlösung möglich ist [70].
Die Auswahl der eigentlichen Einbauvariante ist abhängig von der Partikelart, sowie der Zielgeometrie des Gels. Die erste Variante, d.h. Partikelsynthese und -einbau erfolgen separat, ist die am häufigsten angewendete Methode. Hierbei werden die zuvor hergestellten und stabilisierten Partikel als wässrige Suspension, als Feststoff [71] oder als kolloidale Lösung [64] zur Monomer- oder Polymerlösung zugegeben. Die Polymersynthese (im Falle von gefüllten sphärischen PNIPAAm-Gelen) bzw. Netzwerkaufbaureaktion wird dann entsprechend der Vorschrift für ungefüllte Hydrogele durchgeführt. Abbildung 3.5 zeigt den Ablauf in einer schematischen Zeichnung.

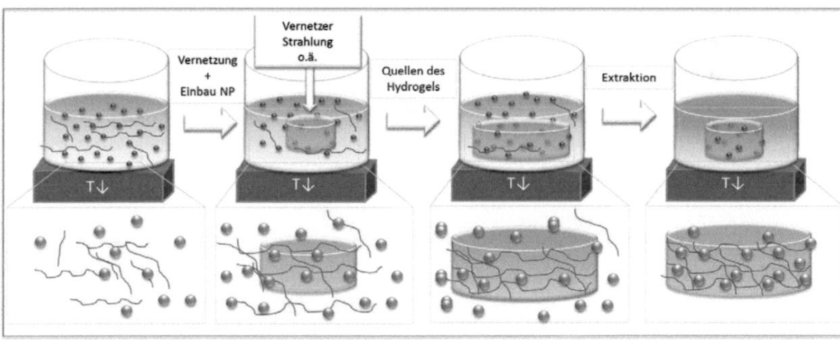

3.5.: Einbau der Nanopartikel während der Vernetzungsreaktion

Für diese Synthesevariante sind zwei Hauptbedinungen zu beachten. Zum Einen dürfen die Partikel die Vernetzungsreaktion nicht beeinflussen (z.B. Streuung der Strahlung an der Partikeloberfläche führt zu inhomogener Netzwerkbildung) und die Partikel selbst dürfen nicht selbst mit Bestandteilen der Polymerlösung reagieren. Beispiele aus der Literatur sind die Verwendung für den Einbau von Gold [64], Silber [65] oder Bariumtitanat [72].
In der vorliegenden Arbeit werden die Nanopartikel überwiegend mit dieser Methode in die verschiedenen Geometrien eingebaut.
Bei der Erzeugung der Partikel in einem bereits bestehenden Netzwerk wird das Gel zunächst in die entsprechende wässrige Metallsalzlösung gegeben, um einen Quellprozess zu induzieren. Abbildung 3.6 zeigt schematisch den Ablauf der Reaktion. Dabei diffundiert das dissoziierte Salz in die Poren, wo es mit dem anschließend zugegebenen Reduktionsmittel ($NaBH_4$ oder Formaldehyd) zur Bildung der metallischen Nanopartikel kommt.

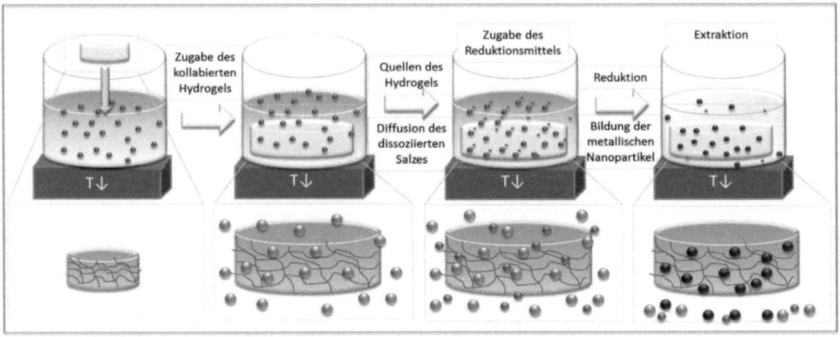

3.6.: Erzeugung der Nanopartikel im Hydrogel

Am häufigsten findet diese Methode Anwendung bei der Darstellung von Silber [65] und Platin [18]. In beiden zitierten Literaturstellen erfolgte die Stabilisierung der Nanopartikel durch das Netzwerk selbst und durch die Zugabe von Natriumacetat zur Reaktionsmischung. Der Füllgrad ist bei diesem Typ abhängig von der Löslichkeit der Metallsalze. Berechnungen in [73] ergaben für die Synthese von Silber-NP durch die Reduktion von $AgNO_3$ einen maximalen theoretischen Füllgrad von ca. 58 wt%. Für hohe Beladungsmengen ist daher ein mehrmaliger Durchlauf der Reaktion notwendig.
In der experimentellen Umsetzung zeigte sich außerdem, dass Formaldehyd deutlich besser als Reduktionsmittel geeignet ist. Die Zugabe von $NaBH_4$ löst eine Schaumbildung aus, die die Stabilisatorwirkung unwirksam machte und so zu große Partikel entstanden. Eine denkbare Anwendung der nach Methode (2) funktionalisierten Hydrogelschichten wäre der Einsatz als sensorische Schicht, z. B. in einem Interdigitalkondensator für elektrische Sensoren. Diese Methode findet in der Arbeit keine Anwendung.

Auch das nachträgliche Einbringen in ein bereits bestehendes Netzwerk kann angewendet werden. In [66] ist dieses Verfahren für die Füllung von dünnen Hydrogelschichten mit kolloidalen Gold-NP beschrieben. Die Gruppe um Pardo-Yissar initiierte dafür mit unterschiedlichen Hydrogelen mehrere Quell- und Entquellzyklen in der Goldlösung. Die Gruppe um Sheeney-Haj-Ichia [74] arbeitete mit PNIPAAm-Filmen, aufgebracht auf einem Glassubstrat und citratstabilisierten Gold-Nanopartikeln. Der Prozess wird als thermisch induziertes "Breath In" beschrieben, definiert durch einen Temperaturzyklus von $40° - 20° - 40\,°C$. Angaben über den Füllgrad fehlen, der Nachweis des erfolgreichen Einbaus wurde durch eine Analyse der Faradayschen Impedanz erbracht. Die Durchführung geschieht in Anlehnung an [74]. In Abbildung 3.7 ist der adaptierte Ablauf dieser Einbauvariante dargestellt.

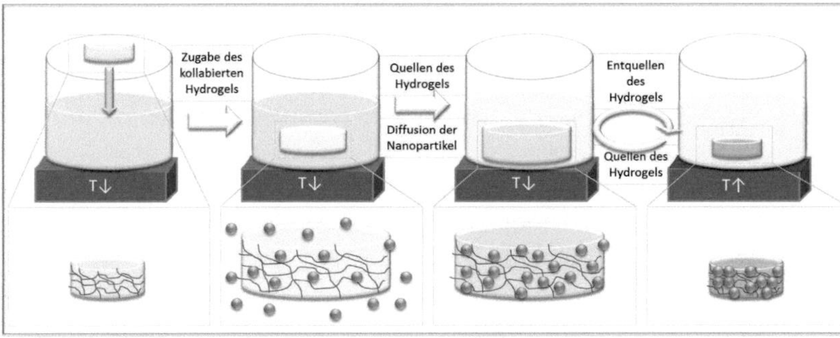

3.7.: Hydrogelfüllung durch "Breath In" der Partikel

Das entquollenen Hydrogel wird in die kolloidale Goldlösung gegeben. Während des Quellprozesses diffundieren die NP in die Netzwerkstruktur und durch erneutes Entquellen, ausgelöst durch die Veränderung der Umgebungstemperatur, eingebaut. Eine Konzentrationserhöhung wird durch mehrmaliges Quellen und Entquellen erreicht (bis zu vier Zyklen). Anschließend werden die Gele mehrere Tage in entionisiertem Wasser extrahiert. In der vorliegenden Arbeit wird diese Methode für chemisch vernetzte Hydrogelzylinder mit Gold-NP untersucht. Nachteile dieser Methode sind die unzureichende Kontrolle und Steuerung der eingebauten Partikelmenge. Der fehlende Nachweis über die Bindungsart der Partikel mit den Polymerketten deutet darauf hin, dass diese Variante für die Problemstellung der Arbeit ungeeignet ist [74]. Um einen möglichen Ausschluss als Methode zu erhalten, wurden die Versuchsparameter für Untersuchungen mit Hydrogelen angepasst.

Bestimmung des Füllgrades Da neben der eingebauten Partikelart vor allem der Füllgrad Einfluss auf die messbare Eigenschaftsänderung des Hydrogels hat, ist es notwendig diesen zu bestimmen. Zur Berechnung kann der massen- (F_M) oder der volumenabhängige (F_V) Füllgrad verwendet werden.

$$F_V = \frac{V_{NP}}{V_{HG} + V_{NP}} \tag{3.14}$$

$$F_M = \frac{m_{NP}}{m_{HG} + m_{NP}} \tag{3.15}$$

Der Index *NP* repräsentiert den Nanopartikel-, der Index *HG* den Hydrogelanteil bezogen auf die Masse (m) oder das Volumen (V). Je nach Hydrogelgeometrie kann die Bestimmung über einfaches Auswiegen oder thermogravimetrische Analyse (Kapitel 10.2) erfolgen.

Entsprechend der Aufgabenstellung gilt das Hauptinteresse zunächst der Kombination von magnetischen Nanopartikeln und thermosensitiven Hydrogelen. Zur Auswahl stehen dabei Magnetit, Chromdioxid und Neodym-Eisen-Bor als Nanopartikel sowie HPC und

PNIPAAm als Polymere. Weiterführende Experimente schließen kolloidale Gold-NP und Bariumtitanat, sowie P4VP und PVA/PAS ein. Die Vernetzungsbedingungen der verwendeten Polymere, sowie die gewünschte Gelgeometrie sind dabei ausschlaggebend für den gewählten Syntheseverlauf (siehe Tabelle A.1 im Anhang). Eine Beschreibung der theoretischen Grundlagen zur Darstellung der gefüllten sensitiven Hydrogele, eine Darstellung der Bedingungen für die Entwicklung eines Sensordemonstrators, sowie die Angabe aller experimenteller Bedingungen folgt in den Kapiteln II und III.

Teil II.

Theoretische Grundlagen

4. Verwendete Materialien

4.1. Polymere

4.1.1. Hydroxypropylcellulose

Hydroxypropylcellulose (HPC) ist ein temperatursensitives Polymer und gehört zur Klasse der Celluloseether. In Abbildung 4.1 ist die Struktur des Polymers dargestellt.

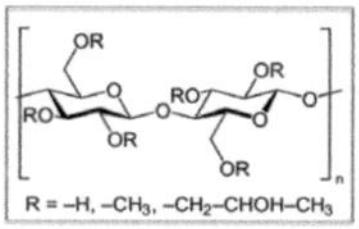

4.1.: Struktur HPC

HPC entsteht bei der Reaktion von alkalischer Cellulose mit Propylenoxid. Die Darstellung ist in Lösung oder durch Filmbildung mittels saurer Regeneration möglich [75]. Abbildung 4.2 zeigt das allgemeine Reaktionsschema nach [75].

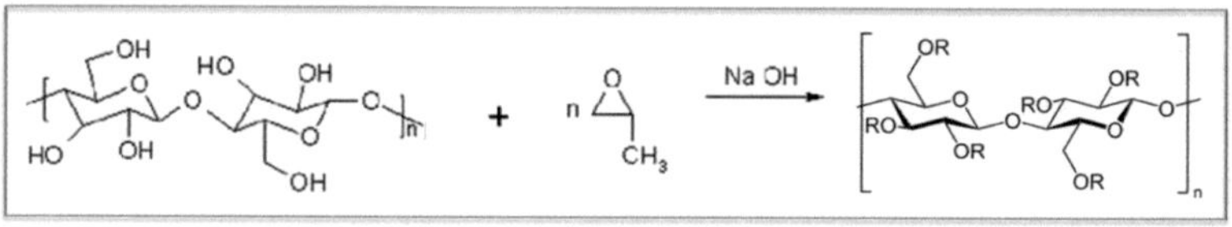

4.2.: Reaktionsschema der HPC-Synthese

HPC ist in kaltem Wasser löslich (isotrope Lösung). Erwärmt man eine geringkonzentrierte wässrige Lösung ($c \leq 30wt\%$) über 40 °C, tritt eine Phasenseparation ein und das Polymer fällt aus. Hohe Polymerkonzentrationen in Wasser (40-90wt%) bilden lyotrope flüssigkristalline Phasen (anisotrope Lösung). Erwärmt man diese Lösung über 45 °C setzt die physikalische Gelierung ein und man erhält ein weißes Gel. Trockene Filme sind transparent. Ein irreversibles Netzwerk ist durch chemische [76], photo- [77] oder strahlenchemische [78] Methoden darstellbar. Bisher wurden jedoch wenige Untersuchungen zur strahlenchemischen Synthese veröffentlicht. Erste Ergebnisse zur Bestrahlung wässriger isotroper Lösungen werden in [79] vorgestellt. Danach haben die Synthesebedingungen Einfluss auf die Geleigenschaften. Die Vernetzungsdosis liegt bei 15 kGy und die höchsten Gelgehalte werden bei einer Konzentration von 5 wt% erreicht. Höhere Konzentrationen und Dosen begünstigen Abbaureaktionen, so dass es zu geringeren Ausbeuten kommt. Weiterhin sind erste Ergebnisse zur Bestrahlung trockener Filme vorgestellt, die bisher in der Literatur

keine Erwähnung fanden. Es konnte gezeigt werden, dass die Vernetzung stattfindet und sensitive Gele mit einem dosisabhängigen Quellverhalten entstehen.
Den Haupteinsatz findet das als E 463 klassifizierte Polymer in der Kosmetik- und Nahrungsmittelindustrie als Gelier- und Verdickungsmittel. Es reguliert Volumen, Farbe und Frischhaltung in Brot und Backwaren, stabilisiert Füllungen und Schäume, wird in mikrowellengeeigneten Fertiggerichten eingesetzt und dient als Füllstoff in Lightprodukten. In der Pharmazie wird es vor allem als sauerstoffabweisender und wasserlöslicher Überzug für Tabletten verwendet. Bei der Dosierung ist zu beachten, dass es ab einer Menge von 6g/kg eine abführende Wirkung hat. Darüber hinaus nutzt man es als Zusatzstoff (Verdickungsmittel) für Latexfarben und Zement [80].
Hydroxypropylcellulose wurde als Feststoff von SIGMA ALDRICH bezogen. Die mittleren Molmasse beträgt nach Herstellerangbe M_w=100.000 g/mol.

4.1.2. Poly(4-vinylpyridin)

Poly(4-vinylpyridin) (P4VP) gehört zur Klasse der pH-sensitiven Polymere. Abbildung 4.3 zeigt die Struktur.

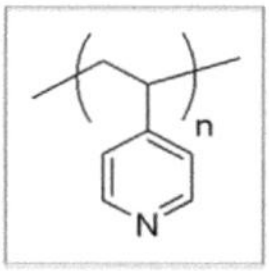

4.3.: Struktur P4VP

Die Klasse der Styrole und styrolähnlichen Monomere wird vorwiegend durch kontrollierte radikalische Polymerisation umgesetzt [81], [82]. Diese Methode vereint die ökonomischen Vorteile der normalen radikalischen Polymerisation mit der Synthesevielfältigkeit der lebenden anionischen Polymerisation. Sie ist charakterisiert durch den linearen Anstieg des Molmasses mit fortschreitendem Umsatz, dem hohen Grad an Endgruppenfunktionalisierung der resultierenden Polymere mit reversibel abspaltbaren Gruppen und der Möglichkeit der Blockcopolymerisierung. Zur gezielten Steuerung der Molmassenverteilung werden bei der kontrolliert radikalischen Polymerisation im Gegensatz zur konventionellen radikalischen Polymerisation Abbruchreaktionen durch Verringerung der Konzentration an freien Radikalen unterdrückt. Die Initiierung läuft gleich oder geringfügig schneller als der Wachstumsschritt ab und die wachsende Spezies ist nur kurzzeitig aktiv, ansonsten liegt sie „schlafend" vor. MATYJASZEWSKI et al. erzielten mit Hilfe dieser Reaktionsbedingungen Polydispersitäten zwischen 1,1-1,3 [83]. Für die Polymerisation von 4-Vinylpyridin verwendet man bevorzugt die TEMPO-Methode. Dabei wird für die reversible Deaktivierung das Nitroxylradikal 4-Hydroxy-2,2,6,6-Tetramethylpiperidin-N-oxyl (HTEMPO) eingesetzt. In Abbildung 4.4 ist das Reaktionsschema dieser Methode dargestellt [84].

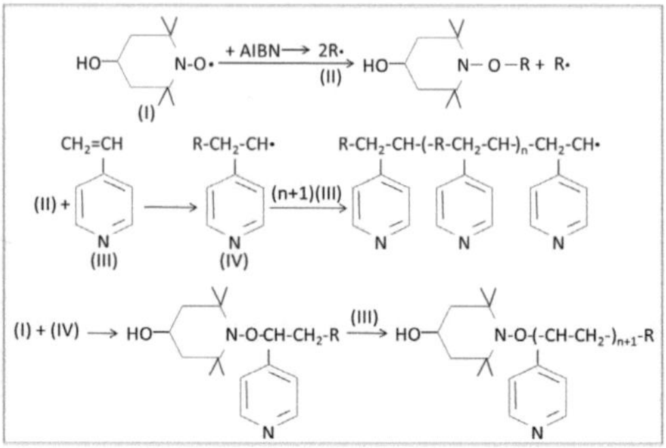

4.4.: Reaktionsschema der P4VP-Synthese

P4VP besitzt eine Dichte von 0.988 g/cm^3 und ist in herkömmlichen organischen Lösungsmitteln wie Ethansäure, Cyclohexanol und niederen Alkoholen löslich. Ein schlechtes Lösungsverhalten zeigt das Polymer in Ether. In wässrigen Medien ist es ausschließlich im sauren pH-Bereich löslich [20], da dann das Stickstoffatom protoniert vorliegt. Im alkalischen hingegen liegt P4VP neutral vor und fällt aus. Das pH-sensitive Polymer löst sich in einem pH-Wert unterhalb 4, oberhalb eines pH=5 kommt es zur Phasenseparation und das Polymer fällt aus.
Polyvinylpyridine können als Polyelektrolyte verwendet werden [85] oder über die freien Stickstoffelektronen Komplexe aufbauen [20]. In der Industrie verwendet man das vernetzte Polymer als Isolatormaterial für Drähte und Kabel, unter Anderem in Anlagen zur Erzeugung von Atomenergie [86].
Poly(4-vinylpyridin) wurde als Feststoff von SIGMA ALDRICH bezogen. Die Herstellerangabe zur mittleren Molmasse ist M_w=160.000 g/mol. Die Glasübergangstemperatur wird mit 142 °C angegeben.

4.1.3. Poly(N-Isopropylacrylamid)

Poly(N-Isopropylacrylamid) (PNIPAAm) gehört zur Klasse der wasserlöslichen, nicht-ionischen Polymere(NIPAAm). Abbildung 4.5 zeigt die Struktur des PNIPAAm.

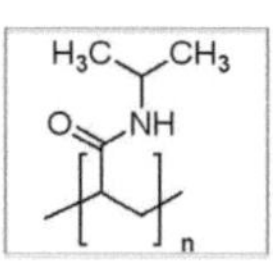

4.5.: Struktur PNIPAAm

Das thermosensitive Polymer zeigt einen Volumenphasenübergang in einem Temperaturbereich von 32 °C – 34 °C. Unterhalb dieses Temperaturbereichs ist das Polymer wasserlöslich, oberhalb ist eine Phasenseparation zu beobachten [25]. Durch die Lage der Phasenübergangstemperatur im Bereich der menschlichen Körpertemperatur eignet sich

PNIPAAm für eine Vielzahl von medizinischen und pharmazeutischen Anwendungen. Vor allem in Drug-Delivery-Systemen [87], als Bestandteil von Immobilisierungs-Matrices [88] oder als Aktor in mikrofluidischen Systemen [29] wird PNIPAAm eingesetzt. Dafür notwendig ist die Darstellung von PNIPAAm-Hydrogelen in definierter Form.
Für die Untersuchungen in der vorliegenden Arbeit wurde das Monomer NIPAAm als Feststoff von SIGMA ALDRICH bezogen. Die Molmasse ist mit 113.16 g/mol angegeben. Vor der Verwendung wurde das NIPAAm durch Umkristallisation mit n-Hexan gereinigt [89].

4.1.4. Poly(vinylalkohol)

Poly(vinylalkohol) (PVA) ist ein wasserlösliches Polymer, mit der in Abbildung 4.6 dargestellten Strukturformel.

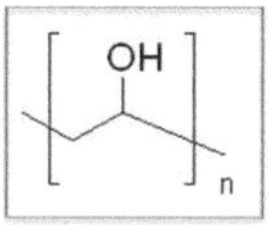

4.6.: Struktur PVA

Das Polymer wurde erstmals 1924 von Herrmann und Haehnel durch die Verseifung von Polyvinylestern mit Natronlauge hergestellt. 1932 erarbeiteten sie gemeinsam mit Herbert Berg die Synthese von PVA durch Umesterung von Poly(vinylacetat) mit absolutem Alkohol in Gegenwart katalytischer Mengen von Alkalien. Bezeichnet wird dieser Reaktionstyp als polymeranaloge Umwandlung, da die direkte Polymersiation aus dem entsprechenden Monomer (hier Vinylalkohol, welches als Tautomer des Acetaldehyds vorliegt) nicht möglich ist.
PVA gehört zur Klasse der Thermoplasten, ist ein kristalliner, weiß bis gelblicher pulverförmiger Feststoff. Wegen der intermolekularen Kettenübertragung im PVAc liegt das Polymer leicht verzweigt vor. Je nach Hydrolysierungsgrad existieren zusätzliche Acetylgruppen, diese beeinflussen den Schmelzpunkt, sowie die Schutzkolloideigenschaften. In der Form eines Polymerfilms zeichnet sich PVA durch eine hohe Zugfestigkeit und Flexibilität aus. Steigt jedoch der Wassergehalt in der Luft, verliert das Polymer diese Eigenschaften und wird deutlich elastischer. Gegenüber Öl, Fetten und den meisten organischen Lösungsmitteln ist es beständig. PVA ist biologisch abbaubar und ungiftig.
Anwendung findet Poly(vinylalkohol) unter anderem als Verdickungsmittel für Latexlacke, Klebstoffe und Pflegeprodukte, als Barriereschicht für CO_2 in Getränkeflaschen aus PET, sowie als Kunstdarm für Wurstwaren. Übliche Handelsnamen lauten Alcotex®, Elvanol® oder Lemol®.

4.1.5. Poly(acrylsäure)

Poly(acrylsäure) (PAS) gehört zur Klasse der Polyelektrolyte. Abbildung 4.7 zeigt die Strukturformel des Polymers.

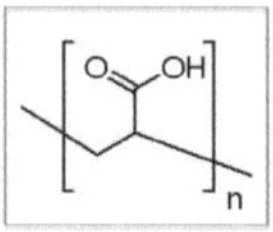

4.7.: Struktur PAS

Für die Darstellung stehen verschiedene Methoden zur Verfügung. Neben der Lösungspolymerisation in Wasser, der Fällungs- und Emulsionpolymersiation findet vermehrt die Hydrolyse von Acrylsäure-Derivaten Anwendung.
PAS ist eine wasserlösliche, spröde, farblose Substanz, die sich schlecht in Aceton und unpolaren Lösungsmitteln löst. Die Glastemperatur des Polymers liegt bei 106 °C, erhitzt man das Polymer über 250 °C entstehen durch Wasserabgabe unlösliche vernetzte Anhydride. Eine weitere Temperaturerhöhung führt dann zur Zersetzung in Kohlenwasserstoffe und CO_2.
Hauptanwendung für PAS ist der Einsatz in Hygieneartikeln, wie Windeln, als Superabsorber. Hier liegt das Polymer in vernetzter Form vor, damit das Produkt unlöslich ist, aber Quellfähigkeiten aufweist.

4.1.6. Poly(vinylalkohol)/Poly(acrylsäure)-Blend

In der vorliegenden Arbeit werden die beiden Polymere als Blend verwendet. Dabei bildet PVA das Grundgerüst des Netzwerks, PAS dient als sensitive Komponente und ist damit verantwortlich für den polyelektrolytischen Charakter des Gels.
Erste Veröffentlichungen zur Vernetzung der PVA/PAS-Mischung stammen aus den 1960er Jahren von Kuhn et al. [90], [91], [92]. Das System wurde zur Herstellung kontraktiler Bauteile für die Darstellung und Untersuchung künstlicher Muskulatur verwendet. Die Polymere wurden im Verhältnis 50:50 eingesetzt und pH-sensitive Folien und Fäden hergestellt. Diese quellen bei der Einwirkung von alkalischen Lösungen und entquellen bei Zugabe einer Säure. Als Funktionswerte für die Amplitude des Quell-Entquell-Vorgangs werden annähernd 100%, für die Reißfestigkeit und das maximale Belastungsgewicht bei der Kontraktion werden ca. 10 kg pro cm^2 angegeben. Für die Synthese der Folien empfiehlt Kuhn Poly(acrylsäure) mit einer möglichst hohen Molmasse (M_W=100.000 - 1.000.000 g/mol). Beide Polymere werden in verdünnten wäßrigen Lösungen vorgelegt, vermischt und als homogener Flüssigkeitsfilm auf eine Plexiglasplatte gegossen. Die Trocknung erfolgt für 24 Stunden im Exsikkator bei Raumtemperatur. Die Initierung der Vernetzung erfolgt durch Erwärmen der trockenen Filme. Die in der Literatur angegebenen Temperaturen liegen dafür zwischen 130 °C - 180 °C, die Temperierungszeiten variieren, je nach Probendicke, zwischen 10 - 30 Minuten [93], [94]. Von einer deutlich längeren Temperierung wird in [95] ausgegangen. Die Gruppe um Vazquez-Torres behandelte ihre Proben für zwei Stunden bei 60 °C.
Neben dem Einsatz als pH-reaktiver Muskel werden vernetzte PVA/PAS-Blends heute vor allem für den Aufbau pH-sensitiver Sensoren verwendet [96]. In einem piezoresitiven Auf-

bau führt die Quellung des Hydrogels zur Verformung einer Siliziumbiegeplatte des Chips, welche gemessen werden kann.
In der vorliegenden Arbeit wurden die Polymere als Pulver der Firma SIGMA ALDRICH verwendet. Der Hersteller gibt für PVA eine Molmasse von M_W = 89.000 - 98.000 g/mol an, für PAS ist ein M_W = 450.000 g/mol angegeben. Beide werden ohne weitere Vorbehandlung verwendet.

4.2. Füllstoffe

4.2.1. Magnetit

Allgemeines Magnetit gehört zur Mineralklasse der Oxide. Es stellt die stabilste Verbindung zwischen Eisen (*Fe*) und Sauerstoff (*O*) dar (Stoffmengenverhätlnis *Fe:O* ergibt 3:4). Charakterisiert wird es durch seine:

- Summenformel: $Fe^{II}(Fe^{III})_2O_4$ (ugs. Fe_3O_4)
- Farbe: graubraun bis schwarz und
- Kristallstruktur: inverse Spinellstruktur.

Die allgemeine Anordung der Ionen in der Spinellstruktur, welche sich von $MgAl_2O_4$ ableitet, besitzt die Formel AB_2X_4 besitzt. Im Magnetit werden A und B durch Eisenionen besetzt, X ist ein Chalkogenatom (Sauerstoff oder Schwefel). Die Ladungssumme der Kationen ($\sum = 8$) wird hierbei durch die Kationenkombination $A^{2+}+2B^{3+}$ erreicht. Die Sauerstoffionen bilden eine kubisch dichteste Packung, in der die Fe^{2+}- und Fe^{3+}-Ionen ungeordnet die Hälfte der B-Oktaederplätze besetzen $((Fe^{3+})_{\mathrm{TET}}[Fe^{2+}Fe^{3+}]_{\mathrm{OKT}}O_4)$. Aus dem Ladungsaustausch zwischen den *Fe*-Ionen resultiert anschließend die hohe elektrische Leitfähigkeit des Magnetit. Es ist unter den Ferrimagnetika der älteste bekannte magnetische Werkstoff. Sein ursprünglicher Name Magneteisenstein ("lithos magnetis" = Stein aus Magnesia) gab der Erscheinung Magnetisums ihre Bezeichnung. Magnetit entwickelt in der Natur zentimetergroße, oktaederförmige Kristalle mit metallisch glänzender Farbe. Magnetit ist eines der wichtigsten Eisenerze. Es kann, je nach Herkunft zwischen 45 - 70% reines Eisen enthalten. Dadurch gehört es, wie alle Eisenoxide, zu den wichtigsten Rohstoffen für die Roheisengewinnung. Technische Bedeutung hat Magnetit als Farb- oder Buntpigment (Schwarz) für die Einfärbung von Baustoffen (bspw. Beton, Pflastersteine oder Fassadenputz), als Magnetpigment in der Tonaufzeichnungs- und Videotechnik, sowie als Bestandteile von Magnetitelektroden. Auf Grund seines Magnetismus wird Magnetit bereits seit Jahrzehnten von Seefahrern und Navigatoren für Kompassnadeln verwendet. Ebenso konnten in Kleinstlebewesen und Mikroorganismen geringste Mengen nachgewiesen werde. Hier geht man davon aus, dass diese es ebenfalls für die Orientierung relativ zum Erdmagnetfeld nutzen. Ersetzt man eins der zweiwertigen *Fe*-Ionen durch ein anderes zweiwertiges Metallion, erschließen sich weitere oxidischen Magnetwerkstoffe, sogenannte Ferrite, die vor allem in der Nanotechnik weit verbreitet sind. Zu den bekanntesten Beispielen gehören $MnFe_2O_4$ und $CoFe_2O_4$. Letzteres findet in der vorliegenden Arbeit in den Vorversuchen der AG Mönch Anwendung.

Synthesevarianten Auf natürliche Art wird Magnetit durch pneumatolytische Mineralbildung während eines Vulkanausbruchs gebildet. Hierbei reagieren die Eisenverbindungen der Lava zu Eisenhydroxiden, welche beim Erkalten unter Anderem zu Magnetit kristallisieren. Für die Verwendung in der Forschung und Industrie greift man auf synthetisches Magnetit zurück. Werden Proben im cm-Maßstab benötigt, findet das Zonenschmelzverfahren Anwendung. In der vorliegenden Arbeit wurden die Magnetitpartikel im nm-Maßstab entsprechend der Synthese nach Liu et al. [97] in abgewandelter Form hergestellt (siehe Kapitel 7.1), sowie kommerziell erhältliches Magnetit von SIGMA ALDRICH verwendet. Die Einzelpartikel weisen eine annähernde Kugelform auf.

Ferrimagnetismus Fe_3O_4 gehört zur Klasse der ferrimagnetischen Stoffe [98]. Es enthält zwei Arten von paramagnetischen Zentren ($(Fe^{3+})_{\mathrm{TET}}$ *und* $[Fe^{2+}Fe^{3+}]_{\mathrm{OKT}}$), deren magnetische Spinmomente, bei einer Umgebungstemperatur unterhalb der Curie-Temperatur (T_C) ($T_{C(MAG)} = 585°C$), sich parallel (die gleichartigen Zentren) bzw. antiparallel (bei ungleichen Zentren) ausrichten. Im Magnetit wird die antiparallele Orientierung nicht kompensiert, die magnetischen Momente der Fe^{2+}-Ionen bleiben. Diese treten jedoch auf Grund der statistischen Raumaufteilung nach außen nicht in Erscheinung. Erst durch die Einwirkung eines starken äußeren Magnetfeldes erfolgt die Magnetisierung. Die weiteren magnetischen Charakteristika, wie Hysterese-Schleife und Suszeptibilitätsabnahme bei steigender Temperatur, ähneln den ferromagnetischer Stoffe.

4.2.2. Chromdioxid

Allgemeines Chromdioxid ist eine Sauerstoffverbindung des vierwertigen Chrom mit metallisch leitenden und ferromagnetischen Eigenschaften. Weitere Charakteristika sind:

- Summenformel: $Cr^{IV}O_2$
- Farbe: schwarz und
- Kristallstruktur: Rutil-Typ (KZ 6).

Der Strukturtyp entspricht einee leicht verzerrten hexagonal-dichtesten Kugelpackung von O^{2-}-Ionen, deren Oktaederlücken zur Hälfte mit Cr-Ionen gefüllt sind und eine raumzentrierte Elementarzelle bilden. Betrachtet man das dreidimensionale Netzwerk, sind die einzelnen CrO_2-Oktaeder über die sechs Oktaederecken miteinander verknüpft. In Richtung jeder Gitterachse zeigen sich lange Ketten der CrO_2-Oktaedern, wobei jeder zwei Kanten mit zwei anderen Oktaedern gemeinsam hat.
Verwendung fand Chromdioxid vor allem als Magnetpigment zur Informationsspeicherung auf Tonbändern und Platten [99]. Daher konzentrierten sich auch alle Forschungen auf dessen magnetische Eigenschaften, sowie die Herstellung und Optimierung der notwendigen polykristallinen Filme.

Synthesevariationen Die Darstellung von Chromdioxid erfolgt aus dem unter normalen Bedingungen stabilen Chrom-III-oxid (Cr_2O_3). Dieses wird mit Chrom-IV-oxid (CrO_3) und Wasser (H_2O) in einem Autoklaven auf 623 K erwärmt. Der dabei entstehende Sauerstoff erhöht in dem abgeschlossenen System den Partialdruck, so dass die Bildung von CO_2 begünstigt wird. Es handelt sich um ein zweistufiges Verfahren, welches von der Firma Du Pont entwickelt wurde [100].
In der vorliegenden Arbeit wird CrO_2 als pulverförmige Probe der Firma SIGMA ALDRICH (Produktname: "Magtrieve") verwendet. Die Einzelpartikel weisen eine annähernde Stäbchenform auf.

Halbmetallischer Ferromagnetismus Chromdioxid gehört zur Materialklasse der halbmetallischen Ferromagnete (HMF) [101]. Hierbei handelt es sich um Stoffe, die neben einem ausgeprägten Ferromagnetismus auch eine hohe Spinpolarisation der Leitungselektronen aufweisen. Charakteristisch für HMF-Materialien ist, dass sie nur für eine Spinrichtung eine endliche Zustandsdichte beim Fermi-Niveau besitzen und daher eine Spinpolarisation von 100% haben. Typische Werte für 3d-Übergangsmetalle oder deren Verbindung liegen sonst zwischen 25 - 40%. Grund dafür ist bei den Übergangsmetalloxiden, dass durch eine Hybridisierung der äußeren Elektronenschale (4s-$e^{\ominus}$) der Metallionen mit den 2p-Sauerstofforbitalen zwischen den 4s- und 3d-Bändern eine Lücke erzeugt wird. Hier hinein fallen dann die 3d-Bänder und das Fermi-Niveau, welches, wenn es eines der spinpolarisierten 3d-Bänder schneidet, die halbmetallische Ferromagneteigenschaft erzeugt. Betrachtet man stöchiometrische HMF so ist das Spinmoment immer ein ganzzahliges Vielfaches des Bohr´schen Magnetons (μ_B).
Chromdioxid ist bisher das einzig bekannte Oxid, dass gleichzeitig metallische und ferromagnetische Eigenschaften aufweist. Es besitzt ein ganzzahliges magnetisches Moment von 2 μ_B pro Cr-Atom. Die Austauschaufspaltung, definiert als der Unterschied zwischen Majoritäts- und Minoritätsbändern, ist größer als die Bandbreite der "spin-up"-Elektronen. Damit befinden sich alle Elektronen des Chroms in den "spin-up"- und keine in den "spin-down"-Zuständen. Das gleichzeitige Auftreten ferromagnetischer und metallischer Eigenschaften bei CrO_2 wurde detailiert von Korotin et al. [102] erläutert. Die Curie-Temperatur ist abängig von der Reinheit und Kristallinität. Für eine pulverförmige Probe liegt sie bei 390 °C.

4.2.3. Neodym-Eisen-Bor

Allgemeines Neodym-Eisen-Bor ($NdFeB$) ist eine intermetallische Verbindung aus dem Seltene-Erde-Element Neodym (Nd), Eisen (Fe) und dem Halbmetall Bor (B). Charakterisiert wird sie wie folgt:

- Summenformel: $Nd_2Fe_{14}B$
- Farbe: silber - schwarz
- Dichte: 5.2 - 7.5 g/cm^3

Der *NdFeB*-Magnet gehört zur dritten Generation von Seltenen-Erden-Magneten und ist seit Mitte der 1980er Jahre kommerziell erhältlich. Er ist der derzeit stärkste Dauermagnet und ersetzt seit ca. 15 Jahren die bis dahin üblichen Permanentmagnete aus Hartferriten oder Samarium-Cobalt.

Magnetische Charakterisierung Das maximale magnetische Energieprodukt $(BM)_{max}$ der Neodym-Eisen-Bor-Magnete wird mit 8 MGOe - 52 MGOe beziffert. Wegen der hohen Koerzitivfeldstärke (Hc) ist die Verbindung gegen den Einfluss externer Entmagnetisierungsfelder abgeschirmt. Die herausragenden magnetischen Eigenschaften resultieren dabei aus der Kombination des Neodyms und des Eisens. Der Zusatz an Bor (1 - 2%) setzt die Kristallanisotropie herab. Im Gegensatz zu anderen Dauermagnetmaterialien ist die Verarbeitung von *NdFeB* günstig, da die Rohmaterialien leicht zugänglich und in großen Mengen vorhanden sind. Weiterhin erreichen die Magneten bei Betriebstemperaturen $<$ 80 °C deutlich bessere Funktionswerte als Vergleichsmaterialien. Steigen die Temperaturen jedoch über 200 °C werden die magnetischen Eigenschaften deutlich schlechter [103]. Weiterhin zeigen sich die Magneten anfällig gegen Oxidationsprozesse. Für die technische Anwendung wird daher eine Beschichtung aufgebracht (meist Zink oder Nickel, aber auch Gold oder Kunststoff). Typische Anwendungsfelder sind Elektromotoren, Sensoren, sowie magnetische Gesundheitsprodukte.

Das verwendete *NeFe*B-Pulver wurde von der Arbeitsgruppe Dr. Mönch zur Verfügung gestellt. Die Einzelpartikel weisen eine annähernde Kugelform auf.

4.2.4. Bariumtitanat

Allgemeines Bariumtitanat wird der Klasse der Keramiken zugeordnet, da es sich entsprechend der Definition um einen anorganischen, nicht metallischen, polykristallinen Rohstoff handelt, der bei Raumtemperatur unter Wasserzugabe verarbeitet werden kann und seine typischen Werkstoffeigenschaften nach entsprechender Temperaturbehandlung erhält. Charakterisiert wird es durch:

- Summenformel: $BaTiO_3$
- Farbe: weiß
- Dichte: 6.08 g/ml und
- Kristallstruktur: Perowskit-Struktur.

Die dem Mineral $CaTiO_3$ entsprechende Struktur weist den allgemeinen ABX_3-Kristalltyp auf, bzw. im Falle von ternären Oxiden ABO_3 [104]. Die Struktur ensteht durch Auffüllen des ReO_3-Typs mit einem weiteren Kation A (Koordinationszahl (KZ) 12). Dessen Größe entspricht in etwa der des Sauerstoffions und bildet eine kubisch dichte Kugelpackung. $BaTiO_3$ zeigt bei drei seiner fünf möglichen kristallinen Modifikationen ferroelektrische Eigenschaften.

Die Herstellung von keramischen Produkten ist einer der ältesten industriellen Fertigungstechniken seit ca. 5000 v. Chr.. Bereits die Bewohner von Mesopotamien und Ägypten formten zahlreiche ihrer Gebrauchsgegenstände mit diesem Verfahren. Im 17. und 18. Jahrhundert erfuhr Keramik in Form des Porzellans eine goldähnliche Wertschätzung. Seit 1950 erhielt die Thematik durch die Erforschung und Entwicklung von so genannten Funktions- und Hochtechnologie-Keramiken neuen Aufschwung [105]. Hauptanwendungsgebiet für $BaTiO_3$ als Funktionskeramik ist der Einsatz in Kondensatoren oder als Halbleiter für Temperatursensoren, Überlastungsschutz und Strömungssensoren. Der Einsatz hängt vor allem von der Qualität des Ausgangsproduktes und den Weitervearbeitungsbedingungen ab. Reines $BaTiO_3$ zeichnet sich durch seine Ferro- und Piezoelektrizität aus, beide bedingt durch die Kristallstruktur.

Synthesevariationen Die Darstellung von $BaTiO_3$-Pulvern hängt maßgeblich von den Forderungen an den späteren Werkstoff ab. Eine Variante ist die Misch-Oxid-Methode. Wichtig für die qualitativen Parameter ist dabei das Einstellen der Ba/Ti-Stöchiometrie im Ausgangsgemisch. Zahlreiche Publikationen haben sich mit dem Bildungsmechanismus während des Calcinierungsschrittes beschäftigt [106], [107].
Als zweite Herstellungsoption bieteten sich verschiedene nasschemische Methoden an. Hierzu gehören Sol-Gel-Verfahren [108], Fällungstechniken [109], hydrothermale Methoden [110], und thermische Zersetzungen von komplexen Precursoren [111]. Je nach Anspruch an Partikelgröße und spätere Einsatzgebiete muss zwischen den einzelnen Optionen gewählt werden [112]. Sol-Gel-Verfahren sind mit zahlreichen Einzelschritten relativ aufwendig, führen jedoch zu mittleren Partikeldurchmessern von $\approx$ 30 nm mit einem engen Größenspektrum. Hydrothermale Varianten bedingen zwar konkrete Anforderungen an Temperatur (120° – 130 °C) und Druck (5 - 50 bar), führen aber zu sehr geringen kleinen Partikeldimensionen. Wegen des ungenügenden Umsatzgrades und der ungenauen Einstellbarkeit des Stöchiometrieverhältnisses Ba/Ti werden diese Verfahren jedoch selten für industrielle Anwendungen genutzt. Fällungstechniken ergeben ein enges Größenspektrum, kleine Partikelgrößen und sie lassen sich bei Raumtemperatur durchführen. Die Oxalat-Methode als Vertreter der Precursor-Verfahren ergibt zwar eine exakte Ba/Ti-Stöchiometrie im Endprodukt, Nachteile sind jedoch schwer kontrollierbare Agglomerationsvorgänge und eine inhomogene Größenverteilung.
Für die vorliegende Arbeit wurde $BaTiO_3$ der Firma FLUKA verwendet und ohne Vorbehandlung eingesetzt. Die Einzelpartikel weisen eine annähernde Kugelform auf.

Ferroelektrizität Bei dieser Erscheinung sind permanente elektrische Dipole in den Domänen eines ferroelektrischen Kristalls so ausgerichtet, dass eine spontane Polarisation im elektrischen Feld auftritt. Die Dielektrizitätskonstante ϵ kann dabei Werte bis 10^4 annehmen. Ähnlich dem Ferromagnetismus folgt die Abhängigkeit der Polarisation von der elektrischen Feldstärke einer Hysterese-Schleife. Auch gilt, dass dieser Effekt nur unterhalb der Curie-Temperatur auftritt. $BaTiO_3$ ist die am intensivst untersuchte ferroelektrische Substanz und gehört zur Klasse der Ionenkristalle ohne ein Symmetriezentrum. Ihre T_C liegt bei 120 °C, unterhalb dieser Temperatur tritt ein Strukturwechsel von kubisch zu tetragonal auf. Die Ba^{2+}-Ionen verschieben sich gegen die 12 O^{2-}-Ionen, so dass eine Symmetrieerniedrigung eintritt.

4.2.5. Goldnanopartikel

Allgemeines Als weitere Füllstoffe wurden verschieden synthetisierte und stabilisierte kolloidale Goldpartikel verwendet.
Elementares Gold gehört zur ersten Nebengruppe, die 5d-Schale ist mit zehn Elektronen voll, die 6s-Schale mit einem Elektron halb besetzt [98]. Neben den dadurch bedingten metallischen Eigenschaften, wird Gold wie folgt charakterisiert:

- Symbol: Au
- Farbe: rötlich-gelb
- Elementarzelle: kubisch-flächenzentriert

Gold übt seit jeher eine große Faszination auf die Menschen aus und gehörte bereits in der Antike und bei den mittelalterlichen Alchemisten zu dem am intensivsten untersuchten Stoff [113]. Galt es damals noch eine Möglichkeit der künstlichen Herstellung durch Transmutation von unedlen Stoffen zu finden [114], konzentrierten sich die Forschungen der Neuzeit auf die Anwendung auf Grund der hohen Beständigkeit und Duktilität. Bis in die 1980er Jahre wurde das reine Material hauptsächlich als Beschichtung in Leiterbahnen in der Elektrotechnik und Elektronik verwendet, sowie in der Optik für Zonenplatten in Spektrometern. Neben der Schmuckindustrie und Münzprägung wird es wegen seines beständigen Wertes als Währungsreserve von Regierungen und Privatpersonen deponiert.
Erst mit der zunehmenden Anzahl an Forschungen auf dem Gebiet der Nanotechnologie Ende der 1980er Jahre fand Gold auch abseits der Komplexchemie erneute wissenschaftliche Aufmerksamkeit. Hauptanwendungen sind heute kolloidales Gold als Füllstoff und Gold als Substrate für selbstorganisierende Monoschichten (SAMs).
Die für die Arbeit relevanten Goldnanopartikel (GNP) zeichnen sich durch zahlreiche Merkmale aus. Neben ihrer Stabilität, einer komplexen Oberflächenchemie und den einstellbaren, da größenabhängigen, optischen und elektronischen Eigenschaften, ist vor allem der Einsatz im "'Bottom- Up- Approach"' einer der Hauptgründe für die zunehmende Publikationszahl in den letzten Jahren.
Das Ergebnis der ersten systematischen Untersuchungen hinsichtlich Synthese und Charakterisierung der optischen Eigenschaften sind noch heute in London im Royal Institut of Great Britain ausgestellt. Es handelt sich um GNP- Dispersionen, die vor ca. 150 Jahren von Michael Faraday hergestellt wurden [115]. Er verwendete die Reduktion von Tetrachloroaurat ($AuCl_4$) mit in Kohlenstoffdisulfid (CS_2) gelöstem Phosphor.
Die Übersichtsartikel von Schmid [116] und Daniel [113] geben einen umfassenden Einblick in die Thematik der GNP inklusive eines historischen Abrisses, verschiedene Synthesebeispiele und einen Überblick über das breite Anwendungsfeld.

Synthese- und Stabilisierungsvarianten Bei den konventionellen Synthesen durch die Reduktion von Gold(III)-derivaten galt die Citratreduktion von $HAuCl_4$, vorgestellt 1951 von TURKEVICH [117], lange Zeit als die populärste Variante. Es war möglich GNP mit einem Durchmesser von ca. 20 nm herzustellen. Mit der Vorschrift von FRENS [118] aus dem Jahr 1973 ließen sich erstmals wässrige kolloidale Goldlösungen herstellen, die eine uniforme Größenverteilung aufwiesen und einen Bereich von 16 - 147 nm zugänglich machten. Er verwendete die Nitrat- Reduktion von $AuCl_4$ und erreichte die unterschiedliche Dimensionen durch die Variation des Verhältnisses von Reduktionsmittel zu Stabilisator. Generell erfolgt die Darstellung von GNP in flüssiger Phase durch die Reduktion eines Metallsalzes oder eines -komplexes. Die Kationen werden zu Atomen reduziert, die sich zu Clustern zusammenlagern. In diesem Schritt startet unmittelbar die Nukleation (Bildung von Partikelkeimen) und gleichzeitig das Wachstum der Keime. Beide Prozesse laufen parallel bis die Nukleationskonzentration unterschritten wird und die Keimanzahl konstant bleibt. Der nun dominierende Prozess des Wachstums findet statt, bis die Sättigungskonzentration größer als die Konzentration der Metallkeime ist. Über die Kontrolle der Nukleationsphase kann die Monodispersität und die Größenverteilung der Partikel eingestellt werden. Um die Alterung und damit die Aggregation der Lösung zu stoppen, müssen Stabilisatoren zur Dispersion zugegeben werden. In dieser Arbeit wurde mit zwei unterschiedlichen Stabilisationstypen gearbeitet. Zum einen wurden die Partikel mit Citrat, zum anderen mit einem Polymer stabilisiert. Beide Lösungen wurden von MSc Aliaksei Dubavik[3] hergestellt und für die folgenden Experimente zur Verfügung gestellt. In Kapitel 7.1.2 werden beide Synthesewege vorgestellt.

Plasmonabsorption Der für die Detektion in der Sensorik interessante Effekt ist die Plasmonresonanz der Partikel. Plasmonen sind Dichteschwankungen von Ladungsträgern in Metallen oder Halbleitern. In der Quantenmechanik werden sie als Quasiteilchen behandelt.

Bereits in der Antike wurden GNP zum Färben von Glas verwendet. Ausgenutzt wird hierbei der Plasmonenbandeneffekt, ein elektrodynamischen Effekt, bei dem freie Leitungsbandenelektronen eine kollektive Oszillation, in Resonanz mit dem einfallenden Licht ausführen. Angeregt und dadurch periodisch verschoben werden diese durch ein wechselwirkendes elektromagnetisches Feld. Bei maximaler Lichtfeldamplitude bildet sich auf einer Seite des GNP ein Elektronenüberschuß, auf der anderen eine positive Überschussladung - vergleichbar mit einem oszillierenden Dipol. Die Folge ist ein elektrisches Feld um das Partikel, wie in Abbildung B.1 im Anhang gezeigt. Auf Grund der Lichtstreuung entsteht eine Extinktionsbande (Wellenlänge λ) zwischen 500 und 550 nm) im Bereich des grünen Lichts. Dieses wird absorbiert und die kolloidalen Goldpartikel zeigen bei Transmission die entsprechende Komplementärfarbe Rot. Die exakte Breite und Lage der Bande hängt dabei vor allem von der Partikelform, der chemischen Zusammensetzung der Oberfläche und von der Interaktion mit anderen Partikeln ab [119]. Sind die GNP deutlich unter 10 nm groß, zeigt sich

[3]Mitarbeiter der Arbeitsgruppe Professor Eychmüller, TU Dresden

keine intensive Bande. Liegt die Größe jedoch oberhalb (bis $\approx$ 25 nm) tritt eine scharfe Bande auf.
Eine der ersten elektrodynamischen Betrachtungen des Farbwechsels kolloidaler Goldsuspensionen stammt aus dem Jahr 1908 von MIE [120]. Mit Hilfe seiner Theorie zur Lösung der MAXWELL-Gleichung für eine Kugel kann im Bereich makroskopischer und nanoskalischer Radien die Streuung und Absorption von elektromagnetischen Wellen an kugelförmigen Objekten erklärt werden.

5. Vernetzung sensitiver Polymere

In der vorliegenden Arbeit werden ausschließlich Hydrogele hergestellt, die ein chemisch verknüpftes Netzwerk aufweisen. Die Wahl der Vernetzungsmethode ist dabei abhängig vom Monomer bzw. Polymer und der geforderten Gelgeometrie. Unabhängig vom Verfahren beeinflussen die Zusammensetzung der Reaktionslösung, sowie die gewählten -parameter die Vernetzungsdichte und somit die Geleigenschaften. Im Folgenden werden die chemischen, photochemischen und strahlenchemischen Vernetzungsmethoden vorgestellt, die in den Experimenten zum Einsatz kommen werden.

5.1. Chemische Vernetzung

Die chemische Vernetzung, d.h. der Netzwerkaufbau durch eine radikalisch induzierte Vernetzungsreaktion zwischen einem hydrophilen, nicht-ionischen Monomer und einer geringen Menge Vernetzer [121] oder die thermische induzierte Vernetzung durch Veresterung [95] stellt die am verbreitesten verwendete Methode zur Geldarstellung dar. Die Steuerung der Geleigenschaften, wie Transparenz, mechanische Stabilität oder Quellvermögen, werden bei diesem Reaktionstyp vorwiegend über das Verhältnis der Vernetzer- zur Monomerkonzentration und der Kontrolle der Reaktionsbedingungen (bspw. Temperatur) gesteuert [122]. Die Arbeit befasst sich mit der chemischen Vernetzung zur Darstellung der in Tabelle 5.1 aufgeführten Geometrien.

Geometrie	Polymer	Vernetzer
Zylinder	HPC	Divinylsulfon
Film	HPC	Divinylsulfon
	PNIPAAm	N,N´-Methylenbisacrylamid
Kugel	PNIPAAm	N,N´-Methylenbisacrylamid

Tabelle 5.1.: Chemische Vernetzung - darstellbare Gelgeometrien

5.1.1. Hydroxypropylcellulose

Die chemische Vernetzung der HPC erfolgt durch die Zugabe von Divinylsulfon (DVS) als Vernetzer. Dieser induziert die Netzwerkbildung durch eine Additionsreaktion der Hydroxylgruppen der Polymerkette, welche die Absättigung der $C{=}C$-Doppelbindung des DVS zur Folge hat [123]. Eine erste allgemeine Abhandlung hierzu, sowie eine Beschreibung des generellen Verhaltens wasserlöslicher Polymere bei der Vernetzung mit Sulfonen wurde 1983 von FINCH veröffentlich [124]. In Abbildung 5.1 ist der Reaktionsverlauf der Vernetzung, in Anlehnung an [125], schematisch dargestellt.

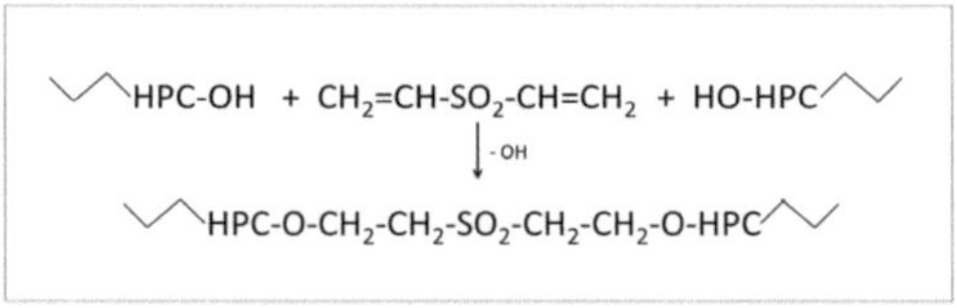

5.1.: Chemische Vernetzung HPC mit DVS

Entsprechend der Ergebnisse von SANNINO et al. erfolgt die Reaktion in einer wässrigen Alkalilösung (*NaOH* oder *KOH*, 0.02 - 0.05 wt%) mit einer Polymerkonzentration < 5 wt% [126].
Diese Methode eignet sich sowohl für die in der Arbeit verwendeten zylinderförmigen Proben, als auch die freitragenden Filme. Auch eine Übertragung auf die Herstellung von angebundenen Schichten ist möglich. Da nur eine flächige Beschichtung und keine definierten Strukturen im sub-μm-Bereich möglich wären [94], wird diese Variante in der vorliegenden Arbeit nicht untersucht. Der exakte Syntheseablauf wird in Kapitel 8 vorgestellt.

5.1.2. Poly(N-Isopropylacrylamid)

Für die Darstellung der quellfähigen PNIPAAm-Netzwerke durch chemische Vernetzung werden, je nach Probendimension, unterschiedliche Varianten angewandt. In allen Fällen liegt jedoch ein simultaner Polymeraufbau und Vernetzungsprozess vor, so dass stets vom Monomer ausgegangen wird. Die klassische Darstellung beruht auf der Polymerisation in einer heterogenen Phase. Dabei befinden sich Initiator und Vernetzer bereits zu Beginn im Reaktionsgemisch, so dass der Vernetzer in die Netzwerkstruktur eingebaut wird.
Im Falle des PNIPAAm reagiert das Monomer N-Isopropylacrylamid mit dem Vernetzer N,N´-Methylenbisacrylamid (BIS) und dem Inititorsystem Kaliumpersulfat (KPS) und N,N,N´,N´-Tetramethylethylendiamin (TEMED). Durch die Spaltung des KPS enstehen die Radikale für die Initiierung der Reaktion, TEMED dient als Katalysator. Das anschließende Kettenwachstum erfolgt durch eine Radikalübertragung an den C-C-Doppelbindungen. Zum Abbruch der Kettenwachstumsschritte können Kombinations- und Disproportionierungsreaktionen führen, sowie Luftsauerstoff, der als Inhibitor wirken kann. Abhilfe schafft man, indem die Synthese der Hydrogele in wässriger Lösung und unter Inertgas stattfindet. Je nach Dimension kommen dabei unterschiedliche methodische Verfahren zum Einsatz. Die Herstellung freitragender Filme geschieht in einem planeren, flachen Gefäß, in das die Reaktionslösung direkt nach der Zugabe des Initiators TEMED gegossen wird. Die Vernetzung setzt unmittelbar ein. Ist das System vollständig getrocknet, ist die Polymerisation und der Netzwerkaufbau abgeschlossen. Die Herstellung kugelförmiger Gele richtet sich nach der Zielgröße. Mikro- und Nanogele entstehen bei der Emulsionspolymerisation. PELTON et al. waren die Ersten, denen die Kugelsynthese durch die emulgatorfreie Emul-

sionspolymerisation mittels BIS gelang [127]. Die erhaltenen Durchmesser lagen in einem Bereich von 200 - 700 nm. Eine Reduzierung der Abmessungen gelang später durch die Verwendung der Mikroemulsionspolymerisation [128]. Die Herstellung größerer Partikel, bedingt durch die hohe Löslichkeit von NIPAAm in Wasser, erfolgt mittels der inversen Suspensionspolymerisation [129]. Nachteil aller angesprochenen Verfahren ist die relativ breite Größenverteilung der Teilchen.

Für eine Vielzahl an Anwendungen ist es jedoch notwendig, Partikel mit einer einheitlichen Größe und Form zur Verfügung zu stellen. Eine praktikable Lösung stellt dafür die Verkapslung der Reaktanden (Monomer, Vernetzer, Radikalstarter) dar. Die Polymerisation und anschließende Vernetzung finden so in einem definierten Raum statt, der Form und Größe vorgibt. In [130] und [131] wird die Alginattechnik als ein Vertreter der Verkapselungsmethodik ausführlich vorgestellt. Sie findet auch in der vorliegenden Arbeit Anwendung für die Darstellung gefüllter sphärischer PNIPAAm-Gele.

Das Reaktionsgemisch aus Monomer, Vernetzer und Initiator wird in einer wässriger Alginatlösung vorgelegt und anschließend in eine wässrige Calciumchloridlösung, welche den Radikalbildner enthält, getropft. Der Verkapselungsmechanismus erfolgt nach PARK und HOFFMAN [132]. Hierbei stellt das Calcium-Alginat das Templat für die simultane radikalische Polymerisation und Vernetzung des NIPAAm und BIS. Initiiert wird die Gelbildung durch das Redoxsystem aus KPS und TEMED (Abbildung 5.2 nach [71]).

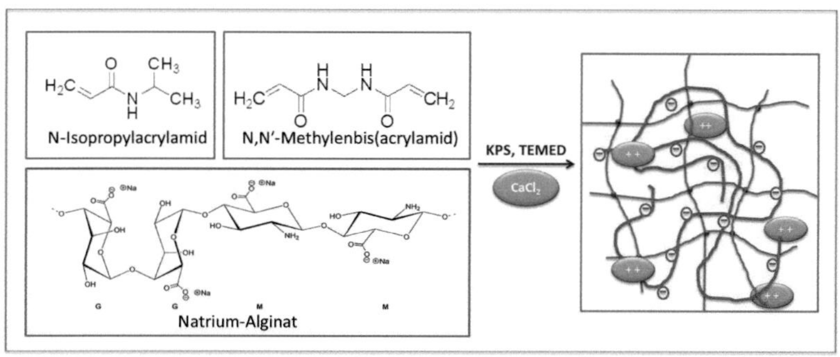

5.2.: Chemische Vernetzung PNIPAAm mit der Alginattechnik

Die Vernetzung des Alginat mit den Calciumionen entspricht einem physikalischen Netzwerk [133]. Die Einlagerung der Kationen erfolgt entsprechend dem sogenannten "'Egg-Box-Modell"'. Innerhalb der alpha-L-Guluronat-Blöcke entstehen intermolekulare Aushöhlungen, in die dann die Ca^{2+} Ionen koordiniert werden. Mittels EDTA kann das Alginat nachträglich entfernt werden. Nachteil dieser Methode ist jedoch die Limitierung der Kugelgrößen. Vorgegeben durch den Kanülendurchmesser sind Partikel in der vorliegenden Arbeit ausschließlich in einem Bereich von 1 - 3 mm synthetisierbar. In Kapitel 8 werden die verwendeten Synthesebedingungen, wie Lösungskonzentration und Spritzendurchmesser, behandelt.

5.1.3. Poly(vinylalkohol)/Poly(acrylsäure)

Für die Darstellung vernetzter PVA/PAS-Blends existieren in der Literatur verschiedene Methoden. Eine Möglichkeit ist der NW-Aufbau durch wiederholte Gefrier- und Auftauzyklen einer wässrigen Mischlösung der beiden Polymere [134]. Es bilden sich hochporöse Gele, die pH-sensitives Verhalten zeigen. Die Autoren nehmen dabei an, dass, abhängig von der Konzentration der Ausgangsstoffe, zunächst ein physikalisches NW durch Verschlaufungen ensteht, welches nach der Zugabe einer HCl-Lösung chemische Vernetzung durch Veresterung ausbildet. Die Anwendung unter mechanischer Belastung ist aber auf Grund der Porösität kaum möglich. Eine weitere Option ist die Bildung eines IPN. Liegt neben Acrylsäure auch PVA in einer Lösung vor, wird zunächst mittels simultan ablaufender Polymerisation und Vernetzung ein PAS-NW gebildet. Anschließend erfolgt die Vernetzung des PVA [135]. Die dritte Möglichkeit ist die thermisch induzierte Hydrogelsynthese [95], [93]. Sie stellt die technisch einfachste Methode dar und findet in der vorliegenden Arbeit Anwendung. Eine ausführliche Charakterisierung des Reaktionsverlaufes wurde von Arndt et al. mittels FT-IR durchgeführt. Die Messungen ergaben eine geringe Ausbeute für diesen Mechanismus. Trotzdem ist dieses Verfahren relevant, da Hydrogele mit einem hohen viskoelastischen Verhalten entstehen. Nachteilig zeigt sich ebenfalls die lange Reaktionszeit, so dass ausschließlich eine Synthese dünner Filme sinnvoll ist [93]. Kapitel 8 beschreibt alle relevanten Synthesebedingungen.

5.2. Photochemische Vernetzung - Poly(N-Isopropylacrylamid)

Bei der photochemische Vernetzung handelt es sich um eine simultan ablaufende Polymerisation und Netzwerkbildung, die durch UV-Licht initiiert wird. Dabei kann die radikalische Vernetzungsreaktion (ausgelöst vom Photoinitiator) an Doppelbindungen oder durch Photodimerisierung einzelner Polymeranteile stattfinden. Vorteil dieser Methode ist, dass sie keine thermische Aktivierung benötigt, Polymerisation und Vernetzung können auch bei niedrigen Temperaturen mit hoher Geschwindigkeit ablaufen. Typische Monomere sind die Acrylate der Polyole, Polyester oder Epoxide [136]. Hauptanwendungsgebiet ist die Darstellung dünner freitragender Filme. In der vorliegenden Arbeit wird die photochemische Vernetzung bei der Synthese von PNIPAAm-Hydrogelen verwendet.

Reaktionspartner sind das Monomer N-Isopropylacrylamid, N,N´-Methylenbisacrylamid als Vernetzer und 2-Hydroxy-4´(2-hydroxyethoxy)-2-methyl-propiophenon (Handelsname Irgacure 2959) als Photoinitiator. Die Photoreaktion bedingt die Absorption von Photonen mit ausreichender Energie und kann nach [137] in die in Tabelle 5.2 aufgeführten vier Teilschritte untergliedert werden.

Teilschritt	Reaktion
(1) Anregung	$I \rightarrow$ I*
(2) Dimerisierung	I* + M $\rightarrow$ I-M*
(3) Isomerisierung	I* $\rightarrow$ I^{Isomer}
(4) Deaktivierung	I/M/I-M* $\rightarrow$ I/M/I-M

Tabelle 5.2.: Teilschritte einer Photoreaktion

Das Initiatorradikal (I^*), gebildet durch die Einwirkung des UV-Lichts (Norrish-Typ-I-Reaktion $\rightarrow$ Initiatorzerfall) startet die Polymersiation in dem es ein Monomermolekül (M) anlagert. Während der Wachstumsreaktion werden weitere Monomere, überwiegend in Kopf-Schwanz-Stellung hinzugefügt. Da sich aber zu jeder Zeit Initiatorradikale, Monomerradikale und Makroradikale in der Lösung befinden, können Kombinationsreaktionen das Polymerwachstum unterbrechen, wobei die Verbindung von einem I-M* mit einer bestehenden Polymerkette zu einer Vernetzung führt. Kettenwachstum, sowie die Abbruchreaktionen verlaufen dabei parallel zum Netzwerkaufbau.
Die Initiierung der Vernetzung erfolgte in der vorliegenden Arbeit mit einer UV-Lampe der Firma LOT ORIEL (LSH501) mit einer eingestellen Lampenleistung von 900 Watt und einem festen Probenabstand von 25 cm. In Kapitel 8 sind alle weiteren Synthesebedingungen zusammengefasst.

5.3. Strahlenchemische Vernetzung

Der Hauptnachteil aller bisher vorgestellten Vernetzungsvarianten, ist die Verwendung von Zusatzstoffen (Vernetzer, Photoinitiator), um die Reaktionen starten zu können. Diese Zusatzreagenzien werden meist als gefährlich bzw. als gesundheitsschädlich eingestuft. Eine Anwendung der damit hergestellten Hydrogele im medizinischen, pharmazeutischen oder nahrungsmitteltechnischen Bereich ist nicht möglich. Die Suche nach alternativen Vernetzungsmethoden hat den Einsatz hochenergetischer Strahlung in den Fokus der Forschung gerückt. Energiereiche Strahlung wird bereits seit vielen Jahrzehnten in weiten Bereichen des wissenschaftlichen und alltäglichen Leben eingesetzt. Gerade in der Medizin sind strahlenbasierte diagnostische und therapeutische Verfahren hinreichend zuverlässige Behandlungsmethoden, die neben der Sterilisation von Nahrungsmitteln und der Hygienisierung von Flächen und Gewässen die Hauptanwendungsgebiete für beispielsweise Röntgenstrahlen darstellen. Im Rahmen der Forschung gilt der Strahlenchemie, bei der die Energie der ionisierenden Strahlen zur Initiierung von Elemantarreaktionen genutzt wird, das überwiegende Interesse. In der Polymerchemie wird die Methode vor allem für die Modifikation und die Vernetzung eingesetzt. Gegenüber anderen Initiierungsverfahren hat hochenergetische Strahlung den Vorteil, dass durch die Auswahl der Strahlquelle, der Variation der Leistung und der Möglichkeit der exakten Lokalisation des Energieeintrags die hochreaktiven radikalischen Zwischenprodukte in hoher Konzentration gebildet werden können und so in einem kurzen Zeitrahmen (wenige Minuten) ein großer Umsatz erreicht werden kann. Im

Folgenden wird der Einsatz der strahlenchemischen Synthese mittels Elektronenstrahlung zur Darstellung sensitiver Hydrogele näher vorgestellt.

5.3.1. Allgemeine Grundlagen

Eine weitere Methode zum Aufbau irreversibeler chemischer Netzwerke ist die Behandlung der Polymere mit hochenergetischer Strahlung [138], [139]. Diese kann, je nach Ausgangsstoff, Vernetzungsreaktionen initiieren oder den Abbau das Materials begünstigen. Der Einfluss radioaktiver Strahlung auf hochpolymere Werkstofe wurde erstmals 1942 intensiv untersucht ([140]). Durch den Bau des ersten Kernreaktors war es notwendig geworden, geeignete Dichtungs- und Isolierungsmaterialien zu finden, die nur geringe Eigenschaftsänderungen beim Kontakt mit Strahlung aufweisen. Erste Übersichtsarbeiten zur Beständigkeit wurden in den folgenden Jahren unter anderem von CHARLESBY [141] und LITTLE [142] veröffentlicht. Zu den untersuchten Strahlungsarten gehörten unter Anderem die γ-Strahlung. Die Elektronenstrahlung gehört zu den ionisierenden Teilchenstrahlungen. Die Energie der Strahlelektronen wird dabei über die Beschleunigungsspannung U_B der Elektronen e eingestellt (Gleichung 5.1) und ist, je nach Qualität der Elektronenquelle, in einem definierten Bereich variierbar.

$$E = e \cdot U_B \tag{5.1}$$

Die Strahlleistung P ergibt sich aus der Beschleunigungsspannung und dem eingestellten Strahlstrom I (Gleichung 5.2).

$$P = U_B \cdot I \tag{5.2}$$

Die je Masse m absorbierte Energie E ist die (Energie- oder Strahlen-)Dosis D_{Strahl} (Gleichung 5.3), gemessen in Gray (Gy) (1 Gy = 1J/kg).

$$D_{Strahl} = dE/dm \tag{5.3}$$

Neben der einwirkenden Strahlenenergie spielt vor Allem auch die Dauer t der Bestrahlung eine Rolle, daher findet die Dosisleistung D_L (Gleichung 5.4) in der Parametereinstellung ihre Berücksichtigung.

$$D_L = dD_{Strahl}/dt \tag{5.4}$$

Mit der Entwicklung erster leistungsstarker Elektronenbeschleuniger in den 1940er Jahren, begann man auch mit der Untersuchung des Potentials dieser Methode zur Herstellung von Gelen. Die ersten erfolgreichen Synthesen eines Hydrogels durch Vernetzung mittels Elektronenstrahlung gelangen Anfang der 1960er Jahre der Gruppe um WICHTERLE mit dem Polymer 2-Hydroxyethylmethylacrylat (HEMA) [35]. 1973 untersuchte BRAY die Abhängigkeit der Gelgehalte von der Strahlendosis, Temperatur und Polymerkonzentration von PVA in wässriger Lösung [143]. ROSIAK erkannte bereits frühzeitig das Potential der Strahlenvernetzung für biologische Zwecke, da hier zum einen eine Methode vorlag, die ohne Hilfsstoffe auskam, andererseits bereits eine Sterilisation der Materialien erfolgte. Gerade

für biomedizinische Einsätze, wie den Wundverschluss, ist dies ein wichtige Vorraussetzung. 1995 gab er in seinem Artikel einen Überblick über mögliche Anwendungen [144]. 2001 gab CLOUGH in seiner Veröffentlichung eine allgemeine Zusammenfassung über die komerziellen Verwendungen strahlenchemisch vernetzter Polymere [145]. Auch die Vernetzung smarter Polymere und die darin enthaltende Übertragung der Sensitivität waren Bestandteil der Forschungen. 2000 zeigten PANDA et al. die Synthese des temperatursensitiven Poly-Isopropylacrylamids [146]. Neben dem Vergleich der Elektronen- und γ-Strahlung, untersuchten sie vor allem den Einfluss der relevanten Strahlungsparameter, wie Strahlungsdosis und Vernetzungsdichte auf das Quellverhalten. 2002 veröffentlichte WACH seine Ergebnisse zur strahlenchemischen Behandlung wässriger Hydroxypropylcelluloselösungen [78]. Er zeigte, dass HPC in wässriger Lösung strahlenchemisch vernetzbar ist und wies nach, dass die Sensitivität im Netzwerk erhalten bleibt. Im Jahr 2000 veröffentlichten JANIK et al. ihre Ergebnisse zur Klärung des Vernetzungsmechanismus in wässriger Lösung [147]. Mit Hilfe der Pulsradiolyse war es möglich, den Mechanismus für die Reaktion von PVME bei der Elektronenbestrahlung zu formulieren. Sie gliederten den Prozess in drei Teilschritte: Initiierung, Startreaktion und Vernetzungsreaktion.
Entscheidend für die Anwendung der strahlenchemischen Vernetzung ist die Frage, ob und bei welcher Strahlendosis das Polymer ein makroskopisches Netzwerk ausbildet. Die charakteristische Größe in diesem Zusammenhang ist die Vernetzungsdosis D_g. Sie definiert den Punkt, an dem erstmals ein makroskopisches Netzwerk unendlicher Molmasse M_w entsteht. Bei niedrigen Strahlungsdosen nimmt die Molmasse kontinuierlich zu. Steigt die Dosis über die Vernetzungsdosis, wird das Netzwerk ausgebildet. Eine weitere Dosiserhöhung führt zu stetigen Zunahme des Gelgehalts g.

Neben dem chemischen Aufbau des Polymeren beeinflusst auch die Bestrahlungsatmosphäre die ablaufende Reaktion. Arbeitet man beispielsweise an Luft, wirkt der enthaltende Sauerstoff als Inhibitor. Er bildet auf Grund seines biradikalen Charakters Peroxidbrücken im Netzwerk aus. Mechanische Instabilität und bevorzugte Abbaureaktionen sind die Folge. 1960 veröffentlichten CHARLESBY und PINNER erste grundlegende mathematische Beschreibungen des Vernetzungs- und Abbauverhaltens von Polymeren in Abhängigkeit von der eingestrahlten Dosis [85]. Sie stellten eine Gleichung auf, die ausschließlich für eine Molmassenverteilung von Mw/Mn = 2 galt.

$$s + \sqrt{s} = \frac{p_0}{q_0} + (\frac{2}{q_0 \cdot u_{2,0} \cdot D_{Strahl}}) \tag{5.5}$$

s stellt dabei den Anteil an unvernetztem Polymer (Sol) dar, p_0 die Abbauwahrscheinlichkeit, q_0 die Vernetzungswahrscheinlichkeit und $u_{2,0}$ den durchschnittlichen Polymerisationsgrad. Die Auftragung $s + \sqrt{s}$ gegen das Reziproke von D_{Strahl} zeigt eine Gerade (siehe 10.1). Durch Extrapolation ergibt der Schnittpunkt mit der Ordinate das Verhältnis p_0/q_0 (siehe Abbildung 5.3, in Anlehnung an [148]).

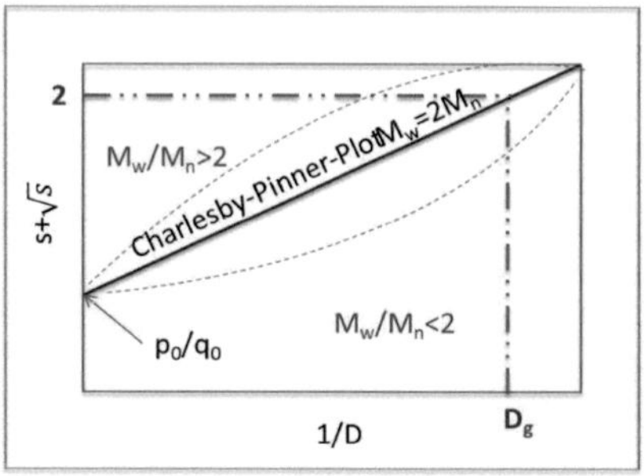

5.3.: Auftragung der Charlesby-Pinner-Gleichung

D_g ergibt sich bei $s = 1$ aus dem Schnittpunkt mit der x-Achse. Später wurde die Gleichung, unter anderem von OLEJNICZAK et al. auch auf $M_w \neq 2M_n$ erweitert [149]. Die heute als CHARLESBY- ROSIAK-Gleichung (Gl. 5.6) bekannte Beziehung lautet:

$$s + \sqrt{s} = \frac{p_0}{q_0} + (2 - \frac{p_0}{q_0}) \cdot (\frac{D_v + D_g}{D_v + D_{Strahl}}) \tag{5.6}$$

D_v wird als virtuelle Dosis bezeichnet und berechnet sich wie folgt:

$$D_v = \frac{4}{3 \cdot q_0} \cdot (\frac{1}{2 \cdot M_n} - \frac{1}{M_w}) \tag{5.7}$$

In der vorliegenden Arbeit erfolgte die Bestimmung der Vernetzungsdosis über die Sol-Gel-Analyse. Aussagen über das Vernetzungs- und Abbauverhalten der Polymere konnten durch die mathematische sowie grafischen Auswertung nach CHARLESBY und ROSIAK getroffen werden (siehe Kapitel 10.1).

Zusätzlich zur Vernetzung von Polymeren in wässrigen Lösungen, stieg vor allem in der Halbleiterindustrie das Interesse an der Vernetzung trockener Polymere. 2004 veröffentlichten MEINHOLD et al. ihre Ergebnisse der Vernetzung dünner Polyvinylpyrrolidon (PVP)VP-Schichten auf Polyethylenterephthalat (PET). Sie erreichten über die Dosisvariation, dass alle Proben unabhängig vom pH-Wert der Umgebung einen Quellgrad von 7 zeigten. KRSKO et al. beschäftigten sich mit der Synthese von Polyethylenglycol (PEG)- und Polyethylenoxid (PEO)-Schichten auf Siliciumoxid [150]. Das Hauptinteresse galt dabei der Kontrolle des Quellgrades in Wasser über die eingestrahlte Dosis. Neuere Forschungsarbeiten gibt es von SCHMIDT et al. [151]. Sie strukturierten das temperatursensitive PVME und verfolgten dabei das Ziel, die Sensitivität des Polymers auf die Hydrogelstrukturen zu übertragen und so für potentielle Anwendungen nutzbar zu machen. Trotz zahlreicher erfolgreicher Vernetzungsexperimente und dem weitverbreiteten Einsatz dieser Methode in der Industrie und Grundlagenforschung, ist bisher eine Aufklärung des Vernetzungsmechanismus im Polymer und des Haftungsverhaltens auf den Substraten nicht gelungen.

In der vorliegenden Arbeit wird die Elektronenstrahlung für die Vernetzung von drei Geometrien verwendet. Synthetisiert werden freitragende Filme (Filmdicke: 1 - 3 mm), flächige, auf einem Substrat angebundene Schichten (Schichtdicke: 100 - 300 nm) und angebundene Strukturen (laterale Abmessungen: < 100 nm). Im Folgenden werden die dafür verwendeten Methoden vorgestellt.

5.3.2. Elektronenstrahlvernetzung zur Erzeugung flächiger Hydrogele

Die Vernetzung der freitragenden Polymerfilme und der angebundenen Schichten erfolgt in Zusammenarbeit mit Dr. Gohs, Institut für Polymerforschung e.V. Dresden (IPF), Technikum Elektronenmodifizierung, am Elektronenbeschleuniger ELV-2 INP Novosibirsk (Abbildung 5.4) [152].

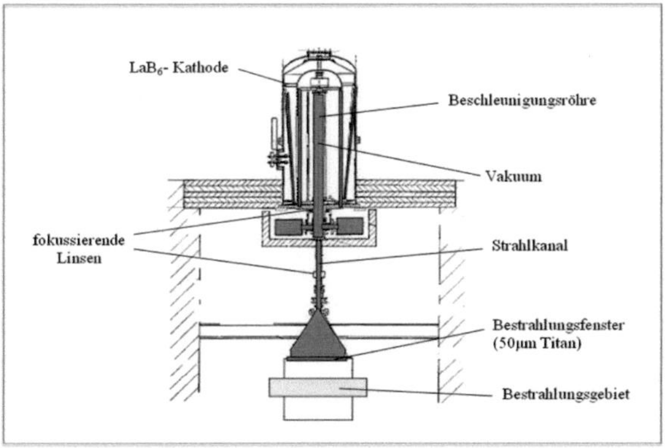

5.4.: ELV-2-Elektronenbeschleuniger

Der Beschleuniger arbeitet in einem Energiebereich von 0.6 bis 1.5 MeV, mit einer maximalen Strahlleistung von 20 kW und einem maximalen Strahlstrom von 25 mA. Eine LaB_6-Kathode erzeugt die Elektronen, die im Vakuum durch angelegte Hochspannung beschleunigt werden. Durch ein 980 x 75 mm großes Titanfenster mit einer Dicke von 50 μm treten die Elektronen aus und treffen auf die Probe. Die Proben werden auf einer (1 x 1) m großen Aluminiumlochpalette (Ableitung enstehender Prozesswärme) fixiert und bestrahlt. Die Eindringtiefe der Elektronen ist dabei abhängig von der Transparenz der Probe, sowie deren Dichte. Bei der Präparation der Proben ist daher auf die erzeugten Schichtdicken zu achten, damit kein Vernetzungsgradient entsteht.
Trotz des enormen technischen und finanziellen Aufwands und der Limitierung dieser Methode auf dünne, thermisch belastbare Schichten, überwiegen die Vorteile für den Einsatz deutlich. Neben dem geringen Zeitaufwand und dem vollständigen Verzicht auf Hilfsstoffe, lässt sich eine homogene Vernetzung über das Strahlungsprofil und die Vernetzungsdichte über die Regulierung der Strahlendosis realisieren.

5.3.3. Strahlenchemische Erzeugung von Hydrogelstrukturen im nm-Bereich

Für die Darstellung vernetzter Hydrogelstrukturen im sub-μm-Bereich existieren, je nach gewünschter Geometrie, zahlreiche strahlenchemische Methoden. Neben bereits etablierten Verfahren wie dem Sputtern, der thermischen oder Elektronenstrahlverdampfung, nimmt das Interesse an Lithografiemethoden, vor allem in der Forschung, stetig zu. Zu den gebräuchlichsten Arten gehören die optische Lithografie (Strukturgröße > 900 nm), die Laserlithografie (Strukturgröße > 300 nm), die Elektronenstrahllithografie (Strukturgröße > 30 nm) und die Rastersondenlithografie (Strukturgröße > 5 nm). Für die in der Arbeit realisierten Hydrogelstrukturen wurde ausschließlich die Elektronenstrahllithografie (ESL) verwendet. In der labortechnischen Umsetzung werden vor allem Rasterelektronenmikroskope (REM) modifiziert. In Abbildung 5.5 ist eine Prinzipskizze des verwendeten Aufbaus dargestellt.

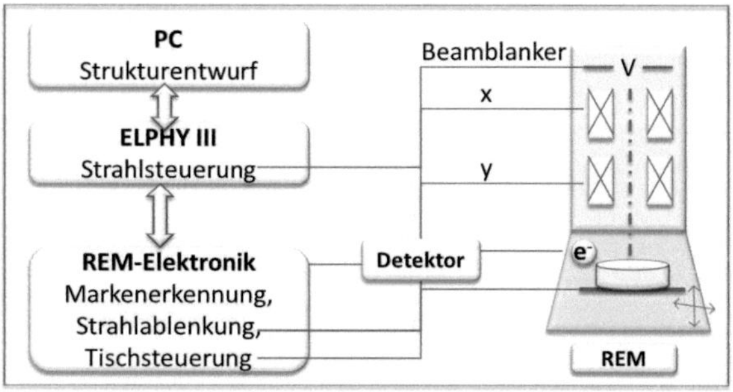

5.5.: Prinzipskizze des ESL-Versuchsaufbaus

Die darzustellenden Strukturen werden mittels einer Software am Computer vorgeschrieben, anschließend von der Elektronik des ELPHY III pixelweise in „Ja“/ „Nein“[4]-Entscheidungen umgewandelt, welche daraufhin den Beamblanker (Ein/ Aus) steuern. Der fokussierte Elektronenstrahl (Strahldurchmesser < 10 nm) wird über die Probenoberfläche geführt und durch das Spulensystem in x- bzw. y- Richtung abgelenkt. Das Scannen kann zeilenweise im Raster-Scan oder im Vektorscan-Verfahren erfolgen. Für die Genauigkeit, vor allem bei der Darstellung großer Strukturen, kann die Position der Probe zusätzlich über über den laserinterferometrisch kontrollierten Probentisch eingestellt werden. In der elektronestrahlsensitiven Probe werden durch die Belichtung Sekundärprozesse ausgelöst. Die erzeugten Sekundärelektronen werden dann detektiert. Für die Einstellung der ESL stehen folgende Parameter zur Verfügung:

- Beschleunigungsspannung,
- Dwell-Time[5],

[4]Elektronenstrahl trifft auf die Probe/ Elektronenstrahlt trifft die Probe nicht
[5]Verweilzeit des Elektronenstrahls pro Pixel

- Step Size[6] und
- Strahldurchmesser.

Der sich daraus ergebende zentrale Kennwert der ESL ist die Strahlendosis, angegeben in $\mu C/cm^2$. In der Polymerbehandlung kann die Belichtung mittels Elektronen zur strahlenchemischen Vernetzung des Materials eingesetzt werden. In Abhängigkeit von U_B können die Elektronen auch in das Substratmaterial eindringen und so gestreut werden. Solche Rückstreuungseffekte führen zu einer (unregelmäßigen) Nachvernetzung, die oftmals verschiedene Vernetzungsgradienten innerhalb einer Probe zur Folge haben.
Für die Anwendung dieser Technologie sind, in Abhängigkeit vom elektronensensitiven Material, die verschiedenen Vor- und Nachteile abzuwägen. Zu den grundlegenden Vorteilen gehören:

- breites Spektrum hinsichtlich darstellbarer Geometrien und Abmessungen,
- Kombination unterschiedlicher Materialien mit verschiedenen Strukturen auf einem Substrat,
- exakte örtliche Definition der Strukturen durch Auslesen der Markierungen auf dem Substrat und
- Strukturen können in oder auf bereits vorhandene Formen (z.B.: Kanälen) erzeugt werden.

Nachteilig wirkt hingegen:

- zeitaufwändiges und kostenintensives Verfahren,
- ungeeigneten Anwendung für serielle Produktionen sowie
- für Strukturen $\geq$ (1 x 1) mm müssen Teilstrukturen erzeut werden, da die Größe des Feldes zur Ablenkung des Strahls durch die Vergrößerung des Mikroskops begrenzt ist.

Die Strukturierung erfolgte in Kooperation mit dem Leibniz-Institut für Festkörper- und Werkstoffforschung Dresden. Zunächst wurden zur Ermittlung der Vernetzungsparameter Dosistests durchgeführt. Man arbeitete mit Dosen zwischen 12.5 $\mu C/cm^2$[7] und 1000 $\mu C/cm^2$ und Beschleunigungsspannungen von 3 bzw. 20 kV.

[6] Abstand zwischen zwei Pixeln
[7] 1 C = 1 As = 10^6 μC

6. Sensorik

6.1. Allgemeine Grundlagen

In Anlehnung an das lateinische "Sensorium" (Einfühlungsvermögen) steht der Begriff Sensor als Synonym für Meßwandler, -fühler oder -aufnehmer. In [153] wird die Funktion eines Sensors wie folgt beschrieben:

> "Ein Sensor wandelt die zu messende physikalische Größe und ihre Änderung in elektrische Größen und deren Änderung um, die elektronisch weiterverarbeitet oder übertragen werden können."

Ein Sensor ist ein Teil einer Messeinrichtung und damit in eine festgelegte Messkette eingeordnet. Diese besteht aus einer Aufnahme-, Weiterleitungs-, Umformungs- und Bereitstellungseinheit, welche die Messwerte als auswertbares Abbild der Messgröße darstellen. Eine gebräuchliche Einteilung von Sensoren erfolgt in Abhängigkeit von der Wirkungsweise beim Umformen der Messgröße in das elektrische Signal in aktive und passive Systeme. In aktiven Aufnehmern wird keine elektrische Hilfsenergie benötigt, um das elektrische Signal (z. B. elektrodynamisch oder piezoelektrisch) zu erzeugen, zusätzlich können diese Systeme auch durch Umkehr des physikalischen Messprinzips als Aktoren verwendet werden (Bsp.: dynamisches Mikrofon $\Longleftrightarrow$ Lautsprecher). Passive Aufnehmer benötigen eine von außen zugeführte Hilfsenergie, um die durch eine Messgröße veränderten Parameter in ein elektrisches Signal umzuformen. Beispiele sind Wägezellen und Widerstandsthermometer. Eine weitere Möglichkeit ist die Klassifizierung hinsichtlich der eingehenden Signale, die dann in das auszugebende elektrische Signal umgewandelt werden. Die Einteilung erfolgt in die in Tabelle 6.1 aufgeführten Gruppen, zusätzlich sind Beispiele für die entsprechenden Messgrößen angegeben.

SIGNALTYP	MESSGRÖSSEN
magnetische Signale	Induktivität, Kapazität, Widerstand
chemische Größen	pH-Wert, Konzentration, Reaktionsgeschwindigkeit
elektromagnetische Strahlung	Strahlungsenergie, Strahlungsfluss, Intensität
mechanische Signale	Durchmesser, Höhe, Härte
thermische Signale	Temperatur, Wärmeleitung, Wärmestrahlung

Tabelle 6.1.: Signaleinteilung bei Sensoren

Der Aufbau eines Sensor richtet sich nach seinem Einsatzgebiet. Die einfachste Darstellung ist ein mechanischer Endschalter. Er dient z.B. zur Positionsüberwachung von beweglichen Bauteilen. Aufwendigere Aufbauten sind hochintegrierte intelligente Wandlerelemente. Sie enthalten neben der Sensoreinheit zusätzlich eine Signalaufbereitung und eine Verarbeitungsebene. Abbildung 6.1 zeigt in Anlehnung an [154] den Grundaufbau der drei gebräuchlichsten Sensorarten.

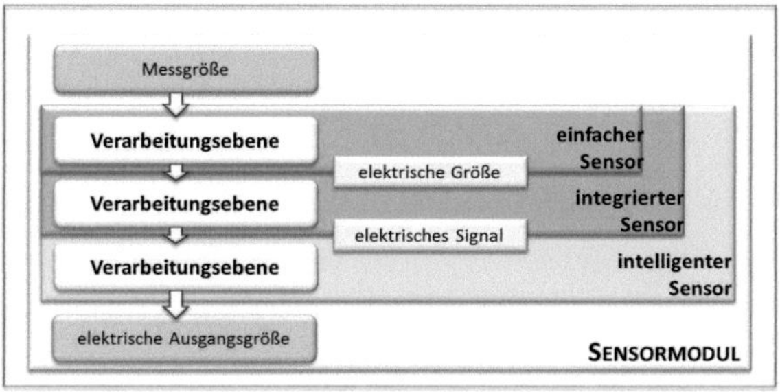

6.1.: Aufbau der drei Sensormodulgrundeinheiten

Die Sensoreinheit besteht aus einem Primärelement (Aufnahme der Änderung einer physikalischen Größe) und einem Sensorelement (Wandler formt Änderung in elektrisches Signal um). Diese bilden die Grundeinheit jedes Sensortyps. Das zweite Bauteil stellt die Signalaufarbeitung dar. Sie beinhaltet die Elektronik, wie Verstärker oder Filter, und kann integriert (integrierter und intelligenter Sensortyp) oder räumlich getrennt (einfacher Sensor) vorliegen. In intelligenten Sensoren ist zusätzlich die Verarbeitungseinheit verbaut. Mit Hilfe einer Software werden die detektierten Signale ausgewertet. Der Aufbau und das damit verbundene Funktionsprinzip richtet sich dabei nach dem Einsatzgebiet des Sensors. Die für die vorliegende Arbeit relevante Sensorart ist der intelligente oder smarte Sensortyp. Diese komplexen Aufbauten sind in der Lage, durch Bauteile wie Mikroprozessoren oder -controller, Komplettlösungen ohne externe Rechnerhardware anzubieten. Vorteile für den Anwender sind die erhöhte Flexibilität durch die Möglichkeit der Miniaturiesierung und Dezentralisierung, sowie die Reduzierung der Produktionskosten. Grundlage für die Entwicklung smarter Sensoren sind Forschungen auf den Gebieten Mikrosystemtechnik in Verbindung mit der Nanotechnologie.
Voraussetzung für die Entwicklung innovativer Sensorsysteme, ist die Verwendung neuartiger Materialien, mit exakt steuerbaren Eigenschaften. Eine Klasse, die sich derzeit rasant entwickelt, sind hydrogelbasierte Sensoren. Im Folgenden werden das Funktionsprinzip, sowie die notwendigen stofflichen Bedingungen für hydrogelbasierte Sensoren vorgestellt.

6.2. Hydrogelbasierte Sensoren

Die Klasse der smarten Hydrogele weist ein enormes Potential für die Nutzung als messgrößenempfindliches Element auf. Neben dem generellen Volumenquellen, steuerbar durch chemische oder physikalische Reize, spielt vor allem die Reversibilität des Prozesses eine entscheidene Rolle für die Verwendung. Hydrogele können als chemomechanische Wandler eingesetzt werden, um chemische Energie in mechanische Energie umzuformen [40].

Aufbau eines Hydrogelsensors Der Aufbau eines hydrogelbasierten Sensors und die Wahl des Wandlerprinzips orientiert sich an der zu untersuchenden Fragestellung. Konkrete Anwendungsoptionen ergeben sich im sensorischen und aktorischen Bereich, in denen wässrige Lösungen eine entscheidene Rolle spielen. Beispiele sind die Prozess- und Strömungstechnik, die chemische Analytik, Untersuchungen in der Zellbiologie und Drug-Delivery-Systeme. Abbildung 6.2 (nach [73]) zeigt den Aufbau eines Messgerätes, basierend auf einem Hydrogelsensor.

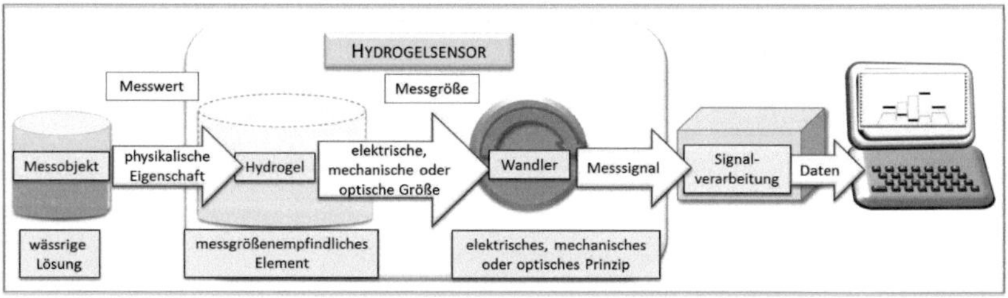

6.2.: Messkette eines hydrogelbasierten Sensorsystems

Die Änderung der physikalischen Eigenschaften (z.B.: elektrische Leitfähigkeit oder optischer Brechungsindex) der Hydrogele, bedingt durch die Änderung des Quellgrades, wird vom Wandler in ein detektierbares Messsignal umgewandelt. Das verwendete Prinzip ist dabei abhängig von der gemessenen physikalischen Größe. Es wird in elektrische, mechanische, magnetische oder optische Wandlerprinzipien unterschieden. Tabelle 6.2 (nach [73]) stellt die möglichen Wandlerprinzipien den abhängigen Messgrößen gegenüber.

Prinzip	physikalische Messgrösse
mechanisch	Weg, Kraft, Druck, mechanische Materialkenngrößen
elektrisch	elektrische Feldstärke, Flussdichte oder Materialkenngrößen
optisch	Brechungsindex, Transparenz, Farbe
magnetisch	magnetischer Widerstand oder Flussdichte

Tabelle 6.2.: Wandlerprinzipien in Abhängigkeit von der physikalischen Messgröße

Voraussetzungen für den Einsatz eines entsprechenden Wandlerprinzips sind die Eignung für einen Einsatz in dünnen Hydrogelschichten (< 500 nm im entquollenen Zustand), sowie die Funktionstüchtigkeit unter wechselnden Umgebungsbedingungen, wie Temperatur oder der Zusammensetzung des Quellmittels. Mechanische Wandler haben den Nachteil, dass sie zur Bestimmung des Signals eine direkte Krafteinwirkung auf das Hydrogel erfordern. Die anderen drei Wandlereffekte detektieren die Änderung der entsprechenden physikalischen Größe ohne die Probe mechanisch zu belasten, so dass deren Einsatz generell möglich ist.

Aktuelle Forschungen zu funktionalisierten hydrogelbasierten Sensoren Das Ziel der Entwicklung neuartiger Sensorsysteme, auf der Grundlage innovative Materialien, sowie die Umsetzung im sub-μm-Bereich, ist die Herstellung einfacher, kompakter und preisgünstiger Lösungen, die eine Adaption eines Grundaufbaus auf verschiedenen Problemstellungen zulässt [155]. Aktuelle Forschungen befassen sich zum Beispiel mit der Entwicklung eines kostengünstigen Hydrogelsensors zur Prozesskontrolle in der Oberflächentechnik [94], [156] und [157]. Ausgangspunkt ist das Fehlen einer zuverlässigen, kostengünstigen und handlichen Messtechnik zur Überwachung der sich ändernden Konzentrationen der Chemikalien in den Prozessflüssigkeiten. Herkömmliche Methoden (wie Titration oder Spektroskopie) haben entweder eine geringe Genauigkeit oder bedingen kostenintensive Geräte. Durch die Entwicklung eines Hydrogelsensors, basierend auf dem Quarz-Mikro-Waage-Messprinzip, soll eine direkte Konzentrationsmessung sowie einfache Onlineüberwachung der Prozessbäder möglich werden [158], [159].
Als messgrößenempfindliches Element können ebenfalls in die sensitive Schicht eingebaute anorganische Nanopartikel dienen. Die so funktionalisierten Gele weisen neue Eigenschaften auf oder bereits vorhandene werden verstärkt. Der Einbau ferromagnetischer und ferroelektrischer Partikel wurde 2002 von THEISS beschrieben [72]. Durch strahlenchemische Vernetzung wurden temperatursensitive Hydrogele der Polymere PVME, PNIPAAm und Poly(N-vinylcaprolactam) (PVCL) erhalten, die mit den Ferroelektrika Bariumtitanat und Poly(vinylidenfluorid) (PVDF) und ferromagnetischem Nickel gefüllt wurden. Es gelang die Nanopartikel im Gel zu Verankern und eine statistische Verteilung nachzuweisen. Jedoch zeigten Vernetzungs- und Quellungsgrad eine starke Abhängigkeit von der Füllstoffkonzentration. Eine erste Anregung der Gele durch ein elektrisches Wechselfeld wurde durchgeführt. Die Füllung mit Metallpartikeln wurde 2010 von JANOVÁK et al. [64] beschrieben. Die Gruppe synthetisierte goldgefüllte ($d \approx 14$ nm) PAA- und PNIPAAm-Gele als angebundene Filme auf interdigitalen Mikroelektroden. Die Untersuchungen der Plasmonenabsorption und elektrischen Leitfähigkeit zeigten eine direkte Abhängigkeit vom Quellzustand der Gele, sowie der Beladungsmenge der Nanopartikel.

Die Auswahl der Füllmaterialien erfolgt neben wirtschaftlichen Aspekten vor allem in Abhängigkeit von der Ansprechdauer des gewählten Systems. Die mathematische Grundlage bildet dabei die Einstelldauer t_E. Sie ergibt sich aus der Zeitkonstante τ (gilt für einen exponentiell verlaufenden Quellprozess, siehe Kapitel 3.1.1):

$$\tau = \frac{4\delta^2}{\pi^2 D_{coop}} \tag{6.1}$$

wobei D_{coop} den Diffusionskoeffizienten des Materials und δ die Dicke der Hydrogelschicht beschreiben. Je nach angestrebter Einstellzeit, ergibt sich somit die maximale Schichtdicke.

Füllung der sensorischen Schicht Elektrische, optische und magnetische Wandlerprinzipien bedingen den Einbau entsprechender Partikel in die sensitive Hydrogelschicht. Definiert durch die angestrebte Schichtgeometrie im 10^2 nm-Bereich, konzentriert sich die Auswahl auf anorganische Nanopartikel, deren geringe Größe eine ausreichende und homogene Verteilung gewährleisten soll. Die Schwierigkeit in der Umsetzung liegt daher im Verhältnis der ausreichenden Sensitivität im sub-μm-Bereich (bedingt durch die Partikelkonzentration im Hydrogel) und einem möglichst hohen Quellunsgrad (kontrolllierbar über den Vernetzungsgrad, welcher durch den Partikelanteil beeinflusst werden kann). Der Einbau der Teilchen erfolgt nach den in Kapitel 3.2.2 vorgestellten Methoden. Anschließend erfolgt die Umsetzung eines Sensordemonstrators mit dem magnetischen Wandlerprinzip. Für die Umsetzung eines Sensordemonstartors wurde das Messprinzip des Magnetfeldsensors (MFS) ausgewählt. Mit Hilfe dieses Aufbaus ist es möglich den sensitiven Quellprozess der gefüllten Hydrogelschicht in-situ zu verfolgen. Dabei wird die Änderung des Magnetfeldes der eingebauten Nanopartikel in Abhängigkeit vom Abstand zum MFS detektiert. Voraussetzung dafür ist, dass die Quellung der sensorischen Schicht proportional zur Abstandsänderung ist. Das Prinzip eines Magnetfeldsensors wird im Folgenden vorgestellt.

6.3. Messprinzip eines Magnetfeldsensors

6.3.1. Physikalische Grundlagen

Magnetfeldsensoren wandeln die Wirkungen eines magnetischen oder elektromagnetischen Feldes in ein elektrisches Signal um. Sie arbeiten berührungslos und sind daher nahezu verschleißfrei. In der Anwendung unterscheidet man zwei Prinzipien [153]:

1. Bei einer direkten Messung wird der MFS in ein Magnetometer eingebaut. Sie messen die Feldstärke oder Induktion. Einsatzgebiete dieses Typs sind beispielsweise Erdfeldmessung oder das Auslesen von Disketten.
2. Im indirekten Messverfahren ist das Magnetfeld Träger einer Information eines nichtmagnetischen Signals, wie Winkel- oder Abstandsänderung.

Zur Umrechnung des magnetischen Signals nutzen MFS überwiegend die auf bewegte Ladungen wirkende Lorentz-Kraft ($\vec{F}_L$).

$$\vec{F}_L = q(\vec{E} + \vec{v} \times \vec{B}) \tag{6.2}$$

Wenn für die elektrische Feldstärke $\vec{E} = 0$ gilt, d.h. eine magnetische Kompensation der Lorentz-Kraft erreicht ist, berechnet sich $\vec{F}_L$ nach:

$$\vec{F}_L = q(\vec{v} \times \vec{B}) \tag{6.3}$$

$\vec{v}$ stellt dabei die Geschwindigkeit der Ladungsträger und $\vec{B}$ die magnetische Flussdichte dar. Die Bestimmung von $\vec{B}$ erfolgt nach

$$\vec{B} = \mu \cdot \vec{H}. \tag{6.4}$$

$\vec{H}$ bezeichnet die magnetische Feldstärke, μ gibt die magnetische Permeabilität des Sensormaterials an. Abhängig von dessen Wert lassen sich MFS in zwei Klassen unterscheiden.

1. MFS mit Materialien hoher Permeabilität, hierzu zählen Ferro- und Ferrimagnetika. Der Wert für μ liegt deutlich über 1, was zu einer Erhöhung der Empfindlichkeit führt.
2. MFS mit Materialien niedriger Permeabilität, hierzu zählen dia- und paramagnetische stoffe. Der Anteil von μ ist vernachlässigbar.

In der vorliegenden Arbeit werden der Hall-Effekt und das Giant Magnetoresistance-Prinzip (GMR) als MFS verwendet.

6.3.2. Hall-Effekt

Wird ein Leiter der Dicke *d*, durch den ein Strom *I* fließt, senkrecht von einem äußeren magnetischen Fluss durchsetzt, werden auf Grund der Lorentz-Kraft die Elektronen abgelenkt und es resultiert eine Ladungsverschiebung (eine Seite weist einen Elektronenmangel, die andere Seite einen -überschuss auf). Diesen Effekt bezeichnet man als Hall-Effekt. Er wurde erstmals 1879 vom US-amerikanischen Physiker Edwin E. Hall beschrieben ([160]). In Abbildung 6.3 ist die Elektronenbewegung, sowie die Leitergeometrie [161] dargestellt.

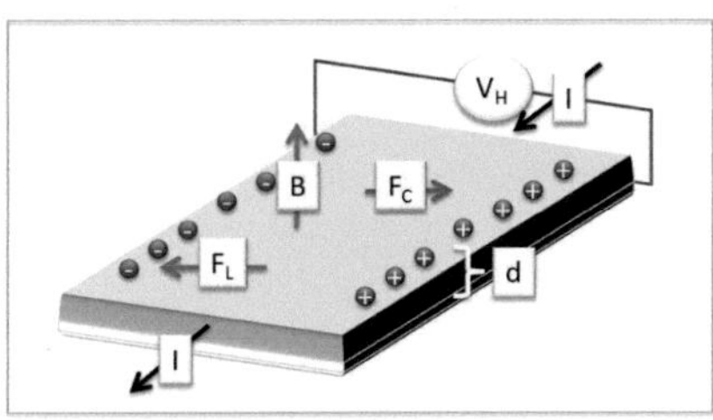

6.3.: Prinzip des Hall-Effekt

Die Ladungstrennung bewirkt ein elektrisches Feld ($E_\perp$) senkrecht zur ursprünglichen Ausbreitungsrichtung. Der Lorentzkraft entgegen wirkt die Coulombkraft $\vec{F_C}$:

$$\vec{F_C} = -e_0 \cdot E_\perp \tag{6.5}$$

Herrscht ein Kräftegleichgewicht kommt es zum Stillstand der Ladungstrennung, man spricht vom stationären Zustand des Systems. Es gilt:

$$\vec{F_C} - \vec{F_L} = 0 \qquad bzw. \quad \vec{F_C} = \vec{F_L} \tag{6.6}$$

Damit ergibt sich für die senkrecht zur Stromfluss- und Magnetfeldrichtung am Leiter abfallende Hall-Spannung folgende Gleichung:

$$U_H = A_H \cdot \frac{I \cdot B}{d_L} \tag{6.7}$$

A_H beschreibt dabei den Hall-Koeffizienten, es handelt sich um eine temperaturabhängige Materialkonstante deren Einheit $[m^3/C]$ ist. I stellt die Stromstärke dar.
Da U_H proportional zur Stärke des Feldes ist, kann der Hall-Effekt in der Anwendung eines MFS, Hall-Sensors oder -Sonde genutzt werden. Je nach Größe des Magnetfeldes muss für eine entsprechend ausreichend messbare Hall-Spannung die Dicke der sensorischen Schicht entsprechend klein, sowie die Ladungsträgerdichte hoch sein.

Anwendung des Effekts in einem Hall-Sensor Hall-Sensoren oder Hall-Sonden nutzen den Hall-Effekt zur Messung der Magnetfeldstärke und der Verfolgung von elektrischen Strömen. Ist der Strom bekannt, kann die magnetische Feldstärke bestimmt werden. Wird hingegen das Magnetfeld durch einen stromdurchflossenen Leiter oder eine Spule erzeugt, kann die Stromstärke potentialfrei gemessen werden. Die Empfindlichkeit eines solchen Sensors wird in Millivolt pro Gauß *[mV/G]* angeben.
Sind Strom- und Magnetfeldstärke bekannt, kann ein Hall-Sensor als Metalldetektor [162], Stromsensor [163], berührungsloser Signalgeber und zur Schichtdickenmessung [164] genutzt werden. Anwendung finden sie derzeit vor allem in der Automobilindustrie, beispielsweise im Gurtschloss, im Türschließsystem, sowie bei der Erkennung des Zündzeitpunkts [165]. Vorteilhaft hat sich hier die Unempfindlichkeit gegen Schmutz und Wasser erwiesen. Weitere Einsatzgebiete sind, integriert in Chips, Laserdrucker und PC-Lüftern oder als Kompass in Navigationssystemen [166]. Eine Überblicksarbeit mit weiteren Anwendungsbeispielen stammt von Ripka [167]. Die Verwendung von Hall-Sensoren in Kombination mit Polymeren erstreckt sich überwiegend auf das Gebiet der Biotechnologie [168]. Sie werden zur medizinischen Diagnostik und dem Bioscreening eingesetzt. Dabei tritt ein immobilisiertes biologisches System mit einem Analyten (z.B. Körperflüssigkeit die auf die Anwesenheit von Antikörpern oder Enzyme untersucht wird) in Wechselwirkung. Detektiert wird die Veränderung einer physikalischen oder chemischen Größe, wie Schichtdicke, Brechzahl oder Lichtabsorption [169]. Dafür werden Körperzellen, DNA-Moleküle durch die Anbindung an magnetische Partikel markiert und können anschließend von einem magnetischen Sensorsystem detektiert werden [170]. Bisherige Arbeiten befassen sich jedoch ausschlielich mit dem Aufbau des Sensors durch separate Schichten (Detektor - Polymerfilm - magnetische Schicht). Der direkte Einbau der Partikel in die sensorische Schicht, sowie die Verwendung von Hydrogelen im sub-μm-Bereich wurde bisher nicht untersucht. Grund hierfür ist vor allem, dass Hall-Sensoren dieser Abmessung mit der entsprechenden Qualität nicht kommerziell erhältlich sind. Hall-Sensoren werden üblicherweise als dünne Halbleiterplättchen hergestellt, da so die Ladungsträgerdichte klein und die Elektronengeschwindigkeit groß ist. Um eine Signalverstärkung und Temperaturkompensation zu ermöglichen, werden die Hall-Elemente meist in Schaltkreise integriert. Für den Aufbau existieren die drei Bauformen: Rechteck, Schmetterling und Kreuz. In der vorliegenden Arbeit wird ausschließlich mit der Kreuzform gearbeitet. Die Herstellung, sowie der eigens entwickelten Polierprozess zur Vorreinigung werden in Kapitel 15 vorgestellt.

6.3.3. Giant Magnetoresistance-Effekt

Der GMR-Effekt wurde 1988, in getrennten Arbeiten, von den beiden Forschern GRÜNBERG (Forschungszentrum Jülich) und FERT (Universität Paris-Süd) entdeckt. 2007 erhielten sie dafür den Nobelpreis für Physik. Es handelt sich um einen quantenmechanischen Effekt, der bedingt durch die Spinabhängigkeit der Streuung von Elektronen an den Grenzflächen zweier ferromagnetischen Schichten auftritt. Vorraussetzung für das Auftreten ist die unterschiedliche Magnetisierung der dünnen Schichten (Dicke wenige nm). Mit einer einfachen Anordnung aus zwei ferromagnetischen und einer sehr dünnen nicht-ferromagnetischen (Zwischen-) Schicht zeigten sie, dass der Widerstand des Schichtpakets maximal ist, wenn die Magnetisierungsrichtungen antiparallel und minimal wenn sie parallel zueinander angeordnet sind. Durch den Aufbau eines mehrschichtigen Stapelsystems können höhere Widerstandsänderungen erzeugt werden. Abbildung 6.4 zeigt das Prinzip.

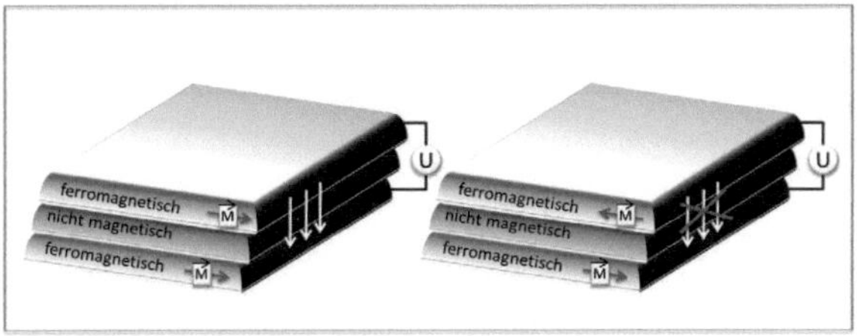

6.4.: Prinzip des GMR-Effekt

Ist der Spin der Elektronen günstig orientiert, können sie sich in einer der beiden ferromagnetischen Schichten gut ausbreiten, in der zweiten ferromagnetischen Schicht hingegen werden sie stark gestreut. Weist die Magnetisierung der zweiten Schicht in die gleiche Richtung, durchlaufen sie diese deutlich leichter. Abhängig von der Dicke der Zwischenschicht, richten sich die Magnetisierungen der ferromagnetischen Schichten in entgegengesetzter Richtung aus. Legt man nun ein äußeres Magnetfeld an, wird diese antiferromagnetische Ordnung wieder in eine ferromagnetische Ordnung zurück geführt. Über die Variationen des äußeren Magnetfeldes können somit Änderungen des elektrischen Widerstandes der Struktur erzeugt werden.

Anwendung des Effekts in einem GMR-Sensor Durch die Entdeckung des GMR-Effekts gelang die Entwicklung zahlreicher technischer Neuerungen, wobei die Computertechnik dabei die größte Rolle spielte. Erstmalig kam der Effekt 1997 in einem sensorischen System zum Einsatz, als IBM eine neu entwickelte 3.5-Zoll Festplatte mit einer deutlich größeren Speicherdichte von 16.8 GB auf den Markt brachte [171]. Bis zu diesem Zeitpunkt lag die mögliche Kapazität bei maximal 2 GB. Zu den weiteren Einsatzgebieten gehört die Automobilindustrie. Hier werden sie unter anderem für die Erfassung des Lenkwinkels für das ESP-System oder die Messung der Raddrehzahl für das ABS-System eingebaut. Da der Automatisierungsgrad stetig zunimmt, ist die Forderung nach einer leistungsfähigen Sensorik fur die Erfassung verschiedener mechanischer, optischer und elektrischer Parameter allgegenwärtig. Die bisher hauptsächlich eingesetzten Hall-Sensoren stoßen aber wegen der begrenzten Leistungsfähigkeit und der Kostenreduzierung immer haufiger an ihre Grenzen, so dass man davon ausgeht, dass sie in den nächsten Jahren durch GMR-basierte Bauteile ersetzt werden [172]. Einen allgemeinen Überblick über bisher entwickelte GMR-Sensoranwendungen gibt [173]. Der Einsatz des GMR-Effekts in hydrogelbasierten Sensoren befindet sich derzeit noch im Entwichklungsstadium. Eine erste theoretische Betrachtung wurde 2010 von VAN BRUGGEN [174]. Mit dem Ziel die Konzentrationsänderung eines biologischen Analyten zu untersuchen entwickelten sie das in Abbildung 6.5 dargestellte Sensormodell (Darstellung in Anlehnung an BRUGGEN).

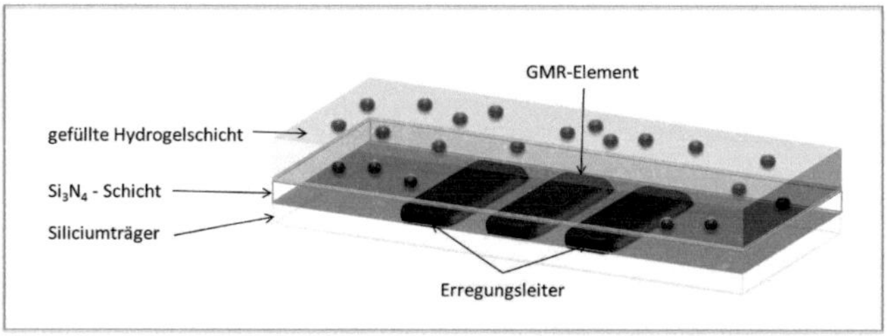

6.5.: Hydrogelsensor mit dem GMR - Prinzip

Auf einen Siliciumsubstrat werden zwei parallele Erregungsfelder aufgebracht, die ein magnetisches Wechselfeld erzeugen. Die resultierende magnetische Flussdichte wird von dem dazwischen liegenden GMR-Element gemessen. Auf diese Sensorstruktur wird die Hydrogelschicht aufgebracht, die mit einer signifikanten Menge an magnetischen Nanopartikeln gefüllt ist. In Abhängigkeit vom Quellzustand ändern sich die Abstände zwischen den NP und somit die Permeabilität. Hohe Werte ergeben eine große Amplitude der magnetischen Flussdichte, eine niedrige Permeabilität bewirkt kleine Amplitudenwerte. Im GMR - Element wird somit die Änderung des Quellgrades in eine Widerstandsänderung umgewandelt. Erste Experimente der Gruppe um BRUGGEN mit einem Ferrofluid (Verwendung unterschiedlicher Konzentrationen zur Simmulation eines sich ändernden Magnetfeldes) haben gezeigt, dass die messtechnische Erfassung von Magnetitpartikeln, die sich direkt auf einer Chipoberfläche befinden, sowie unterschiedlicher Konzentrationen der Partikel in einer wässrigen Lösung, möglich ist. Eine kommerziell erhältliche Umsetzung der Idee ist bisher nicht erfolgt.

Da dieses Wandlerprinzip aber trotz des relativ komplexen Aufbaus für die Anwendung in dünnen Hydrogelschichten geeignet ist, soll im Rahmen dieser Arbeit entsprechende Experimente durchgeführt werden.

6.4. Demonstratorentwurf

6.4.1. Hall-Sensoren

Grundlage für den Entwurf eines Quellsensors auf der Basis eines Hall-Elements ist die Anwendbarkeit in dem relevanten Temperaturbereich der verwendeten sensorischen Hydrogelschicht von minimal $15\,^{\circ}\mathrm{C}$ bis maximal $50\,^{\circ}\mathrm{C}$ und die vorgegebene geometrische Dimension der sensorischen Schicht von $\leq 1\mu\mathrm{m}$.
Für die Umsetzung wurden drei Demonstratorprinzipien (DP) entworfen. In Abbildung 6.6 sind die Entwürfe für den Prinziptest (a) und für die Verwendung gefüllter Hydrogelschichten (b und c) schematisch dargestellt.

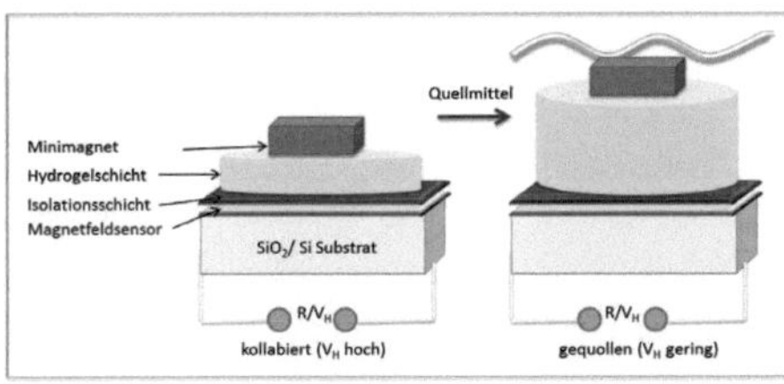

(a) Prinzip I - aufgelegter Magnet

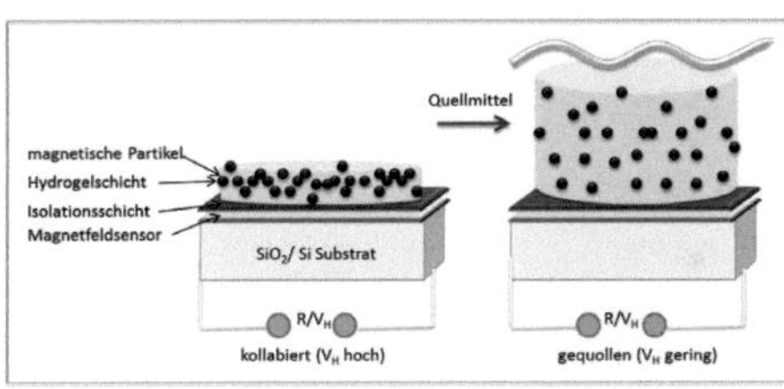

(b) Prinzip II - homogene NP-Verteilung

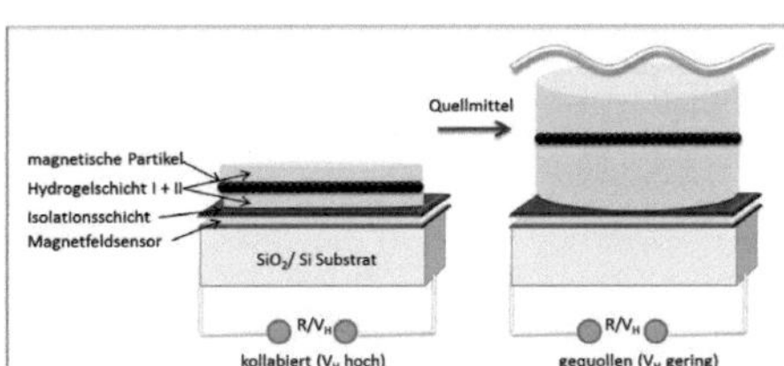

(c) Prinzip III -"Sandwichaufbau"

6.6.: Demonstratorprinzipien Hall

Der Demonstrator I wurde für erste Funktionstests des entwickelten Sensors konzipiert. Der Aufbau besteht aus einem Hydrogelfilm und einer separat aufgelegten magnetischen Schicht (hier einem Minimagneten). Die Hydrogelsynthese und die Darstellung des magne-

tischen Effektträgers verlaufen getrennt. Erst auf dem Demonstrator werden die sensorische und die magnetische Schicht zusammen gebracht. Für die Versuche wurde ein $CoFe_20_4$-Magnet, sowie verschiedene pulverförmige Proben der in Kapitel 4.2 vorgestellten Füllstoffe verwendet. Als sensorische Schicht wurden freitragende Filme der chemisch vernetzten HPC und des photochemisch vernetzten PNIPAAm eingesetzt. Die Ergebnisse werden in Kapitel 15.1.1 vorgestellt.
Der Demonstrator II basiert auf einer homogen gefüllten sensorischen Schicht und setzt damit eine simultane Vernetzung und Füllung der Hydrogele voraus. Die Nanopartikel lagen während der Netzwerkaufbaureaktion im Reaktionsgemisch vor und wurden so fein verteilt eingebaut. Für die Versuche wurden die in Kapitel 4 vorgestellten Materialien kombiniert und als freitragende Filme und angebundene Schichten aufgebracht. Die Untersuchungsergebnisse sind in Kapitel 15.1.2 zusammen gefasst.
Das Prinzip III entspricht einem "Sandwich"-Aufbau aus zwei Hydrogelschichten mit einer dazwischen liegenden Schicht aus Nanopartikeln. Die verschiedenen Lagen werden einzeln präpariert und nacheinander aufgebracht. Im kollabierten Zustand ist durch das geringe Volumen des Hydrogles der Einfluss der Partikel auf den Sensor hoch. Es kann ein hoher Widerstand gemessen werden. Quillt das Hydrogel, kommt es zur Volumenzunahme und einer Zunahme des Abstands der magnetischen Partikel zum Magnetfeldsensor. Das messbare Signal der Hall-Spannung fällt in diesem Fall deutlich geringer aus, da der Einfluss der Partikel auf den Sensor signifikant kleiner ist. Dieser Demonstratortyp stellt bisher nur einen theoretischen Entwurf dar, der im Rahmen der vorliegenden Arbeit nicht umgesetzt wurde.
Das konkrete Design der DP ist durch das verwendete Messprinzip vorgegeben. Die für den jeweiligen Magnetfeldsensor notwendigen Voraussetzungen hinsichtlich Substratbehandlung, Hydrogelpräparation und Partikeleinbau werden in Kapitel 15 diskutiert. Zu beachten ist dabei, dass die Änderung des Magnetfeldes, beziehungsweise der Komponente von B, die den MFS durchdringt, ausreichend groß ist. Dies kann zur Folge haben, dass im Demonstrator II, bei dem die magnetischen Teilchen statistisch angeordnet sind, eine Orientierung der NP notwendig ist.

6.4.2. GMR-Sensoren

Für die Entwicklung eines Demonstrators auf der Basis eines GMR-Elements, zur exakten Bestimmung des Durchsatzes von biochemischen Substanzen in Fluiden, stehen zwei Konstruktionsansätze zur Auswahl. Ausgehend von einem beweglichen GMR-Sensor erhält man einen sogenannten „Microplate-Reader". Hierbei handelt es sich um Laborgeräte, die biologische, chemische oder physikalische Vorgänge in sogenannten Mikrotiterplatten detektieren. Sie werden unter anderem in der Arzneimittelforschung, der Bioassay-Validierung[8], sowie bei der Qualitätskontrolle von Fertigungsprozesse in der pharmazeutischen und biotechnologischen Industrie und akademischen Organisationen eingesetzt. Zu den üblichen

[8]Bioassay = wissenschaftlicher Test, mit dem die Wirkung von Toxinen auf Tiere untersucht wird

Detektionsmethoden gehören zum Beispiel Absorption, Lumineszenz, zeitaufgelöste Fluoreszenz und Fluoreszenz-Polarisation. Für die vorliegende Arbeit wird dieser Ansatz auf Grund der vergleichsweise hohen Herstellungskosten jedoch nicht gewählt. Anwendung findet ein Demonstrator, der aus einem stationären magnetischen Sensorelement aufgebaut wird, den sogenannten mikrofluidischen Biosensoren. Vorteile dieses Typs sind die hohe Reproduzierbarkeit der Messungen, eine exakte Kontrolle der eingespritzten Analytenmenge, sowie der niedrige Produktionspreis.
In der Umsetzung wurde ein Demonstrator mit einer flachen und ein Demonstrator mit einer „Rolled-Up"-Geometrie des GMR-Mäanders entworfen. Abbildung 6.7 zeigt die Prinzipskizze des flachen Messaufbaus.

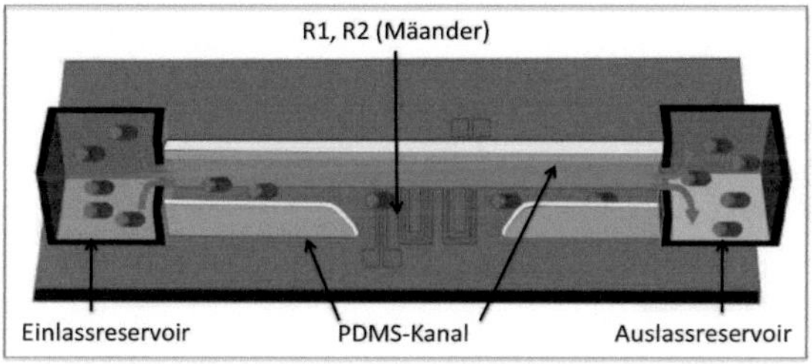

6.7.: Demonstratorprinzip GMR

Für den Nachweis der Funktionstüchtigkeit des Prinzips hinsichtlich der Detektion von magnetischen Nanopartikeln, die in eine sensitive Hydrogelschicht eingebaut sind, wird der flache Entwurf aufgebaut. Erste Messreihen zur Empfindlichkeit und der Anforderung zur Partikelgröße werden damit durchgeführt. Anschließend erfolgt der Aufbau der aufgerollten Mäanderstruktur, integriert in den eigentlichen Fluidikkanal, für die in-flow Detektion von magnetisch markierten Gelpartikel. In beiden Versuchsaufbauten werden gefüllte sphärische PNIPAAm-Hydrogele in das Einlassreservoir gegeben und anschließend, auf Grund des permanenten magnetischen Moments, während des Durchleitens durch den Fluidikkanal zum Ausslassreservoir, erkannt und gezählt. Da die Sensorfläche in direktem Kontakt zu den durchfließenden Objekten ist, wird das Signal-Rausch-Verhältnis erhöht. Die aufgerollten Geometrie macht den Sensor empfindlicher für magnetische Streufelder in alle Richtungen. Der Einsatz eines externen Magneten, der das magnetische Moment des Teilchens relativ zur Position des Sensors ausrichtet, ist so nicht notwendig. Beide Aspekte sind entscheidend für die effiziente und erfolgreiche in-flow Detektion von magnetischen Objekten. Die „Rolled-Up"-Geometrie hat sich daher als elegante Designlösung heraus gestellt, da sie direkt auf dem Chip mit weiteren Komponenten, wie optischen Resonatoren, Zellkultur-Gerüste, optischen Fasern oder Viskositätssensoren, kombiniert werden kann.
Die notwendigen Voruntersuchungen, sowie eine Beschreibung der Darstellung der Bauteile werden in Kapitel 15 diskutiert.

Teil III.

Experimentelle Grundlagen

7. Darstellung der magnetischen Nanopartikel

In der vorliegenden Arbeit wurden verschiedene Nanopartikel eingesetzt. Gold-NP wurden dabei ausschließlich selbst synthetisiert, Magnetit-NP wurden in selbst synthetisierter und gekaufter Form verwendet, Chromdioxid-, Neodym-Eisen-Bor- und Bariumtitanat-NP wurden nur in gekaufter Form eingebaut.

7.1. Synthese der anorganischen Nanopartikel

7.1.1. Magnetit

Die Synthese der Magnetitpartikel (MAG_{syn}) im nm-Maßstab erfolgte, in Anlehnung an [97], mit der Vorschrift nach [175]. Ausgangspunkt sind die Hydride der Eisenchloridsalze. Es wurden 2,5 mmol $FeCl_2 \cdot 4H_2O$ (FLUKA) und 5 mmol $FeCl_3 \cdot 6H_2O$ (SIGMA ALDRICH) in 50 ml Wasser suspendiert. Dabei erfolgte eine stetige Spülung mit Argon um eine sauerstofffreie Atmosphäre zu gewährleisten. Nach zwei Stunden erfolgte eine Aufheizung des Reaktionsgemisch unter Rückfluss auf 60 °C. Nach einer Stunde bei konstanter Temperatur werden 24 ml einer 1 molaren Natriumhydroxidlösung zugetropft, um eine pH-Werterhöhung auf 10 zu erreichen. Die Lösung färbt sich von bräunlich nach tief schwarz Die Mischung wurde für weitere zwei Stunden bei 60 °C gerührt. Nach Beendigung der Umsetzung wird das System über Nacht bei Raumtemperatur langsam abgekühlt, so dass die Magnetitpartikel sedimentieren. Zur Reinigung der Partikel wurde die überstehende Lösung abgenommen, durch neues Wasser ersetzt und anschließend das Gemisch für 10 Minuten im Ultraschallbad resuspendiert. Diese Prozedur wurde zweimal wiederholt. Nach dem zweiten Mal konnte beobachtet werden, das kaum noch Partikel agglomerieren und zu Boden sinken. Die Lösung zeigt sich über mehrere Tage stabil. DLS-Untersuchungen haben einen durchschnittlichen Radius von 150 nm ergeben. Diese Partikelgröße eignet sich für das Füllen von Filmen und anderen Geometrien im μm-Bereich.

7.1.2. Goldnanopartikel

Die Synthese der Goldnanopartikel (GNP) erfolgte in Zusammenarbeit mit MSc Aliaksei Dubavik. Dabei wurden zwei Verfahrenswege angewandt, um stabilisierte Partikel als kolloidale Lösungen zu erhalten.

Citratstabilisierung Die Darstellung citratstabilisierte GNP (*Au@NaCitrat*) erfolgt in Anlehnung an die Publikation von BROWN et al. [176]. Zunächst werden 1 ml einer 1%-igen wässrigen Tetrochloroaurat-Lösung ($AuCl_4$) in 100 ml destilliertem Wasser gelöst. Nach einer Minute wird unter stetigem Rühren 1 ml einer 1 %-igen Natriumcitratlösung zugegeben. Nach einer weiteren Minute erfolgt die Zugabe des Reduktionsmittels Natriumborhydrid ($NaBH_4$) (1 ml einer 0.075 %-ige Lösung). Die Farbe des Reaktionsgemischs ändert sich von gelb nach blassrot. Die GNP können dann ohne eine weitere Behandlung verwendet werden. Findet die Synthese bei Raumtemperatur statt, werden Partikelgrößen von 3 - 5 nm erreicht. Arbeitet man unter Rückfluss bei 100 °C können die GNP bis 20 nm groß werden. Die Bestimmung der Partikeldurchmesser erfolgte mittels Transmissionselektronenmikroskopie (TEM) an der TU Dresden[9].

Polymerstabilisierung Die Darstellung polymerstabilisierten GNP (*Au@mPEG-SH*) erfolgte nach SHIMIZU et al. [177]. Zunächst werden 0.6 mmol Tetraoctylammoniumbromid (*TOAB*) in 80 ml Toluol gelöst. Diesem Gemisch werden unter starkem Rühren 30 ml einer 0.3 mmolaren wässrigen $HAuCl_4 \cdot 3H_2O$-Lösung zugegeben. Die zuvor gelbe Lösung entfärbt sich, die Toluolphase wird orange. Bei Raumtemperatur werden anschließend 10 ml einer ebenfalls 0.3 mmolaren *m-PEG350-SH*-Lösung in Toluol zugetropft und für weitere 20 Minuten gerührt. Nach dieser Zeit wird eine frisch hergestellte $NaBH_4$-Lösung zugegeben (3 mmol in 30 ml H_2O). Ein erneuter Farbwechsel von orange zu dunkelbraun zeigt die fertige Reduktion der Goldpartikel an. Nach 12 Stunden kontinuierlichem Rühren wird die wässrige Phase abgenommen und die Goldlösung am Rotationsverdampfer eingedampft, um eine Aufkonzentrierung zu erhalten. Durch Ausmessen der Partikelquerschnitte (TEM) wurden die Durchschnittsgrößen bestimmt. Die Partikel weisen alle eine Größe unter 10 nm auf, jedoch liegt eine relativ breite Größenverteilung vor. Es entstehen Partikel zwischen 1.8 - 7.0 nm (siehe Abbildung. C.1 im Anhang).

7.2. Gekaufte anorganische Nanopartikel

In Tabelle 7.1 sind die Nanopartikel vorgestellt, die nicht selbst synthetisiert wurden.

NANOPARTIKEL	HERSTELLER	FORM UND GRÖSSEN
Magnetit	SIGMA ALDRICH	rund: $\oslash_{Hersteller}$: < 50nm
Magtrieve	SIGMA ALDRICH	nadelförmig: $l_{Hersteller}$: 300 nm
		$\oslash_{Hersteller}$: 30 nm
Bariumtitanat	FLUKA	rund: $\oslash_{Hersteller}$: $\leq 3\ \mu m$
Neodym-Eisen-Bor	AG Mönch	rund: $\oslash_{Hersteller}$: $\leq 1\ \mu m$

Tabelle 7.1.: Herstellerangaben gekaufte Nanopartikel

[9]Professur für Physikalische Chemie/ Elektrochemie, Arbeitsgruppe Professor Eychmüller

Alle Partikel wurden verwendet, wie gekauft. Um aber eine homogene Verteilung in den dargestellten Netzwerken zu gewährleisten und Agglomerationen möglichst gering zu halten, wurden die Polymerlösungen nach der Zugabe der Nanopartikel für fünf bis 15 Minuten im Ultraschallbad behandelt.

8. Darstellung der sensorischen Schichten

Für die Untersuchung des Vernetzungsverhaltens der Polymere und der anschließenden Quellungscharakterisierung der Hydrogele wurden verschiedene Probendimensionen hergestellt. Durch die Wahl verschiedener Vernetzungsvarianten für ein Polymer war ein Vergleich des Vernetzungsverhalten, sowie die Untersuchung des Einflusses auf das Quellungsverhalten möglich. Die verschiedenen Probengrößen ermöglichten eine Charakterisierung sowohl mit makroskopischen, als auch mikroskopischen Methoden. Zur Auswahl standen die in Abbildung 8.1 dargestellten Geometrien.

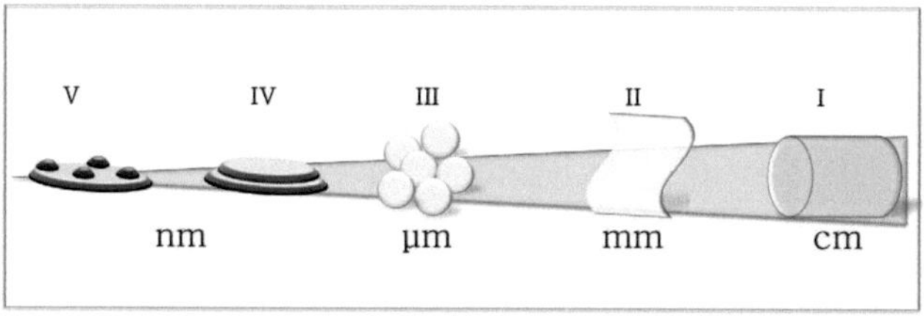

8.1.: Spektrum der darstellbaren Hydrogelgeometrien

Untersucht wurden dabei folgende Abmessungen:

Nr	Geometrie	Abmessungen im gequollenen Zustand
I	Zylinder	⊘: 0.5 - 1.5 cm / l: 1.0 - 5.0 cm
II	freitragende Filme	d: 150 - 1000 μm / l: 1.0 - 5.0 cm / b: 0.5 - 1.0 cm
III	Kugeln	⊘: 500 - 2000 μm
IV	angebundene Schichten	d: 150 - 300 nm
V	Strukturen	d: 150 - 300 nm / l: 10 - 50 nm / b: 10 - 50 nm

Tabelle 8.1.: Dimensionen der Hydrogelgeometrien

Des Weiteren wurde der Einbau anorganischer Nanopartikel in die sensitiven Hydrogele untersucht. Ziel war es, eine geeignete Einbauvariante zu identifizieren, sowie den Einfluss der Füllstoffe auf das Quellungsverhalten zu untersuchen.
Im Folgenden werden die jeweils angewandeten Synthesemethoden für die unterschiedlichen Geometrien an Hand der ausgewählten Polymere vorgestellt.

8.1. Zylinder

Die Charakterisierung der irreversiblen Netzwerke auf makroskopischer Ebene fand vorwiegend an zylinderförmigen Proben statt, deren Durchmesser und Länge im cm-Bereich lagen. Als Reaktionsgefäß dienten dabei handelsübliche 1.0/ 5.0/ 10.0 ml-Einmalspritzen der Firma HENKE-SASS, WOLF GmbH mit einem Durchmesser von 0.5/ 1.0/ 1.5 cm. Die Spritzen wurden zu ca. 80% mit den Reaktionslösungen befüllt, im Anschluss erfolgte die polymerspezifische Vernetzung.
Die zylindrische Probendimension wurde für die Darstellung von HPC- und PNIPAAm-Hydrogelen verwendet. Im ersten Schritt wurden ungefüllte, im zweiten Schritt gefüllte Hydrogele untersucht. Die Zugabe der Partikel erfolgte nach den in Kapitel 6.2 beschriebenen Verfahren.

8.1.1. Hydroxypropylcellulose

Die Voruntersuchungen des Vernetzungs- und Quellverhalten von Hydroxypropylcellulose wurden an zylinderförmige Proben gemacht. Die Synthese erfolgte in Anlehnung an [121] mittels Divinylsulfon. Um den Einfluss der Vernetzerkonzentration auf das Vernetzungsverhalten, die Qualität der Proben und das Quellungsverhalten der Hydrogele zu untersuchen, wurden verschiedene Verhältnisse Polymer zu Vernetzer (HPC:DVS) angesetzt. In Tabelle 8.2 sind die unterschiedlichen Mischungsverhältnisse dargestellt.

VERHÄLTNIS	m_{KOH} [g]	m_{HPC} [g]	V_{DVS} [ml]
60:08	92.5	7.5	1.0
60:12	95.0	5.0	1.0
60:24	95.0	5.0	2.0
60:36	95.0	5.0	3.0
60:48	95.0	5.0	4.0
60:60	99.0	1.0	1.0

Tabelle 8.2.: Syntheseverhältnisse der HPC-Zylinder

Nachdem die entsprechende Menge HPC in 0.05 molarer KOH gelöst war (Dauer zwei bis sechs Stunden), wurde DVS im angegebenen Verhältnis hinzu gegeben und die Mischung kurz geschüttelt, damit eine ausreichende Vermischung gewährleistet ist. Die Spritzen wurden dann mit der Lösung befüllt und, bei Raumtemperatur, für 12 Stunden gelagert. Nachdem die Vernetzung vollständig erfolgt war, wurden die HPC-Zylinder in destilliertem Wasser für weitere 72 Stunden extrahiert. Dabei wurde das Extraktionsmittel mehrmals gewechselt.
Als Füllungsverfahren kamen der Einbau bereits synthetisierter NP während der Vernetzungsreaktion (I) und die Füllung bereits synthetisierter NP in das bestehende Netzwerk (II) zur Anwendung. Für (I) wurden zwei verschiedene Partikelkonzentrationen zur Ausgangslösung (vor der DVS-Zugabe) zugegeben. Die erste Zugabe (a) betrug 50 mg NP/

1 ml PL, die zweite Zugabe (b) betrug 200 mg NP/ 1ml PL. Für (II) wurde ein Hydrogelzylinder nach der Extraktion für mehrere Quellzyklen in eine kolloidale Goldlösung gegeben. Anschließend erfolgte die Charakterisierung. Abbildung C.2 (Anhang) zeigt eine schematische Darstellung des Ablaufs.

8.1.2. Poly(N-Isopropylacrylamid)

Die Vernetzung der PNIPAAm-Zylinder erfolgte mittels UV-Strahlung. Dafür wurde zunächst die entsprechende Menge NIPAAm mit dem Vernetzer BIS und dem Photoinitiator Irgacure 2959 in Wasser (Tabelle 8.3), in einem mit Aluminiumfolie ummantelten Rundkolben, gelöst (Dauer ca. zwei Stunden).

V_{H2O} [ml]	$wt\%_{NIPAAm}$	$wt\%_{BIS}$	$wt\%_{PI}$
100.0	12.4	0.25	0.25

Tabelle 8.3.: Ansatz PNIPAAm-Zylinder-Synthese

Anschließend wurde die Mischung für zehn Minuten weiter gerührt und mit Argon gespült. Zur Formgebung wurde die Lösung in 1 ml Spritzen aufgezogen und für 15 Minuten im Eisfach vorgekühlt. Für die Vernetzung wurden die Spritzen in das Drehfutter eines KPG-Rührers gespannt, dieser auf Stufe 1 (240 RPM) geschaltet und die drehende Spritze in einem Eisbad positioniert. Das Eis muss die Probe komplett umschließen, um eine ausreichende Kühlung zu gewährleisten. Die Bestrahlungszeit variierte zwischen zehn und 45 Sekunden. Die Füllung der Nanopartikel erfolgte nach Variante (I). Es wurden die beiden Zugaben (a) 50 mg NP/ 1 ml PL und (b) 200 mg NP/ 1ml PL untersucht. Die Extraktion der Zylinder erfolgte für 72 Stunden in destilliertem Wasser, wobei das Extraktionsmittel mehrmals ausgetauscht wurde. Abbildung C.3 (Anhang) zeigt den Ablauf der Synthese.

8.2. Sphärische Hydrogele - Poly(N-Isopropylacrylamid)

Eine weitere interessante Geometrie zur Darstellung sensitiver Hydrogele sind Kugeln im (10^2 - 10^3) μm-Maßstab. Ziel war es Hydrogelkugeln mit einer engen Größenverteilung, einer einheitlichen Morphologie, sowie einem gleichmäßigen Quellverhalten herzustellen. Anwendung fand dieses Verfahren bei der Herstellung von PNIPAAm-Kugeln. Gefüllten, kugelförmigen Proben wurden für den Nachweis der Funktionsfähigkeit des GMR-Demonstrators verwendet.

Die Synthese der PNIPAAm-Kugeln erfolgt mit Hilfe des Alginat-Verfahrens. Dabei haben neben dem idealen Konzentrationsverhältnis aller Reaktionspartner, vor allem die Fallhöhe und die Oberflächenspannung der $CaCl_2$-Lösung einen Einfluss auf die Form, Größe, den Grad der Gelierung und die Qualität der Kugeln. Die idealen Bedingungen wurden in [71] ermittelt, so dass die Synthesevorschrift entsprechend verwendet wurde.

Lösung	V_{H2O} [ml]	m_{CaCl2} [g]	m_{KPS} [g]	m_{DA}	
I	50	1.5	0.4	5 Tropfen	
		m_{NIPAAm} [g]	m_{BIS} [g]	$m_{Alginat}$ [g]	V_{TEMED} [μl]
II	5	0.75	0.003	0.0075	20

Tabelle 8.4.: Ansatz PNIPAAm-Kugel-Synthese

In einer Kristallisierschale (⌀ 80 mm) wurden unter ständigem Rühren und konstantem Argonstrom Calciumchlorid und KPS in destilliertem Wasser gelöst (Lösung I). Zusätzlich wurden der Lösung noch fünf Tropfen Dispergieradditiv (DA) zugegeben. Nachdem sich alles gelöst hatte, wurde das Gemisch weitere zehn Minuten mit Argon gespült und dabei stetig gerührt. In einem, durch ein Septum verschlossenen, Kolben wurden NIPAAm, BIS, Alginat, sowie TEMED in destilliertem Wasser gelöst (Lösung II) und anschließend für 20 Minuten mit Argon gespült. Im nächsten Schritt wurden 1.0 ml der Lösung II in eine Spritze aufgezogen und über eine Kanüle (Sterican, ⌀ 0.6 mm, L = 40 mm) aus rund 4 cm Höhe in Lösung I getropft. Beim Auftreffen der Tropfen auf Lösung I entstanden bei der Vernetzung mit Ca^{2+}-Ionen Kugeln, in denen das Gel zunächst eingeschlossen war. Bei konstanter Höhe und Tropfgeschwindigkeit entstanden gleichmäßig runde PNIPAAm-Alginat-Kugeln. Um eine vollständige Umsetzung gewährleisten zu können, wurden die Kugeln weitere 30 Minuten in der $CaCl_2$-Lösung mit niedriger Umdrehung gerührt. Der konstante Argonstrom wurde dabei nur in den ersten 15 Minuten weiter zugeführt (siehe Abbildung C.7 im Anhang). Pro 1.0 ml aufgezogene Lösung konnten 55 - 60 Kugeln hergestellt werden. Die Entfernung der formgebenden Alginathülle wurde durch die Behandlung mit einer 0.15 molaren EDTA-Lösung erreicht. Dafür wurden die Kugeln zunächst mehrmals mit destilliertem Wasser gespült (Entfernung des $CaCl_2$, sichtbar wenn kein Schaum mehr auftrat) und anschließend für vier Stunden in die Reinigungslösung eingelegt. Nachdem die Kugeln in die EDTA-Lösung eingelegt waren, erfolgte eine erneute Spülung mit destilliertem Wasser.

Vor der Quellungscharakterisierung der PNIPAAm-Kugeln, wurde der Einfluss des Innendurchmesser der Tropfkanüle und die Dauer der EDTA-Reinigung auf die Kugeldimension untersucht. Anschließend erfolgte die Füllung mit verschiednen Nanopartikeln nach Variante I (entsprechend Kapitel 3.2.2). Dabei wurden zwei Konzentrationen ((a) 33.4 wt% und (b) 57.1 wt%), bezogen auf die Polymereinwaage, verwendet.

8.3. Freitragende Filme

Im nächsten Untersuchungsschritt erfolgte die Darstellung freitragender Filme. Neben der Fragestellung der Übertragbarkeit der Vernetzung auf kleinere Dimensionen, galt hier das Interesse der Herstellung von Hydrogelproben, die einen Funktionstest der verschiedenen Sensordemonstrartoren auf makroskopischer Ebene ermöglichen. Freitragende Filme haben dabei verschiedene Vorteile, die den Einsatz als sensorische Schicht ermöglichen. Trotz der geringen Schichtdicke zeigen sie eine ausreichender Volumenänderung während des Quellvorgangs, um eine detektierbare Signaländerung zu erzeugen. Die Schichtdicke im mm-Maßstab ermöglicht eine einfache visuelle Verfolgung der Prozesse. Da sie nicht angebunden sind, können sie schnell ausgewechselt werden. Somit ist der Demonstrator mehrfach verwendbar, ohne dass das System durch einen Reinigungsschritt beschädigt werden könnte.

Die Präparation von Hydrogelfilmen mit einer Dicke (gequollen) < 2 mm erfolgte mit den Polymeren HPC, PNIPAAm und PVA/PAS.

8.3.1. Hydroxypropylcellulose

Die Darstellung der HPC-Filme erfolgte durch Vernetzung mit DVS. Dafür wurde eine wässrige Lösung des Polymers (vollständig gelöst bei Raumtemperatur nach zwei bis sechs Stunden) mit der entsprechenden Menge DVS versetzt (Mengenangabe siehe Tabelle 8.5).

Mischung	Verhältnis	$wt\%_{HPC}$	$wt\%_{DVS}$
I	60:10	3.0	0.5
II	60:20	3.0	1.0
III	60:30	1.0	0.5
IV	60:40	3.0	2.0
V	60:60	1.0	1.0
VI	60:120	0.5	1.0

Tabelle 8.5.: Syntheseverhältnisse der HPC-Filme

Die Formgebung erfolgte durch Gießen der Lösung als dünner Film in eine Petrischale (Füllstand 4.0 mm) und vollständiger Trocknung. Der Trocknungsprozess sollte dabei langsam, bei Raumtemperatur und möglichst unter einem verschlossenen Abzug erfolgen, damit homogene Filme ohne Kontaminationen entstehen (Dauer ca. drei bis fünf Tage). Ist die Trocknung vollständig abgeschlossen, wurde mittels Sprühflasche eine gleichmäßig dünne Schicht einer 0.05 molaren $NaOH$-Lösung aufgebracht. Durch die Zugabe der alkalischen Lösung wird der Vernetzungsprozess ausgelöst, der nach 12 Stunden abgeschlossen war. Anschließend erfolgte die Entfernung der unvernetzten Anteile durch Extraktion für 72 Stunden in destilliertem Wasser. Für die Untersuchungen und den Einsatz als sensorische Schicht, wurden die Filme in 0.5 x 0.5 - 1.0 x 1.0 cm kleine Quadrate geschnitten (schematische Darstellung siehe Abbildung C.4 im Anhang). Der Einbau der Nanopartikel wurde nach Variante (I) mit den Konzentrationen (a) 33.4 wt% und (b) 57.1 wt% durchgeführt.

8.3.2. Poly(N-Isopropylacrylamid)

Die Darstellung der PNIPAAm-Filme erfolgte mittels UV-Bestrahlung. Dafür wurde zunächst ein Formmaster angefertigt. Auf einem Standard-Objektträger (75 x 25 x 1 mm) wurden soviele Lagen Klebeband aufgebracht, bis die gewünschte Schichtdicke erreicht war. Danach wurde ein Mittelsteg ausgeschnitten, der die Form, Länge und Breite des Films vorgab (Abbildung (C.5) im Anhang). Die verwendete Ausgangslösung entsprach der Zusammensetzung der PNIPAAm-Zylinder (Tabelle 8.6).

V_{H20} [ml]	wt$\%_{NIPAAm}$	wt$\%_{BIS}$	wt$\%_{PI}$
100.0	12.4	0.25	0.25

Tabelle 8.6.: Ansatz PNIPAAm-Film-Synthese

Nachdem alles in einem mit Aluminium ummantelten Kolben gelöst und für zehn Minuten mit Argon gespült war, wurde die Lösung auf die Master gegossen und mit einem zweiten Objektträger luftdicht verschlossen. Danach wurden die Träger im Eisfach zehn Minuten vorgekühlt. Inzwischen wurde ein Eisbad vorbereitet, in das die Proben (einzeln) gelegt wurden. Es war darauf zu achten, dass für eine komplette Kühlung der Träger von Eis bzw. Eiswasser umschlossen ist. Die Bestrahlungszeit variierte von zehn bis 40 Sekunden. Für die Solentfernung wurden die Filme mit destilliertem Wasser vom Master gelöst und anschließend für 72 Stunden extrahiert. In Abbildung C.6 (Anhang) ist die Synthese schematisch dargestellt. Für die Füllung mit Nanopartikeln wurde Variante (I) ausgewählt und zwei Konzentrationen ((a) 33.4 wt% und (b) 57.1 wt%) untersucht.

8.3.3. Poly(vinylalkohol)/ Poly(acrylsäure)

Die Darstellung der PVA/PAS-Filme erfolgt in Anlehnung an [93]. Die exakten Verhältnisse und Reaktionsbedingungen wurden von JUNGHANS [94] ermittelt und für diese Arbeit zur Verfügung gestellt (Tabelle 8.7).

wt$\%_{PVA}$	$m_{H2O \cdot PVA}$ [g]	wt$\%_{PAS}$	$m_{H2O \cdot PAS}$ [g]	$m_{H2O \cdot Rest}$ [g]
3.6	60.0	1.4	20.0	17.50

Tabelle 8.7.: Ansatz PVA/PAS-Film-Synthese

Die verwendete Polymermischlösung hatte eine Gesamtkonzentration von 2.5 wt% Polymer pro Volumeneinheit Wasser. Zur Herstellung der Mischung wurden die aufgeführten Mengen der beiden Polymere in der entsprechenden Menge deionisiertem Wasser gelöst. Anschließend wurde die PVA-Lösung auf 90 °C, die PAS-Lösung auf 60 °C erhitzt, bis die Polymere vollständig aufgelöst waren (Dauer ca. zwei Stunden). Nachdem PVA auf 60 °C abgekühlt war, wurden beide Lösungen vereint und weitere 60 Minuten bei konstanter Temperatur gerührt. Das in Spalte 6 aufgeführte Wasser wurde zum Ausspülen des einen Gefäßes verwendet, damit die darin enthaltene Lösung rückstandslos überführt werden konnte, um anschließend die geforderte Konzentration zu erhalten.
Für die Filme mit einer Dicke von $\leq$ 1 mm wurde die Lösung in eine Glaspetrischale gegossen und bei Raumtemperatur in einer Sterilbox getrocknet. Um homogene Filme ohne Kontaminationen und Wellen zu bekommen, musste völlige Staubfreiheit gewährleistet sein, sowie keinerlei Luftzug während der Trocknung. Die benötigte Gesamtzeit war abhängig von der Filmdicke und betrug bis zu 5 Tage. Anschließend erfolgte die Initiierung der

Vernetzung durch die Temperierung der getrockneten Proben auf 160 °C für 20 Minuten. Für die Extraktion wurden die Proben 72 Stunden in destilliertem Wasser eingelegt. Für die Füllung mit Nanopartikeln wurde Variante (I) ausgewählt und zwei Konzentrationen ((a) 33.4 wt% und (b) 57.1 wt%) untersucht.

8.4. Angebundene Schichten

Für die Übertragung des Sensorsystems in die Mikroelektronik ist es notwendig sensorische Schichten mit einer maximalen Schichtdicke von 1.0 μm herzustellen. Neben der Beschränkung der Schichtdicke, steht die Anforderung, eine dauerhafte Anbindung an ein Substrat zu erreichen. Da eine mögliche Anwendung im medizinischen Bereich diskutiert wird, ist es von Interesse dabei ohne giftige Additive auszukommen. Daher wird für die Vernetzung die Behandlung mit hochenergetischer Elektronenstrahlung gewählt.
Für die Darstellung der dünnen Polymerschichten wurden, entsprechend der gewünschten Schichtdicken, zwei Methoden ausgewählt. Zur Synthese der Schichten mit einer Dicke im einstelligen mm- bis μm-Bereich wurde das Spray Coating (dt. Sprühbeschichten) angewandt. Die Synthese von Polymerschichten $\leq$ 1.0 μm erfolgte mittels Spin Coating (Rotationsbeschichtung). Als Substrat wurden für beide Verfahren Siliciumwafer der Firma SILCHEM verwendet. Es handelte sich um polierte, phosphordotierte Siliciumscheiben mit einem Durchmesser von 2“.

8.4.1. Spray Coating

Bei diesem Verfahren werden gelöste Substanzen durch einen Zerstäubermechanismus feinverteilt auf eine Oberfläche aufgetragen und anschließend getrocknet. Die technisch häufigste Ausführung ist die Luftzerstäubung über ein pneumatisches, druckluftgesteuertes Pumpsystem. Sie wird unter anderem bei der Lackierung von Nutzfahrzeugen und Alltagsgegenständen mit Farb- oder Schutzlacken verwendet. Zu den Vorteilen dieser Beschichtungsmethode gehören unter anderem der flexible Einsatz für verschiedenartige Materialien (z.B. Holz, Metall, Plastik), die Verwendung zahlreicher Beschichtungslösungen (z.B. Farben, Lacke, Versiegelungen), durch den variablen Einsatz des Pump- und Zerstäubermechanismus ist eine breiter Viskositätsbereich abdeckbar, die Möglichkeit der Automatisierung regelt anhaltende Gleichmäßigkeit der Beschichtung. Die Beschichtung von unebenen Oberflächen und Strukturen ist ebenfalls möglich. Nachteilig ist jedoch der relativ große Lösungsverlust, so dass der Einsatz dieser Methoden nach wirtschaftlichen Aspekten eingeschätzt werden muss. Da es sich in der vorliegenden Arbeit um vergleichsweise kleine Substrate handelt, wurde diese Präparationsmethode zur Herstellung von Schichten verwendet. Versuche wurde mit den Polymeren HPC und P4VP durchgeführt.
Mit einer handelsüblichen 20.0 ml Pumpzerstäuberflasche, mit einem Sprühvolumen von 0.05 ml je Pumpvorgang, wurden die Polymerlösungen in verschiedenen Konzentrationen auf die Wafer gesprüht (Tabelle 8.8).

POLYMER	LÖSUNGSMITTEL	$c_{Polymer}$ [wt%]
HPC	destilliertes Wasser	1.5/3.0
P4VP	Ethanol	2.0/4.0

Tabelle 8.8.: Konzentration Ausgangslösung Spray Coating

Der Abstand zwischen Zerstäuber und Wafer betrug ca. 15 cm. Anschließend wurden die Proben bei Raumtemperatur in einer geschlossenen Sicherheitswerkbank aufbewahrt. Die Isolierung von Luftbewegungen und eventuellem Staub garantiert, gemeinsam mit der relativ zeitaufwendigen Trocknung von 48 - 72 Stunden, homogene Filme ohne Wellen oder Kontaminationen. Nach vollständiger Trocknung wurde mittels Reflektometrische Interferenzspektroskopie die Schichtdicke bestimmt, bevor die Filme bestrahlt wurden. Nach der Extraktion in deionisertem Wasser wurden die Schichtdicken erneut bestimmt. Abbildung C.8 im Anhang zeigt den schematischen Ablauf.

8.4.2. Spin Coating

Beim Spin Coating werden flüssige oder pastöse Substanzen auf ein rotierendes Substrat aufgebracht. Durch eine konstante Rotation entstehen Fliehkräfte, die die Lösung radial nach außen schleudern und so einen dünnen, gleichmäßigen Substanzfilm erzeugen. Die industrielle Anwendung erstreckt sich vor allem auf das Gebiet der Mikroelektronik. Hier werden Photolacke, Resists oder Polymerlösungen als Deck- oder Schutzschicht auf verschiedenen Trägertypen aufgetragen.

Die Fixierung des Substrats erfolgt durch einen Chuck O-Ring mittels Vakuum. Die Verteilung der Lösung und die anschließende Entfernung des überschüssigen Materials durch Abschleudern wird über die Beschleunigung des Drehtellers, die Enddrehzahl und die Gesamtrotationszeit reguliert. Die Einflüsse des Beschichtungsprozesses wurden erstmals von MEYERHOFER [178] beschrieben. Er stellte für die erzeugte Schichtdicke eine Gleichung (8.1) auf, die die genannten Abhängigkeiten beschreibt.

$$d \cong k \cdot \frac{w_2^2}{\sqrt{\omega}} \tag{8.1}$$

In der Gleichung stellt k eine stoffspezifische Konstante, w_2 den Massenbruch des Resistmaterials, ω die Drehzahl und d die Schichtdicke dar.

Vor dem eigentlichen Beschichtungsvorgang müssen die Substrate zur Vorbehandlung einem Reinigungsschritt unterzogen werden, um eventuelle Kontaminationen von der Oberfläche zu entfernen. So werden Unebenheiten und Inhomogenitäten vermieden. Bei der eigentlichen Beschichtung werden im Zentrum des Substrats die gewünschte Menge an Lösung aufgetropft. Bei dem aufgebrachten Material handelt es sich um ein Polymer, welches in einem leichtflüchtigen Lösungsmittel (Ethanol oder Wasser) gelöst ist. Vor dem Auftropfen der Lösung ist es notwendig diese zu filtern, um Verunreinigungen zu vermei-

den. Am Spin Coater werden die Beschleunigung des Drehtellers, die Enddrehzahl und die Rotationszeit eingegeben. Durch die Rotation wird das gelöste Material auf Grund der Zentrifugalkraft auf der Substratoberfläche verteilt und überschüssige Lösung abgeschleudert. Im letzten Teilschritt verdampft das leichtflüchtige Lösungsmittel, während die schwerflüchtige Komponente auf dem Substrat haftet. Abbildung C.9 (Anhang) zeigt den generellen Ablauf des Prozesses.
In der vorliegenden Arbeit wurde die Spin Coating-Technologie zur Herstellung homogener Polymerschichten im sub-μm-Bereich für die Polymere HPC, P4VP, PVA/PAS und PNIPAAm angewandt. Zusätzlich wurde das Polymer PF127 untersucht, um die Ergebnisse aus bereits durchgeführten Experimenten der Arbeitsgruppe Arndt zu bestätigen[10]. Die Präparation erfolgte mit dem Spin Coater SCS P6700 der Firma SPEEDLINE TECHNOLOGIES. Dabei wurden Schichten aus einem reinen Polymer, Multischichten aus verschiedenen Polymeren und Schichten aus Polymer-Nanopartikelmischungen hergestellt. Eigene Voruntersuchungen in [179] zur idealen Polymerkonzentration, mit dem Ziel homogene Schichten mit einer maximalen Schichtdicke von 300 nm (im entquollenen Zustand) zu synthetisieren, dienten als Grundlage. Die gewonnen Erkenntnisse werden in Kapitel 13.4 noch einmal kurz vorgestellt. Tabelle 8.9 gibt die daraus übernommenen Konzentrationen für die aktuellen Untersuchungen wieder.

POLYMER	LÖSUNGSMITTEL	$c_{Polymer}$ [wt%]	FILTER [μm]
HPC	destilliertes Wasser	3.0	0.80
P4VP	Ethanol	4.0	0.45
PF127	destilliertes Wasser	4.0	0.45
PVA/PAS	destilliertes Wasser	2.5	0.45
PNIPAAm	destilliertes Wasser	2.0	0.45

Tabelle 8.9.: Konzentration Ausgangslösung Spin Coating

Nachdem die Polymere vollständig im entsprechenden Lösungsmittel gelöst waren, wurden die Lösungen gefiltert, sowie das Reinigungsethanol gefiltert. Dazu wurde ein Nylonfilter mit der oben angegebenen Porengröße verwendet. Anschließend wurden die Siliciumwafer auf den Vakuumchuck aufgelegt und der Vorbehandlungsschritt gestartet. Das gewählte Programm entsprach dem später verwendeten Beschichtungsprogramm (Abbildung C.10 im Anhang, in Anlehnung an [180]). Der Ablauf gliedert sich dabei wie folgt in vier Phasen (Tabelle 8.10).

[10]Persönliche Information Dipl. chem. R. Gottlieb.

Ramp	Prozess	t-Intervall [s]	ω-Intervall [RPM]
I	Start	0 - 10	0 - 280/300
II	Auftropfphase	10 - 40/50	280/300
III	Abschleuderphase	40/50 - 280	2800
IV	Ende	280 - 290	2800 - 0

Tabelle 8.10.: Spin Coating-Ablauf

Während der ersten Ramp wird der Wafer auf die benötigte Rotationsgeschwindigkeit für die Auftropfphase gebracht. Hierbei kann der Wafer noch leer, oder wenn relativ zähe Lösungen (HPC) vorliegen, bereits komplett benetzt aufliegen. Bei der Arbeit mit gering konzentrierten Lösungen ($<$ 3.5 wt%) betrug die Zielgeschwindigkeit 280 RPM, sonst 300 RPM. Die zweite Ramp stellt die Auftropfphase dar. Hier wurden für 30 - 40 Sekunden die Polymerlösungen durch eine Spritze (konstanter Abstand vom Substrat ca. 15 cm) tropfenweise auf das Zentrum gegeben. Durch die langsame Rotation erfolgte eine gleichmäßige Verteilung über die gesamte Oberfläche. Im dritten Abschnitt wurde die überschüssige Lösung abrotiert, so dass am Ende eine homogene Beschichtung vorliegt. Dieser Schritt betrug in der vorliegenden Arbeit 230 - 240 Sekunden. In der Abschlussramp wurde das Substrat wieder angehalten. Nach dem Spin Coating-Prozess wurden die Wafer für mindestens 24 Stunden bei 25 °C in einem Vakuumtrockenschrank gelagert, um eine vollständige Trocknung zu gewährleisten. Erst dann erfolgte die Weiterbehandlung mit hochenergetischer Elektronenstrahlung. Die angebundenen Schichten wurden durch flächige Bestrahlung vernetzt. Anschließend erfolgte die Extraktion der Solanteile in destilliertem Wasser (bzw. Ethanol bei P4VP) für drei Tage.
Für die Füllung der angebundenen Schichten (nach Variante I (entsprechend Kapitel 3.2.2) wurden Magnetit-, Chromdioxid- und Bariumtitanat-Nanopartikel in den Konzentrationen 33.4 wt% (a) und 57.1 wt% (b), bezogen auf die Polymereinwaage, verwendet.

8.5. Angebundene Strukturen

Das Ziel der Strukturierung dünner Schichten ist der Nachweis der Übertragbarkeit der sensitiven Eigenschaften der Hydrogele in den sub-μm-Bereich, um diese für neu entwickelte sensorische und aktorische Anwendungen im Maßstab der Mikroelektronik zugänglich zu machen. Für die Erzeugung der Strukturen stehen dabei verschiedene Methoden zur Verfügung. Die Auswahl entscheidet sich dabei hauptsächlich nach den geforderten Schichtdicken und dem technischen Aufwand. Man unterscheidet Verfahren, die die Strukturen direkt während der Beschichtung erzeugen (z. B. Ink-Jet Printing) und Verfahren, die mit einem nachträglichen Materialabtrag verbunden sind.
In der vorliegenden Arbeit wurde mit der Elektronenstrahllithografie gearbeitet, die die Strukturen durch punktuelle Vernetzung erzeugt (Kapitel 5.3.3). Untersucht wurden dabei die Polymere HPC, P4VP, PAA und PAS. Es wurden Einzelstrukturen der Polymere (Linien, Dots, Quadrate), sowie Strukturkombinationen der beiden Polymere HPC und P4VP

angefertigt. Ausgangspunkt war dabei die flächige Beschichtung von Wafern mit den Polymerlösungen. Für die Monostrukturen wurden erneut die 2"-Wafer der Firma SILCHEM verwendet. Zur Darstellung der Multistrukturen wurde ein 2"-Wafer mit einer 1000 nm Oxidschicht und einer Chrom-Gold-Vorstrukturierung, zur Verfügung gestellt vom IFW Dresden, verwendet. Die bereits aufgebrachten Strukturen dienten der Orientierung während der Vernetzung, um das zweite Strukturbild richtig zu positionieren. Zunächst erfolgte jedoch die flächige Beschichtung mit der entsprechenden Polymerlösung. Nach erfolgter Trocknung wurden diese mittels ESL vernetzt. Dafür wurde das zu erzeugende Strukturbild am PC entworfen und anschließend mit Hilfe eines fokussiertem Elektronenstrahls in die Polymerschicht übertragen. Nach der Extraktion waren alle unvernetzten Anteil vom Substrat gewaschen und die Strukturen konnten charakterisiert werden.
Eigene Voruntersuchungen [179] befassten sich mit der Abhängigkeit der Strukturbreite und Kantenschärfe von der Strukturgeometrie und den Beschleunigungsparametern, den darstellbaren Geometrien in Abhängigkeit von der Strukturgröße und mit der Kombination verschiedener Polymere auf einem Substrat. Ausgangspunkt war die Bestimmung der idealen Vernetzungsparameter. Dafür wurde eine Kammstruktur als Strukturvorgabe ausgewählt, wobei jeder Seitenarm mit einer anderen Dosis bestrahlt wurde, sowie zwei unterschiedliche Beschleunigungsspannungen getestet wurden. In Abbildung 8.2 ist das vorgezeichnete Strukturbild des Kamms dargestellt. Tabelle 8.11 listet die verwendeten Parameter auf.

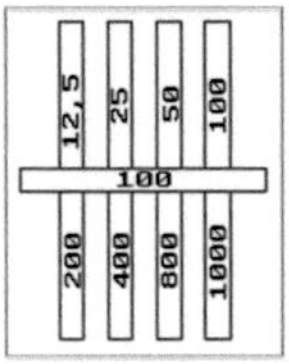

8.2.: Kammstruktur

U [kV]	**Dosis** [μC/cm^2]							
3	12.5	25	50	100	200	400	800	1000
20	12.5	25	50	100	200	400	800	1000

Tabelle 8.11.: Parameter Kammstruktur

Die Zahlenwerte geben die Dosis in μC/cm^2 an[11]. Ausgangspunkt ist eine Realdosis von 100 μC/cm^2 (Querbalken). Die Belichtung der Seitenarme ergaben sich durch die Multiplikation mit den Faktoren 0.125, 0.25, 0.5, 1.0, 2.0, 4.0, 8.0 und 10. Die Abmessung jedes Seitenarms betrug 5 x 30 μm. Nach der Extraktion in Wasser wurde die Struktur mittels AFM untersucht.
Im zweiten Schritt wurde der Einfluss der Dosis auf die Kantenschärfe der einzelnen Strukturgeometrien untersucht. Dafür wurden Dots, Streifen und Linien mit unterschiedlichen Dosen bestrahlt und anschließend mittels AFM charakterisiert. Abbildung 8.3 zeigt die dafür entworfenen Strukturbilder.

[11] 10 μC/cm^2 = 130 kGy

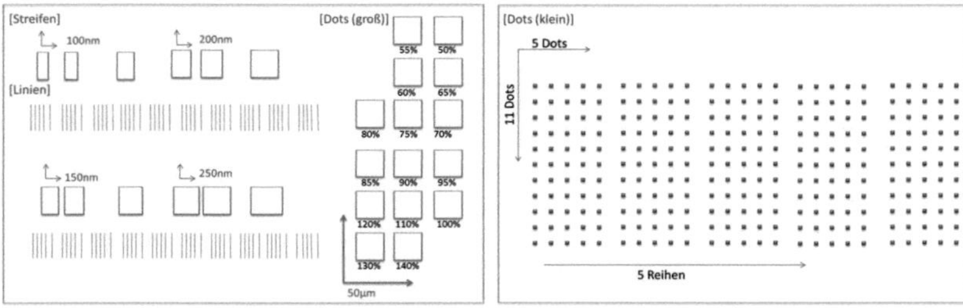

(a) Dots(groß), Streifen und Linien

(b) Dots (klein)

8.3.: Strukturbilder für ESL-Voruntersuchungen

Die Abmessungen der Teststrukturen variierten in einem Bereich von (100 x 100) nm bis (1.1 x 1.1) μm. Die Änderung der eingestrahlten Dosis erfolgte in prozentualen Schritten, wobei 100 % einer Grunddosis von 100 $\mu C/cm^2$ entsprachen. Der untersuchte Dosisbereich beschrieb damit einen Bereich von 50 bis 290 $\mu C/cm^2$. Die Dots (klein) entsprachen in ihren Grundabmessungen dem ESL-Strahl. Zur Optimierung wurde dann im Schreibfeld die Dosis von links nach rechts erhöht, sowie der Strahldurchmesser von oben nach unten vergrößert. Die erhaltenen Strukturabmessungen ergaben sich dann aus dem Einfluss der Dosiseinstrahlung auf das Materialverhalten. Nach den Untersuchungen der einzelnen Hydrogelstrukturen und der Ermittlung der spezifischen Vernetzungsparameter wurde die Strukturierung der Multistrukturen durchgeführt. In Abbildung 8.4 sind die dafür entworfene Strukturbilder vorgestellt.

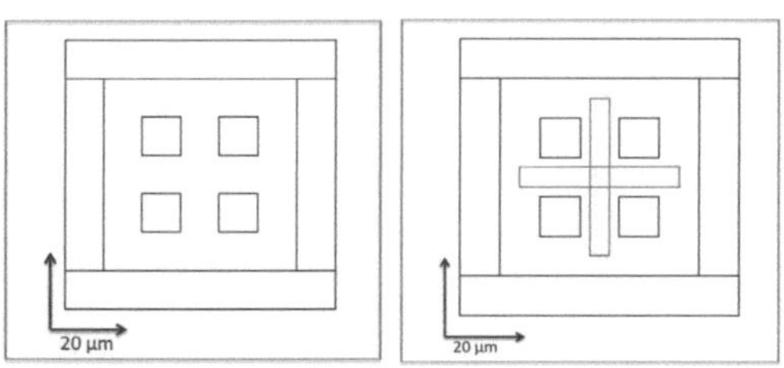

(a) Strukturbild I - HPC

(b) Strukturbild II - HPC/ P4VP

8.4.: Strukturbild Multistruktur

Für die Untersuchung wurden die Polymere HPC und P4VP ausgewählt. Da eine exakte Positionierung der einzelnen Strukturen notwendig war, wurde der oben beschriebene vorstrukturierte Wafer mit Markierungen verwendet. Nach der Vorreinigung wurde in einem ersten Beschichtungsvorgang das komplette Substrat mit der HPC-Lösung beschichtet und das Strukturbild I vernetzt. Das Strukturbild I enstand in einem (100 x 100) μm Schreibfeld und besteht aus einem Rahmen ((10 x 75) μm) und vier Dots ((10 x 10) μm). Nach der Extraktion mit Ethanol erfolgte eine erste Charakterisierung mittels AFM. Im zweiten Durchgang wurde erneut der komplette Wafer beschichtet, diesmal mit der P4VP-Lösung. An Hand der Markierungen konnte das Substrat exakt unter dem Elektronenstrahl ausgerichtet werden, damit das Strukturbild II übertragen werden konnte. Es besteht aus zwei kreuzförmig angeordneten Streifen (jeweils (5 x 35) μm), die zwischen den HPC-Dots angeordnet wurden. Nach der Extraktion erfolgte erneut die Charakterisierung mittels AFM. Die gewählten ESL-Parameter ergaben sich aus den Voruntersuchungen der Kamm- und Einzelstrukturen und sind in Tabelle 8.12 zusammen gefasst.

Polymer	U [kV]	Struktur	Abmessung [μm]	Dosis [μC/cm^2]
HPC	3	Dots/ Streifen	10 x 10/ 10 x 75	100
P4VP	3	Streifen	5 x 35	100

Tabelle 8.12.: Parameter Multistruktur

In Kapitel 8.5 sind die Ergebnisse noch einmal zusammengefasst. Sie bildeten die Grundlage für die Versuche zur Darstellung gefüllter Strukturen.

9. Darstellung der elektronischen Schicht

9.1. Hall-Kreuz

Da für alle entworfenen Demonstratoren die Quellungsmessungen auf der Bestimmung der Abstandsänderung der magnetischen Nanopartikel von der Sensoroberflache beruhen, diese zeitaufgelöst detektiert werden sollen und für die Anwendung ein Array aus verschiedenen Hydrogelstrukturen im sub-μm-Bereich angedacht wird, ist die Verwendung eines hochwertigen Hall-Elements notwendig. Neben den elektrischen und strukturellen Eigenschaften, spielt dabei vor allem die Oberflächenbeschaffenheit der aktiven Schicht eine entscheidende Rolle. Für die Darstellung der Hall-Sonde hat sich Bismut wegen seiner Eignung im für die Hydrogele möglichen Temperaturbereich (273 K $\leq T \leq T_{VP}$) als geeignete Materialbasis herausgestellt.
Die Herstellung der elektronischen Schicht erfolgte in der Arbeitsgruppe Mönch und gliederte sich in fünf Teilschritte (siehe Abbildung C.11 im Anhang). Nach der Substratreinigung wurde ein dünner Film des Photoresists[12] mittels Spin Coating aufgebracht. Im Belichtungsschritt erfolgte dann die selektive Vernetzung der Anteile, die nach der Bismutbedampfung abgelöst werden sollten. Nach der Entwicklung des Positivlacks blieb die Kreuzform auf dem Substrat zurück. Für die Erzeugung der Hallstruktur wurde mittels Elektronenstrahlverdampfung ein Bismut-Target (Reinheit 99.99 %) bei einem Druck von 2x10^{-7} mbar verdampft und bei Raumtemperatur auf dem gereinigten und oxidierten Siliziumwafer (ca. 1 μm SiO_2) abgeschieden. Die Darstellung der Kreuzform erfolgte durch einen "Lift-Off"-Prozess mittels der Kombination von optischer Lithografie und Elektronenstrahllitografie. Die Lithografieschichten entstanden am SEM Hitachi S4500 ausgerüstet mit einem ELPHY plus[13] mit einer Strahlleistung zwischen 5 und 20 kV. In Tabelle 9.1 sind die weiteren Bedingungen für die Schichtvariationen angegeben.

UNTERSUCHUNG	KONDENSATIONSRATE [Å/s]	SCHICHTDICKE [nm]
Qualität Bismutschicht	4	20 - 150
Einfluss Kondensationsrate	4 - 22	65

Tabelle 9.1.: Experimentelle Bedingungen der Hall-Kreuz-Synthese

Im Rahmen der Vorversuche wurden so Hall-Elemente mit einer aktiven Fläche von (100x100) nm^2 bis (6x6) mm^2 hergestellt. Abbildung 9.1 zeigt die Prinzipskizze eines solchen Hall-Elements.

[12] Allresist GmbH, Positivlack ARP 3510
[13] Raith GmbH, Dortmund

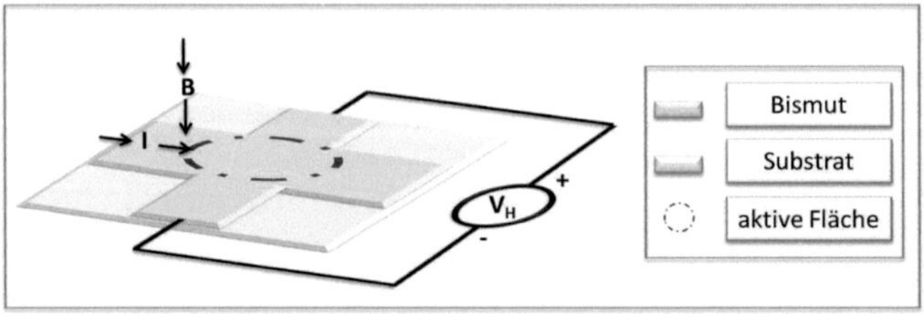

9.1.: Prinzipskizze eines Bi-Hall-Kreuzes

Die konkreten Kombinationen der Syntheseparameter, sowie deren Einfluss auf die Schichteigenschaften werden anschließend diskutiert.

9.2. GMR-Sensor

Mit Hilfe des Demonstratoraufbaus, welcher auf dem GMR-Sensorprinzip beruht, wurde eine zusätzliche Anwendungsoption für den Nachweis und die Analyse magnetischer Nanopartikel vorgestellt. Das ursprünglich entwickelte Konzept[14] basierte auf einer „Rolled-Up"-Geometrie einer Nanomembran, die in ein bereits existierendes Fluidiksystem integriert werden kann. Die ersten Voruntersuchungen wurden jedoch mit einer planaren Anordnung des GMR-Elements, dem sogenannten Mäander, durchgeführt.
Die Probenpräparation erfolgte in einem standardisierten Reinraum (ISO 5 Klasse). Als Substrat wurden thermisch oxidierte $Si(100)$-Wafer verwendet, die mit den entsprechenden Kontakten, sowie der Chipnummerierung versehen waren. Die polymere Opferschicht[15] wurde auf einem lokal begrenzten Bereich abgeschieden. Die laterale Geometrie (Mäanderform) wurde anschließend mittels optischer Lithographie und selektiven nasschemischen Ätzen erzeugt. Das Ätzverfahren fand bei Raumtemperatur, in einer $FeCl_3$-Lösung, statt. Für die elektrische Isolierung folgte vor und nach dem GMR-Element eine Al_2O_3-Schicht (20 nm). Diese wurde mittels Atomic Layer Deposition aufgebracht. So können bei einer relativ niedrigen Abscheidetemperatur von ca. 90 °C, Schichten mit einer geringen Dicke (bis max. 5 nm) hergestellt werden. Diese bieten auch bei niedriger Betriebstemperatur eine relativ dichte Isolierung. Für das Sensorelement selbst wurden $[Py/Cu]$ - Multischichten verwendet[16]. Für den "Rolled-Up"-Vorgang wurde mittels Magnetronsputtern eine Hilfsschicht (100 nm) aufgebracht, die aus einer $CuNiMn$-Legierung bestand. Der eigentliche Aufrollprozeß wurde anschließend durch den zuvor aufgebrachten Photoresist gesteuert. Die einzelnen magnetischen Sensoren werden dann in einer Wheatstoneschen Messbrücken-Konfiguration angeordnet. Abbildung 9.2 zeigt den schematischen Aufbau für die Kombination der planaren und der „Rolled-Up"-Struktur.

[14] Dr. Denys Makarov, Leibniz-Institut für Festkörper- und Werkstoffforschung Dresden, Institut für Integrative Nanowissenschaften (IFW)
[15] Resist ARP 3510
[16] Py = Permalloy, eine weichmagnetische Nickel-Eisen-Legierung mit einer hohen magnetischen Permeabilität, welche zur Abschirmung niederfrequenter Magnetfelder verwendet wird

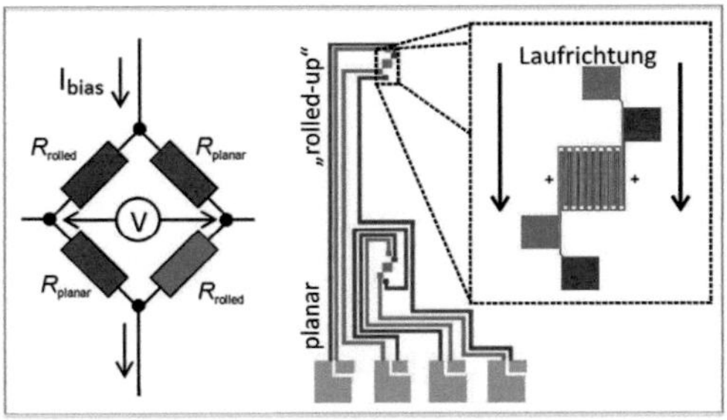

9.2.: Wheatstonesche Messbrücken-Konfiguration (GMR-Sensor)

Vorteil dieses Aufbaus ist die geringe Anfälligkeit gegen Temperaturschwankungen, eine Eigenschaft die bei der Arbeit mit temperatursensitiven Hydrogelen, welche in Flüssigkeiten transportiert werden, die aufgeheizt oder gekühlt werden sollen, eine große Rolle spielt. Weiterhin vermeidet diese Konstruktion, dass eine konstante Vorspannung auf das Messsystem angewendet werden muss und sorgt so für eine hohe Differentialempfindlichkeit. Dies ist entscheidend, wenn Proben vermessen werden sollen, bei denen nur eine geringe Änderung im Widerstand auftritt. Die Brücken-Anordnung erfordert die Herstellung von vier unabhängigen Widerständen, die elektrisch paarweise verbunden werden. Zwei der vier Sensoren sind in einer röhrenförmige Geometrie aufgerollt, während die beiden anderen Sensoren eben aufgebracht werden und als Referenz für die elektrischen Messungen dienen. Um den Widerstand zu erhöhen, werden die Sensoren durch photolithographische Strukturierung mit einer Maske mäanderförmig angelegt. Der Abstand zwischen der planaren und aufgerollten Sensoren beträgt ca. 20 mm.
Die Herstellung und Charakterisierung erfolgte in der Arbeitsgruppe Mönch. In Vorversuchen mit ausschließlich planaren Stapeln wurde zunächst die Dämmleistung, durch die Bestimmung der Durchschlagfeldstärke, der Al_2O_3-Schicht ermittelt. Diese gibt die Spannung an, bei welcher eine kritische Stromdichte von 0.1 μA/cm^2 überschritten wird. Nach der Initiierung des „Roll-Ups“ wurden die verschiedenen Schichtdicken variiert, um den Einfluss auf die Empfindlichkeit des Sensors zu untersuchen. Für eine ausführliche Untersuchung wurden dabei die Sensoreigenschaften vor und nach dem „Roll-Up“-Prozess miteinander verglichen. Die Leistung des aufgerollten Magnetsensor konnte so optimiert werden, um eine hohe Empfindlichkeit gegen schwache magnetische Felder zu erreichen. Eine Zusammenfassung der Ergebnisse folgt in Kapitel 14.2[17].

[17] ausführliche Ergebnisse, sowie die vollständigen Synthesebedingungen werden in [181] vorgestellt

10. Charakterisierung der chemischen Schicht

10.1. Quantitative Analyseverfahren - Sol-Gel-Analyse

Mittels Sol-Gel-Analyse und der mathematischen, sowie der graphischen Auswertung nach CHARLESBY und ROSIAK (Gleichung 5.6) können Aussagen über die Vernetzungsdosis und das Polymeraufbau- bzw. -abbauverhalten getroffen werden. Zur Bestimmung der Gelgehalts werden alle Proben vor der Bestrahlung und nach der Extraktion jeweils nach vollständiger Trocknung ausgewogen. Der Gelgehalt g ergibt sich aus dem Verhältnis der Masse des vernetzten Polymers zur Gesamtmasse des Polymers (Gleichung 10.1)

$$g = \frac{m_{Gel}}{m_{Gel} \cdot m_{Sol}} \tag{10.1}$$

Der Anteil an unvernetztem Polymer s berechnet sich nach Gleichung 10.2.

$$s = 1 - g \tag{10.2}$$

Für die Aussage zum allgemeinen Vernetzungsverhalten der Polymere, trägt man $s + \sqrt{s}$ gegen $\frac{D_v + D_g}{D_v + D_{Strahl}}$ auf. Aus dem Schnittpunkt der extrapolierten linearen Fitfunktion mit der Ordinate erhält man das Verhältnis p_0/q_0. Nimmt dieses einen Wert unterhalb von 1 an, liegt ein vorwiegend vernetzendes Polymer vor, bei vorwiegend abbauenden Polymeren ist das Verhältnis größer als 1 [140]. Zur Berechnung des Gelpunkts wird die entsprechende Fitfunktion verwendet. Der Gelpunkt gibt den Wert für die Vernetzungsdosis D_g an. Sie beschreibt den Punkt, an dem erstmals ein unlösliches Molekül unendlicher Molmassse (Netzwerk) gebildet wird. Der Solgehalt s nimmt am Gelpunkt den Wert 1 an. Damit ist $s+s^{1/2} = 2$.

10.2. Thermische Analyseverfahren

10.2.1. Thermogravimetrische Analyse

Messprinzip und Aufbau Mittels TGA können, durch die Verfolgung des thermischen Verhaltens, Aussagen über die quantitative Zusammensetzung von Substanzen, Substanzgemischen oder Reaktionsgemischen getroffen werden. Untersucht wird dabei die Änderung der Probenmasse in Abhängigkeit von der Temperatur in einer definierten Gasatmosphäre.

Die Temperierung der Probe erfolgt nach einen festgelegten Temperaturprogramm, wobei die Massenänderung über die Zeit in einem Thermogramm (TG) aufgezeichnet wird. Damit lassen sich die thermische Beständigkeit und das Phasenumwandlungsverhalten auswerten. Der grundsätzliche Aufbau einer TGA ist in Abbildung 10.1 (aus [182]) dargestellt.

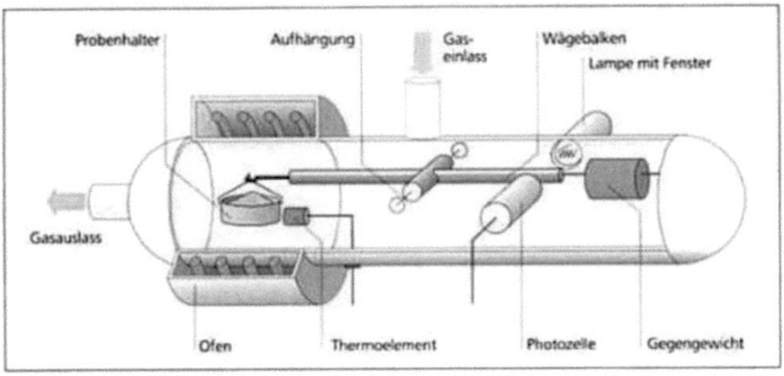

10.1.: Aufbau einer Thermowaage

Die wesentlichen Bestandteile sind der Ofen inklusive eines Temperaturreglers, die Mikrowaage, die Anlage zur Einstellung der benötigten Atmosphäre und die Einheit zur Aufzeichnung und Verarbeitung der Messwerte. Der Probenträger ist über eine Aufhängung und dem Wägebalken mit einem Gegengewicht verbunden. Der Ofen, der um den Probenhalter angeordnet ist, erzeugt ein homogenes Temperaturfeld zum gleichmäßigen Aufheizen. Der Wärmeübertrag auf die Probe erfolgt durch Konvektion und Strahlung. Die Gaszuleitungen ermöglicht die Zufuhr verschiedener Gase und Gasgemische, meist wird jedoch inerter Stickstoff verwendet, um Nebenreaktionen zu vermeiden. Der Gasauslass garantiert einen raschen Ausstoß eventuell abgegebener Reaktionsprodukte, um Rückreaktionen zu verhindern. Die elektronische Mikrowaage gleicht die Gewichtskraft der Probe kontinuierlich durch eine elektromagnetische Kraft aus. Der erforderliche Strom zum Ausgleich stellt die Messgröße dar und wird aufgezeichnet.

Messbedingungen Für die in der Arbeit durchgeführten Messung wurde die Thermowaage TG 50 der Firma METTLER TOLEDO verwendet. Die thermogravimetrische Untersuchung erfolgte zur Bestimmung der Restfeuchte der Polymer- und getrockneten Hydrogelproben, sowie des Füllgrades der zylinderförmigen HPC- und sphärischen PNIPAAm-Hydrogele. Dafür wurden die Proben nach der Extraktion bis zur Gewichtskonstanz getrocknet, anschließend ca. 10 - 30 mg abgewogen und in die Aluminiummessschalen gegeben. In Tabelle 10.1 sind die verwendeten Parameter angegeben.

Parameter	Wert
Einwaage	10 - 30 mg
Temperaturbereich	25 – 1000 °C
Heizrate	10 K/min
Spülgas	Stickstoff
Spülrate	200.0 ml/min

Tabelle 10.1.: Parameter der TGA-Messungen

10.2.2. Differential Scanning Calorimetry

Messprinzip und Aufbau Mit Hilfe der Differential Scanning Calorimetry (DSC) wird die Wärmemenge bestimmt, die ein Körper bei Aufheizung (bzw. Abkühlung) aufnimmt (bzw. abgibt). Während der Messung wird die Wärmestromdifferenz zwischen der Probe und einer Vergleichsprobe gemessen, während das System ein vorgegebenes Temperatur-Zeit-Programm durchläuft. In Abbildung 10.2 (in Anlehnung an [183]) ist der Aufbau einer DSC-Anlage dargestellt.

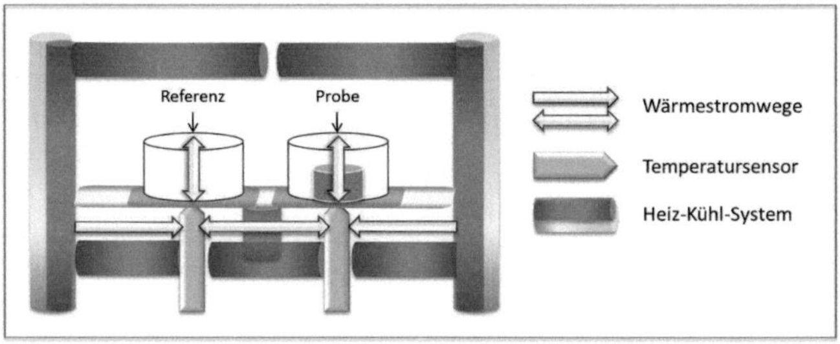

10.2.: Prinzip der DSC

Der gleichmäßig temperierbare Ofenraum enthält zwei Probenhalter, die jeweils mit einem Temperatursensor ausgestattet sind. Auf jedem der Halter wird ein Tiegel aufgesetzt (1x Probe, 1x Referenz leer) und das System mit Schutzgas gespült. Ein vollständiger Messdurchgang besteht jeweils aus drei Aufheiz- sowie Abkühlphasen:

- die erste Aufheizung dient der Entfernung von Restfeuchte aus dem Material,
- die zweite Aufheizung wird zum Tempern der Probe durchgeführt, hierbei sollen Strukturdefekte durch eventuelle Nachreaktionen ausgeglichen werden,
- die dritte Aufheizung repräsentiert die eigentliche Messung der physikalische Kenngrößen.

Messbedingungen In der vorliegenden Arbeit wurden die Messungen mit dem Kalorimeter Universal V2.5H der Firma TA INSTRUMENTS durchgeführt. Ziel war die Bestimmung der Glasübergangstemperatur der verwendeten Polymere sowie der verschiedenen ungefüllten und gefüllten Hydrogelgeometrien. Es sollte untersucht werden, ob die verschiedenen Synthesevarianten und die Füllung mit anorganischen Nanopartikeln Einfluss auf die Geleigenschaften haben. Dafür wurden die Proben nach der Extraktion vollständig getrocknet, jeweils 10 - 15 mg abgewogen und anschließend vermessen. Tabelle 10.2 gibt die Parameter der Messzyklen an.

Parameter	**Wert**
Einwaage	10 - 15 mg
Temperaturbereich	$0 - 200\,°C$
Heizrate	10 K/min
Spülgas	Stickstoff
Spülrate	200.0 ml/min

Tabelle 10.2.: Parameter der DSC-Messungen

10.3. Mikroskopische Analyseverfahren

10.3.1. Optische Mikroskopie

Messprinzip und Aufbau Das Messverfahren eines klassischen Lichtmikroskopes beruht auf dem abbildenden Prinzip. Durch eine Anordnung von zwei Linsensystemen, dem Objektiv und dem Okular, wird durch die Ausnutzung optischer Effekte ein stark vergrößertes Bild dargestellt. Zunächst wird durch das Objektiv ein Zwischenbild des Objektes erzeugt (reell), welches dann durch das Okular vergrößert betrachtet werden kann. Die Vergrößerung ist dabei abhängig von den Einzelvergrößerungen des Objektivs und des Okulars. Die Messung kann mit Durch- oder als Auflicht erfolgen. Grundlage hierfür ist die Beschaffenheit der Probe.

Messbedingungen Für die Mikroskopieaufnahmen und die Bestimmung der Volumenänderung der Hydrogelproben wurde ein Stereomikroskop (Stemi 2000-C) der Firma ZEISS inklusive einer digitalen Mikroskopie-Kamera (AxioCam ICc1) verwendet. Die gewählten Vergrößerungen (Mikroskop 0.65 - 5.0x, Vorsatzsystem 1.6x, Okular 10x/23 10.4 - 80x), sowie der Lichtmodus waren abhängig von den Probengeometrien und der Transparenz. Die exakten Einstellungen werden in der Auswertungen angegeben.

10.3.2. Atomic Force Microscopy

Messprinzip und Aufbau Die Atomic Force Microscopy (AFM) gehört zur Klasse der Rastersondenmikroskopie-Techniken. Der Einsatz in der Oberflächenchemie für Topographiemessungen gehört zu den Hauptanwendungsgebieten dieser Methode [184]. Oberflächenstrukturen können bis in den nm-Bereich vermessen und dreidimensional dargestellt werden. In Abbildung 10.3 ist ein schematischer Aufbau eines AFM abgebildet (in Anlehnung an [185]).

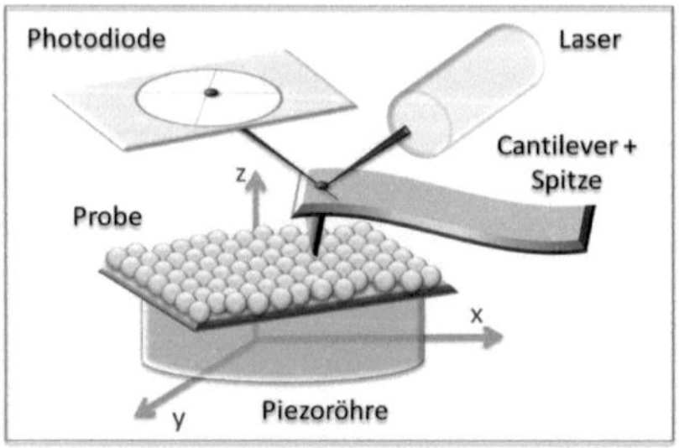

10.3.: Aufbau eines AFM

Während der Messung wird ein Cantilever (Blattfeder) an dessen Spitze eine Nadel befestigt ist, bis auf wenige Ångström an die Oberfläche gebracht und rastert diese dann entlang der x- und y-Richtung ab. Dabei werden lokale Wechselwirkungen mit der Oberfläche detektiert. Die Messungen werden überwiegend im Bereich der repulsiven, d.h. elektrostatischen Kräfte durchgeführt, da es im Bereich der attraktiven (Van der Waals) Kräfte selten stabile Bilder gibt. Für das Abrastern der Probe bestehen zwei Verfahrensweisen.

1. Im Contact Mode (statischer Modus) rastert die Nadel in direktem Kontakt zeilenweise über die Oberfläche. Die Biegung des Balkens wird vom Auslenkungsdetektor registriert und sendet ein Signal zum Regelkreis.
2. Im Tapping Mode (dynamischer Modus) wird der Cantilever vertikal in Schwingungen versetzt und so die Oberfläche punktuell abgerastert. In diesem Modus wird ein permanenter Kontakt zur Probe vermieden.

Neben der Abbildung von strukturierten Oberflächen wird die Rasterkraftmikroskopie vor allem zur Messung der chemischen Bindungsenergie einzelner Moleküle [186] und zur Gravur kleinster Strukturen [187] verwendet.

Messbedingungen Die Aufnahmen der strukturierten Hydrogelschichten (ungefüllt und gefüllt) wurden am Leibniz-Institut für Festkörper- und Werkstoffforschung Dresden (IFW) mit dem AFM Dimension 3100 von DIGITAL INSTRUMENTS mit Nanoscope IV-Controller im Tapping Mode gemacht.

10.4. Spektroskopische Analyseverfahren

10.4.1. Reflektometrische Interferenzspektroskopie

Messprinzip und Aufbau Zur Bestimmung der optischen Schichtdicke der transparenten Polymerfilme wird die Reflektometrische Interferenzspektroskopie (RIfS) verwendet. Diese markierungsfreie Detektionsmethode beruht auf der Interferenz reflektierter Teilstrahlen bei Mehrfachreflexion an Phasengrenzen dünner, transparenter Schichten. Die Wechselwirkungsprozesse an den Oberflächen können zeitaufgelöst verfolgt und somit auf thermodynamische und kinetische Konstanten geschlossen werden [188]. In Abbildung 10.4 ist das Prinzip der Messmethode dargestellt.

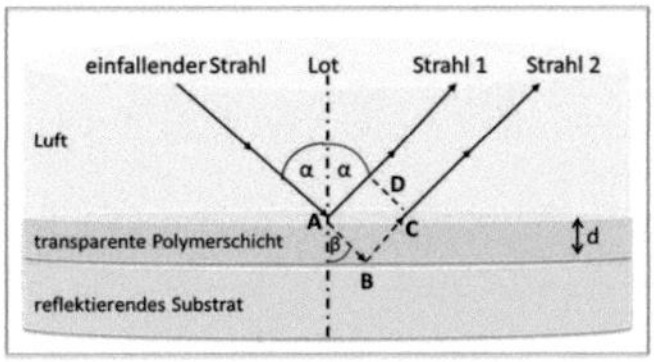

10.4.: Prinzip der RIfS an einer transparenten Polymerschicht

Wird elektromagnetische Strahlung in Form von Weißlicht auf ein Schichtsystem, bestehend aus Siliziumsubstrat, transparentem Polymerfilm und transparentem Umgebungsmedium (Luft) eingestrahlt, kommt es an der Phasengrenze Licht- Polymerfilm zur teilweisen Reflexion und teilweisen Transmission und an der Phasengrenze Polymerfilm- Substrat zur ausschließlichen Reflexion. Die reflektierten Teilstrahlen ergeben wellenlängenabhängig konstruktive und destruktive Interferenzen, die unter Berücksichtigung eines unbeschichteten Referenzsystems durch das RIfS spektral detektiert werden. Mit Hilfe eines optischen Messgerätes werden Brechungsindex und Dicke der dünnen, transparenten Schicht ermittelt. Dafür wird an der Oberfläche der Hydrogelschicht ein Reflexionsspektrum unter senkrechter Inzidenz α=90° und eines unter einem Einfallswinkel von 60° gemessen. In den Kanälen interferieren die beiden Teilreflexe des Lichts von der Oberfläche und der Rückseite der Schicht miteinander. Die Periodizität der gemessenen Intensitäten wird über eine Fourieranalyse bestimmt. Die so gemessene Frequenz ist proportional zu den optischen Schichtdicken. Bei bekanntem Einfallswinkel lassen sich nun Brechungsindex und die Dicke der Schicht berechnen.

Messbedingungen Die Messungen zur Bestimmung der Schichtdicken der transparenten Polymer- und Gelschichten auf den Siliziumsubstraten wurden am Institut für Festkörperelektronik der Technischen Universität Dresden mit dem optischen Messsystem ETA-CSS-BID Version 4.1 der Firma ETA Optik GmbH durchgeführt.
Das Zweistrahlgerät besteht aus einem 19 Zoll Tischgehäuse mit beweglichem Probentisch, zwei 50 W Halogenlichtquellen sowie zwei Diodenarray-Spektrometern. Die spektrale Detektion des Interferenzmusters erfolgt in einem Wellenlängenbereich von 600 - 700 nm. Zur Auswertung wird das Interferenzspektrum aus dem Referenzspektrum durch eine Korrektur mit dem Dunkelsignal und dem Signal eines Refernzwafers ermittelt. Für eine Mittelwertbildung wurden jeweils fünf Messpunkte pro Wafer vor der Bestrahlung und nach der Extraktion vermessen.

10.4.2. Ellipsometrie

Messprinzip und Aufbau Die spektroskopische Ellipsometrie ist eine Methode zur Charakterisierung von Oberflächen und dient der Bestimmung optischer Eigenschaften wie

Schichtdicke und Brechungsindex. Grundlage ist die Wechselwirkung von Licht mit der Probe, wobei die Messung auf der Änderung des Polarisationszustandes bei der Reflexion an der Probe beruht. Dabei wird die Polarisation senkrecht und parallel zur Einfallsebene betrachtet. Die exakten mathematischen Zusammenhänge sind in [189] nachzulesen. In Abbildung 10.5 ist die Anordnung eines "Rotation Analyzer"-Ellipsometers gezeigt (in Anlehnung an [189]).

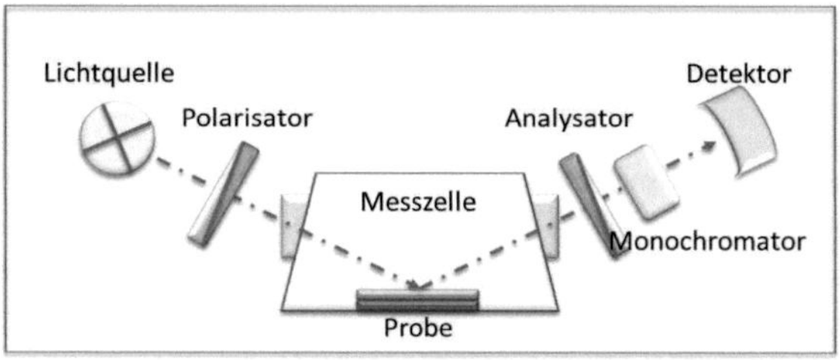

10.5.: Aufbau einer Ellipsometrie-Anlage

Neben der reinen Bestimmung der Schichtdicke von Hydrogelfilmen, lassen sich auch Quellprozesse in Abhängigkeit von der Temperatur oder dem pH-Wert verfolgen. Dafür werden die beschichteten und vernetzten Proben in eine ellipsometrische Messzelle gegeben und die Änderung der optischen Eigenschaften bei Änderung der Temperatur bzw. des pH-Wertes bestimmt [139]. Die Berechnung erfolgt über ein optisches Schichtmodell [179]. Messungenauigkeiten ergeben sich durch Inhomogenitäten, die die Reproduzierbarkeit einschränken, und Rauigkeiten, die zu Streuung und Depolarisation des Lichtstrahls führen. Liegen planparallele Multischichten vor, lässt sich mittels Ellipsometrie ebenfalls eine Gesamtschichtdicke bestimmen. Dabei gehen alle dielektrischen Parameter und Dicken der Einzelschichten bei der Erstellung des Gesamtmodells mit ein.

Messbedingungen Die Quellungsuntersuchungen der dünnen Hydrogelschichten erfolgten am Leibniz-Institut für Polymerforschung Dresden (IPF) mit dem Ellipsometer M44 der Firma J. A. Woollam Co. Inc. Für die Auswertung des Quellverhaltens der Schichten wurden die Substrate in 10 x 15mm Stücke geteilt und zunächst trocken vermessen. Anschließend wurden die Stücke 24 Stunden bei Raumtemperatur in einer Nasszelle gequollen. Die HPC-Proben zur temperaturabhängigen Quellungsmessung befanden sich in einer offenen Nasszelle aus Quarzglas. Es wurden drei Temperaturzyklen zwischen 24 °C und 70 °C gefahren. Nach jedem Zyklus musste erneut deionisiertes Wasser in die Zelle gegeben werden. Für die pH-abhängigen Messungen der P4VP-Proben wurden die Nasszelle für jeweils 30 Sekunden mit den pH-Lösungen gespült und dann ein Messwert detektiert.

11. Charakterisierung der elektronischen Schicht

11.1. Hall-Kreuz

Die Charakterisierung der elektronischen Bauteile des Hall-Aufbaus erfolgte in der Arbeitsgruppe Mönch, daher werden die eingestzten Methoden an dieser Stelle nur aufgezählt. Die kristalline Struktur der Schichten wurden mittels Rontgendiffraktometrie (XRD)-Analyse[18] untersucht. Die Morphologie der Oberflache der Proben wurde durch Rasterkraftmikroskopie (AFM)[19] bestimmt. Für die elektrischen Charakterisierung wurde ein sub-μm-Prober PSM6[20] verwendet. Die Hall-Messungen erfolgten in van-der-Pauw-Konfiguration[21].

11.2. GMR-Sensor

Die Charakterisierung der elektronischen Bauteile des GMR-Aufbaus erfolgte ebenfalls in der Arbeitsgruppe Mönch, so dass die verwendeten Methoden nur angesprochen werden. Die elektrischen Vorversuche erfolgten mittels Widerstandsmessung bei Raumtemperatur mit einem sub-μm-Prober PSM6, verbunden mit einer Keithley 236-Spannungsquelle und einem Keithley 182-Nanovoltmeter. Die Messung erfolgte in einem Temperaturbereich von $20\,°C < T < 130\,°C$. Das Set-up wird mit einem Elektromagneten ausgestattet, der ein Magnetfeld von ca. 80 mT bietet.

[18] Philips Diffraktometer mit CoKα-Strahlung ($l = 1{,}7902$ Å) in Bragg-Brentano Geometrie (Schrittweite $\Delta 2\theta = 0{,}05°$ und $\Delta t = 10$ s/Schritt

[19] Veeco Nanoscope IV Atomic Force Microscope, Tapping Mode mit einem Si-Cantilever (k = 30 - 75 N/m)

[20] Fa. Suss, Messung in 4-Punkt-Geometrie

[21] Keithley SMU 236 als Konstant-Stromquelle und Nano-Voltmeter Keithley 182, Variation des Magnetfeldes um ± 63.7 kA/m

Teil IV.

Ergebnisse und Diskussion

12. Voruntersuchungen magnetische Nanopartikel

Die entwickelten Demonstratoren basieren auf der Änderung des magnetischen Feldes der magnetischen Füllstoffe, in Abhängigkeit vom Quellgrad der sensorischen Schicht. Da die konstruierten Sensormodelle ohne extern angelegte Magnetfelder arbeiten, müssen die eingesetzten Nanopartikel ein eigenes, ausreichend großes, permanentes Magnetfeld aufweisen. Für den Nachweis und damit die Entscheidung hinsichtlich der Eignung der ausgewählten Partikel wurden diese durch Aufzeichnung der Hysteresekurven bei 300 K magnetisch charakterisiert. Im ersten Schritt wurde die magnetische Remanenz M_R[22] der reinen Probe gemessen und anschließend mit dem Ergebnis für die Partikel verglichen, die in ein Hydrogel eingebaut wurden.
Im Folgenden werden, an Hand der Chromdioxidpartikel, die erhaltenen Messkurven diskutiert. Gegenüber gestellt werden in Abbildung 12.1 die Hysteresekurve für die reinen Partikel in Pulverform (a) und die Hysteresekurve für die Partikel, die in sphärische PNIPAAm-Hydrogele eingebaut wurden (b)[23].

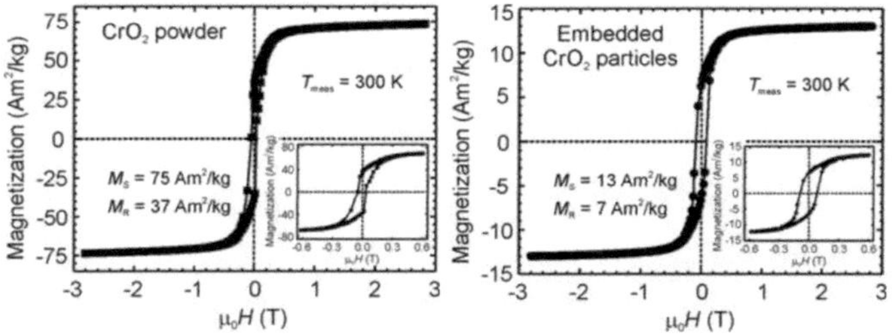

(a) Chromdioxid-Pulver (b) gefüllte PNIPAAm-Kugeln

12.1.: Magnetische Hysteresekurven - Chromdioxid

Die Hysteresekurven zeigen die Magnetisierung das ferromagnetischen Materials in Abhängigkeit vom Magnetfeld. Beide Kurvenverläufe stiegen zunächst stark an, bis sie sich einem Grenzwert, dem sogenannten Sättigungswert, annäherten. War dieser Sättigungswert erreicht, waren alle magnetischen Momente ausgerichtet, ein weiterer Anstieg der Magnetisierung war danach nicht mehr möglich. Senkt man nun das Feld wieder auf Null,

[22]Restmagnetisierung bei $H = 0$ bzw $\mu_0 H = 0$
[23]übernommen aus [181]

bleibt ausschließlich die Remanenz-Magnetisierung zurück. Die entsprechende Ausführung in die entgegengesetzte Richtung des Magnetfeldes ergab dann die Hystereseschleife. Für die magnetischen Remanenzen der ergaben sich die in Tabelle 12.1 dargestellten Ergebnisse.

Probe	**M_R [Am^2/kg]**
CrO_2	37
CrO_2/ PNIPAAm	7

Tabelle 12.1.: Magnetische Remanenz

Die Untersuchung der reinen CrO_2-Nanopartikel ergab einen Wert von 37 Am^2/kg, d.h., die Partikel wiesen einen ausreichenden Restmagnetismus auf. Im nächsten Schritt galt es zu ermitteln, ob der Einbau in ein Hydrogel Einfluss auf die Remanenz hat. Der ermittelte Wert für M_R lag für diese CrO_2-Nanopartikel bei 7 Am^2/kg. Auch der generelle Kurvenverlauf der Hystereseschleife verlief deutlich flacher, was zum einen durch die geringere Gesamtkonzentration der Partikel, sowie durch die Abschirmung durch die umgebende Hydrogelschicht erklärt werden kann. Trotzdem war der Wert ausreichend, um die Chromdioxid-Nanopartikel für die folgenden Experimente zu verwenden.

13. Voruntersuchungen sensorische Schicht

Unabhängig vom gewählten Demonstortyp und der damit realsierbaren Sensordimension handelt es sich bei der sensorischen Schicht immer um ein sensitives Hydrogel, dass durch den Einbau magnetischer Nanopartikel für die Anwendung in einem Magnetfeldsensor genutzt werden kann. Zur Auswahl standen dabei zylinderförmigen Hydrogele (cm-Maßstab), freitragende Filme (mm-Maßstab), sphärische Hydrogele (mm-Maßstab), angebundene Filme (μm-Maßstab) und angebundene Strukturen (nm-Maßstab). Im Folgenden werden die Synthesebedingungen ungefüllter und gefüllter Hydrogele, sowie einige Quellungsergebnisse vorgestellt.

13.1. Zylinder

In der vorliegenden Arbeit wurden ungefüllte und gefüllte zylinderförmige Hydrogele aus den Polymeren Hydroxypropylcellulose und Poly(N-Isopropylacrylamid) hergestellt und untersucht. Die Darstellung der HPC-Proben erfolgte durch chemische Vernetzung mittels DVS, die PNIPAAm-Zylinder entstanden durch photochemische Vernetzung (siehe Kapitel 8.1).

13.1.1. Hydroxypropylcellulose

Ermittlung der allgemeinen Synthesebedingungen Zunächst erfolgte die Synthese ungefüllter HPC-Zylinder, um die idealen Synthesebedingungen zu ermitteln. Ziel dabei war die Herstellung zylinderförmige HPC-Probenkörper, die eine homogene Vernetzung aufweisen, transparent und mechanisch stabil, aber flexibel sind, sowie ein hohes Quellvermögen zeigen.

Dafür wurden jeweils 10 ml Spritzen mit den verschiedenen Mischungsverhältnissen aufgezogen und für sechs Stunden bei Raumtemperatur liegend aufbewahrt. Nach der Extraktion erfolgte eine erste Einschätzung:

- die Verhältnisse 60:08, 60:12, 60:24, 60:36 und 60:48 führten zu zylinderförmigen, vernetzten Probenkörpern;
- das Verhältnis 60:60 zeigte eine Vernetzung, jedoch war die Probe brüchig und damit nicht formstabil;
- die Proben 60:24 und 60:36 zeigten eine deutliche Inhomogenität in der Vernetzung.

Die Inhomogenität der liegend gelagerten Proben 60:24 und 60:36 zeigte sich in einer zweigeteilten Zusammensetzung der Gelkörper. Auf der Unterseite der Zylinder waren die Proben trüb bis weiß, fest und grobporig, die Oberseite hingegen war transparent und flexibel (siehe Abbildung D.1 im Anhang). Grund hierfür ist das teilweise Absinken und Anreichern des Vernetzers am Boden der Spritze, bevor die Gelbildung einsetzt. Die erhöhte c_{DVS} im unteren Teil der Spritze führte zu einem deutlich höheren Vernetzungsgrad, der sich in den oben beschriebenen Merkmalen zeigte. Abhilfe wurde geschaffen, in dem die Spritzen während des Vernetzungsprozesses kontinuierlich gedreht wurden. Dadurch erfolgte eine konstante Durchmischung der Komponenten, solange die Netzwerkbildung noch nicht ausreichend vorangeschritten war. Umgesetzt wurde dies mit einem handelsüblichen Motor eines KPG-Rührsystems, in dessen Bohrfutter eine Platte mit Löchern gespannt wurde. In die Löcher wurden die Spritzen eingeklemmt und bei niedriger Drehgeschwindigkeit für mindestens zwei Stunden rotiert. Die resultierenden Zylinder zeigten dann eine homogene Vernetzung. Alle weiteren Probenpräparationen erfolgten ebenfalls mit Hilfe der Rotationsmethode.

Visuelle Charakterisierung ungefüllter HPC-Zylinder In den folgenden Untersuchungen wurden die hergestellten Zylinder hinsichtlich ihrer Beschaffenheit, Homogenität und Stabilität bewertet. Tabelle 13.1 gibt einen Überblick über die verwendeten Anteile, sowie die Einschätzung bezüglich Beschaffenheit und mechanischer Flexibilität.

Verhältnis	Probencharakterisierung	Bild
60:08	transparent, flexibel, stabil	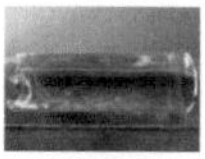
60:12	transparent, flexibel, stabil	
60:24	leicht trüb, weniger flexibel, stabil	
60:36	milchig, elastisch, stabil	
60:48	weiß, kaum flexibel, stabil	
60:60	weiß, porös, nicht formstabil	

Tabelle 13.1.: Charakterisierung ungefüllter HPC-Zylinder

Die Auswertung der Hydrogelzylinder ergab eine direkt Abhängigkeit der Beschaffenheit und der mechanischen Flexibilität vom Verhältnis der Reaktanden. Geringe Vernetzerkonzentrationen (60:08 - 60:12) ergeben Gelkörper mit einer geringen Vernetzungsdichte, erkennbar an der vollständigen Transparenz, sowie der Weichheit der Proben. Ein Anstieg der Vernetzerkonzentration (60:24 - 60:36) erhöht die Vernetzungsdichte, was durch eine beginnende Trübung, sowie eine geringere Flexibilität angezeigt wird. Hohe Vernetzerkonzentrationen (60:48 - 60:60) ergeben weiße bis gelbliche Probenkörper, die kaum flexibel sind und bereits bei leichter mechanische Belastung brüchig sind.
Im nächsten Untersuchungsschritt lag das Interesse auf dem Einfluss der Reaktionstemperatur auf die Beschaffenheit der Hydrogelzylinder. Es wurde vermutet, dass ein größeres Reaktandenvolumen bzw. eine höhere Vernetzerkonzentration die Reaktionswärme soweit erhöht, dass die kritische Phasenübergangstemperatur der HPC (ca. 34 °C) überschritten und so ein Volumenphasenübergang induziert wird. In der Folge entstehen trübe bis weiße Gele. Für die Untersuchung wurden Proben der Verhältnisse 60:08 und 60:48 in den drei Spritzengrößen 1, 5 und 10 ml synthetisiert und verglichen. Um den Einfluss der Umgebungsbedingung zu bestimmen, wurden je zwei Chargen hergestellt. Die erste Charge wurde, wie in Kapitel 8.1 beschrieben, bei Raumtemperatur verarbeitet (Probenbezeichnung RT). Für die zweite Charge wurden alle Reaktanden bei 7 °C für mindestens sechs Stunden vorgekühlt (Probenbezeichnung KS). Die anschließende Vernetzung erfolgte unter permanenter Eiskühlung (Reaktionsaufbau analog zur Herstellung der PNIPAAM-Zylinder). Abbildung 13.1 zeigt die synthetisierten Hydrogelkörper in der Gegenüberstellung. Vergleicht

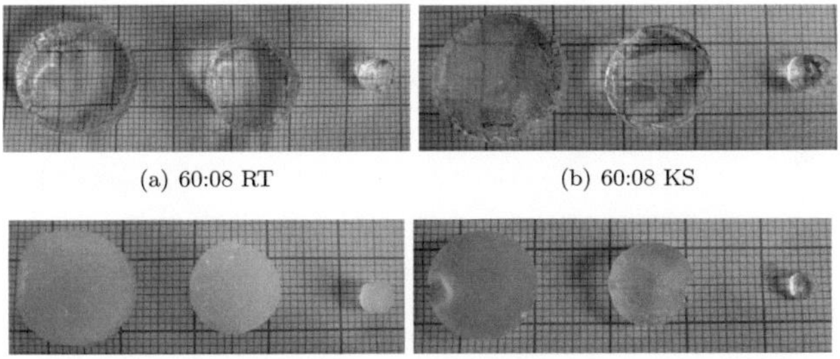

(a) 60:08 RT (b) 60:08 KS

(c) 60:48 RT (d) 60:48 KS

13.1.: Ungefüllte HPC-Zylinder

man zunächst die verschiedenen Durchmesser der Reaktionscharge RT untereinander, war kein Unterschied in der Zusammensetzung, dem Aussehen und der mechanischen Belastbarkeit der Proben feststellbar. Die drei 60:08-Zylinder sind vollständig transparent und flexibel. Alle 60:48-Zylinder sind weiß und kaum flexibel. Das Volumen des Reaktionsgefäßes hat damit im angestrebten cm-Bereich keinen Einfluss auf die Hydrogelqualität. Der Vergleich der RT- und KS-Gele ergab für die 60:08-Hydrogele ebenfalls keinen Unterschied. Beide Chargen wiesen die gleichen Merkmale auf. Für das 60:48-Verhältnis hingegen führt die Kühlung vor und während der Vernetzung zu trüben Hydrogelen. Die Reaktion bei

Raumtemperatur hingegen liefert weiße Hydrogele. Der Einfluss des Vernetzervolumens auf die Reaktionswärme spielt damit erst bei höheren Konentrationen eine Rolle, jedoch kann eine Kühlung keine vollständig transparenten und flexiblen Gele liefern. Somit stellt die gekühlte Synthese keine Option dar, um Verhältnisse über 60:48 als sensorische Schicht darzustellen. Für die folgenden Charakterisierungsexperimente wurden jedoch zum Vergleich weiterhin 60:48-Proben hergestellt.

Quellungscharakterisierung ungefüllter HPC-Zylinder Nach der visuellen Charakterisierung wurde das Quellverhalten der HPC-Zylinder untersucht. Dafür wurde jeweils für eine 60:08 und eine 60:48 Probe (⌀ = 0.5 cm) der temperaturabhängige Massenquellungsgrad (bezogen auf das Trockengewicht) bestimmt. In Abbildung 13.2 sind die Kurvenverläufe für einen Temperaturbereich von 10...80 °C dargestellt[24].

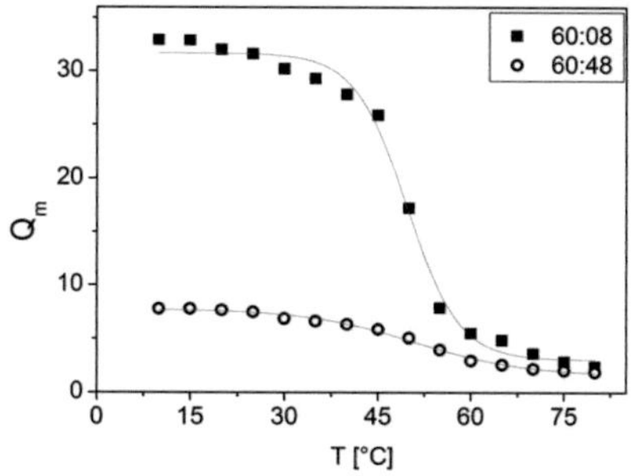

13.2.: Temperaturabhängiger Massenquellungsgrad ungefüllter HPC-Zylinder

Die gefüllten Quadrate repräsentierten die Werte für das 60:08-Verhältnis, die ungefüllten Kreise das 60:48-Verhältnis. Die zylinderförmigen HPC-Hydrogele zeigten eine Abhängigkeit des Quellverhaltens von der Temperatur. Beide Kurvenverläufe verliefen sigmoidal, jedoch mit unterschiedlich starkem Abfall. Bei niedrigen Temperaturen wiesen die Proben zunächst einen hohen Quellgrad auf. Stieg die Temperatur über einen kritischen Wert, nahm das Quellvermögen sprunghaft ab. Eine weitere Temperatursteigerung löste kaum noch eine Änderung aus. Der kritische Temperaturbereich des Volumenübergangs wurde durch die Vernetzung im Vergleich zum Ausgangspolymer leicht zu höheren Temepraturen verschoben. Die Untersuchung der beiden Proben ergab einen T_{crit} von 40 ° bis 45 °C und einen Bereich des Phasenübergangs von 38 ° bis 60 °C. Das sensitive Verhalten des Polymers wurde somit auch im Hydrogel nachgewiesen. Auf Grund der kleineren Vernetzerkonzentration und der damit geringeren Vernetzungsdichte, zeigt die 60:08-Probe ein deutlich besseres Quellvermögen ($Q_{m(max)} = 33$), sowie einen deutlicheren Volumenphasenübergang ($\Delta_{38-60\,°C} = 22.5$). Die 60:48-Kurve verläuft sichtbar flacher. Die hohe Vernetzerkonzentration reduziert das maximale Quellvermögen auf das Achtfache, die Dif-

[24]temperaturabhängiger Massenquellungsgrad aller Verhältnisse siehe Anhang Abbildung D.2

ferenz ergibt einen Wert von 3.3 für die Quellgrade. Dieser Trend zeigt sich auch, wenn man den $Q_{m(max)}$ aller synthtisierten Verhältnisse vergleicht (Tab. 13.2)[25].

Verhältnis	**$Q_{m(max)}$**
60:08	33
60:12	26.5
60:24	12
60:36	10
60:48	8

Tabelle 13.2.: $Q_{m(max)}$ in Abhängigkeit von c_{DVS} (HPC-Zylinder)

Durch die Variation der Vernetzerkonzentration ist man in der Lage, Hydrogele mit unterschiedlichem Quellvermögen darzustellen. Für den Vergleich des Einflusses der Probengröße (respektive dem Reaktorvolumen) auf den Massenquellungsgrad wurden die Proben 60:08, 60:24 und 60:48 in den Spritzengrößen 1 und 10 ml ausgewählt und der maximale Quellungsgrad bestimmt. Die Messungen erfolgte jeweils nach vollständiger Trocknung, sowie nach 24 Stunden Quellung in destilliertem Wasser bei 20 °C. In Tabelle 13.3 sind die Ergebnisse gegenüber gestellt[26].

Verhältnis	$Q_{m(max)}$ ⊘ 0.5	$Q_{m(max)}$ ⊘ 1.5
60:08	33	23.1
60:24	11.9	12.7
60:48	8	3.2

Tabelle 13.3.: Vergleich $Q_{m(max)}$ in Abhängigkeit vom ⊘ (HPC-Zylinder)

Die berechneten Werte verdeutlichten, dass die Reaktorgröße und damit das Ausgangsvolumen der Reaktanden bei niedrigen (60:08) und hohen (60:48) Vernetzerkonzentrationen einen Einfluss auf das Quellverhalten der Gele hat. In beiden Proben ist der maximale Quellgrad des kleinen Reaktionsvolumen deutlich größer. Nur für das mittlere Verhältnis ergab sich ein annähernd gleicher Q_m für beide Volumina. Alle drei Verhältnisse zeigten jedoch den zuvor festgestellten Trend, dass der Quellgrad mit zunehmender Vernetzerkonzentration abnimmt, unabhängig vom Syntheseansatz.
Für den Einsatz der Hydrogelzylinder als sensorische Schicht, war es weiterhin interessant, das Quellverhalten der Proben in verschiedenen Quellmitteln zu untersuchen. In der vorliegenden Arbeit wurden neben Wasser 1.0 molare Lösungen von $NaCl$, $NaSCN$ und Na_2SO_4 aus der Hofmeister-Reihe ausgewählt, um den $Q_{m(max)}$ der 1.5 cm Zylinder zu ermitteln. Tabelle 13.4 stellt die Ergebnisse zusammen[27].

[25]die zugehörige grafische Auftragung befindet sich im Anhang D.3
[26]die zugehörigen grafischen Auftragungen befinden sich im Anhang D.4
[27]die zugehörige grafische Auftragung befindet sich im Anhang D.5

Quellmittel	$Q_{m(max)}$
NaSCN	26
H_2O	23
NaCl	18
Na_2SO_4	2

Tabelle 13.4.: $Q_{m(max)}$ nach der Hofmeister-Serie (HPC-Zylinder)

Ursprünglich fand die Einteilung der Anionen durch Hofmeister, entsprechend ihres kosmotropen bzw. chaotropen Charakters, Anwendung bei der Klassifizierung von Salzen hinsichtlich ihres Einflusses auf die Löslichkeit von Proteinen. Die Einteilung beruht dabei auf zwei Effekten. Zum Einen auf dem Einfluss der gelösten Salze und hydrophoben Molekülgruppen der Proteine auf die Struktur des Lösungsmittel Wassers und zum anderen auf den spezifischen Wechselwirkungen zwischen dem Ion und dem gelöstem Protein. Übertragen auf die vorliegenden Ergebnisse wird daher ein Beeinflussung des Quellverhaltens der Hydrogele durch die genannten Wechselwirkungen erwartet. Die ermittelten Werte bestätigen den Trend. SCN^--Ionen (chaotroper Charakter) lösen die Struktur der Wassermoleküle auf, so dass eine verbesserte Solvatisierung auftritt und das Quellvermögen steigt. Die Zugabe von Cl^--Ionen zeigt ein ähnliche Quellvermögen wie in Wasser, da diese nur einen geringen kosmotropen Charakter aufweisen. SO_4^{2-}-Ionen hingegen sind stark kosmotrop, sie erhöhen die Struktur der Wassermoleküle und verschlechtern so das Quellverhalten deutlich. In [175] konnte weiterhin nachgewiesen werden, dass sich die Phasenübergangstemperatur durch den Einfluss der Ionen zu höheren bzw. niedrigeren Temperaturen verschoben werden kann.

Visuelle Charakterisierung gefüllter HPC-Zylinder Im nächsten Schritt wurden die HPC-Zylinder mit verschiedenen Nanopartikeln gefüllt. Der Einbau von Magnetit (MAG), Chromdioxid (CRO) und Bariumtitanat (BAT) erfolgte entsprechend Abbildung 3.5, Gold-NP (AU) wurden wie in Abbildung 3.7 zugegeben. Dafür wurden die Konzentrationsverhältniss 60:08 und 60:48, sowie für MAG, CRO und BAT zwei Füllkonzentrationen (50 und 200 mg NP pro 1 ml Polymerlösung) ausgewählt[28]. Die kolloidale Goldlösung wurde wie hergestellt verwendet, eine Angabe über den Goldpartikelanteil lag nicht vor. Zunächst stand die visuelle Einschätzung der Proben im Vordergrund. Hierbei spielte vor allem der Einfluss des Nanopartikelanteils auf die Homogenität der Vernetzung und das damit verbundene Aussehen der Proben ein Rolle. In den Abbildungen C.2 sind die mit Magnetit, Chromdioxid und Bariumtitanat gefüllten Zylinder nach der Extraktion, im gequollenen Zustand, dargestellt.

[28] Die Probenbezeichnung ergibt sich aus dem DVS-Anteil, dem Nanopartikel und dem Füllgrad pro 1 ml Polymerlösung

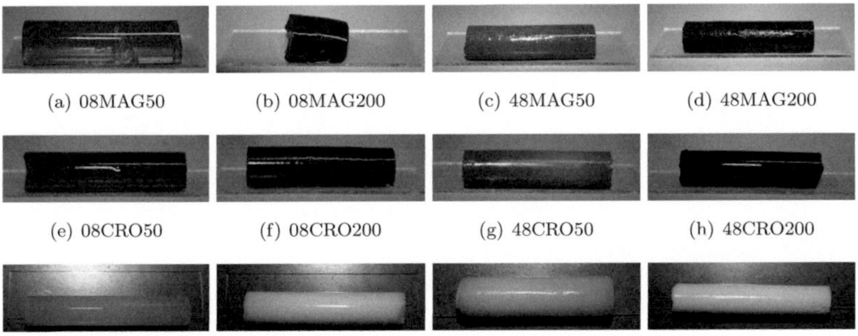

(a) 08MAG50 (b) 08MAG200 (c) 48MAG50 (d) 48MAG200

(e) 08CRO50 (f) 08CRO200 (g) 48CRO50 (h) 48CRO200

(i) 08BAT50 (j) 08BAT200 (k) 48BAT50 (l) 48BAT200

13.3.: Gefüllte HPC-Zylinder

Grundlegend lässt sich feststellen, dass alle Proben visuell eine homogene Verteilung der Nanopartikel zeigen. Durch das modifizierte Syntheseverfahren wurden neben dem Vernetzer, auch die NP während der Netzwerkaufbaureaktion gleichmäßig dispergiert und so statistisch verteilt eingebaut. Vergleicht man die verschiedenen Nanopartikelzugaben bei gleicher Vernetzerkonzentration, erhielt man mit größeren Anteilen stärker gefüllte Proben. Die Zylinder mit einem Ansatz von 50 mg/ 1 ml sind trotz NP transparent, die 200 mg/ 1 ml-Proben hingegen sind nicht mehr durchscheinend. Wie bei den ungefüllten Proben, zeigt sich auch hier die direkte Abhängigkeit der Beschaffenheit, des Aussehens und der mechanischen Flexibilität von dem Verhältnis der eingesetzten Reaktanden. Die hohe Vernetzerkonzentration ergab trübe Zylinder mit einer geringen Flexibilität, die geringe Vernetzerkonzentration hingegen ergab weiche, transparente Proben. Somit wurde die Vernetzung augenscheinlich ausschließlich vom Verhältnis Vernetzer zu Polymer und nicht durch die zugegebenen NP-Anteile beeinflusst.
Die nachträgliche Füllung eines 60:08-Zylinders mit Gold-Partikeln ist in Abbildung 13.4 dargestellt.

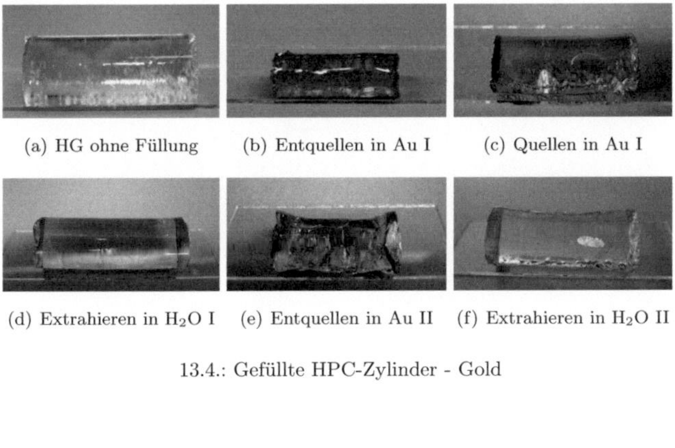

(a) HG ohne Füllung (b) Entquellen in Au I (c) Quellen in Au I

(d) Extrahieren in H_2O I (e) Entquellen in Au II (f) Extrahieren in H_2O II

13.4.: Gefüllte HPC-Zylinder - Gold

Der Füllprozess erfolgte in mehreren Durchgängen, um einen möglichst hohen Nanopartikelanteil im Hydrogel zu erhalten. Ein Durchgang gliederte sich in folgende Teilschritte:

1. gequollenen Zylinder zur Gold-Lösung geben → langsam Entquellen
   (T-Steigerung von 20 ° - 65 °C: mit $\Delta T/\Delta t = 0.2\,°C/min$
   Abb. (b)/ (e)
2. entquollenen Zylinder in der Goldlösung abkühlen lassen → langsam Quellen
   (T-Absenken von 65 °C - RT: t $\approx$ 3 h)
   Abb. (c)
3. gequollenen Zylinder in destilliertes Wasser geben → Extraktion
   Abb. (d)/ (f)

Die Abbildung repräsentieren jeweils den ersten und den letzten Durchgang. Insgesamt wurden die Teilschritte fünf Mal wiederholt. Trotz mehrmaliger Durchführung sind nur wenige Nanopartikel in das Netzwerk eingelagert, die auch nach der Abschlussextraktion (24 h, mehrmaliges Wechseln des Extraktionsmittels) nicht ausgewaschen waren. Ein Großteil der Partikel wurde wieder ausgespült. Die Bestimmung der Masse vor und nach dem "Breath In"-Prozess brachte keine messbare Änderung, d.h. der Anteil an eingebauten Partikeln lag unter der Nachweisgrenze der Analysenwaage (d.h. $\leq 1\ \mu g$, bei 10 mg Einwaage).

Bestimmung des Füllgrads Der Füllgrad der Zylinder, d.h. der Anteil an Nanopartikeln, der nach der Extraktion noch im Hydrogel enthalten war, wurde mittels Thermogravimetrie untersucht (Kapitel 10.2.1). Dafür wurden zunächst die Zersetzungskurven des ungefüllten, trockenen Hydrogels vermessen. Es wurden jeweils eine Probe der 60:08- und eine Probe der 60:48-Zusammensetzung untersucht. Abbildung 13.5 zeigt die Thermogramme.

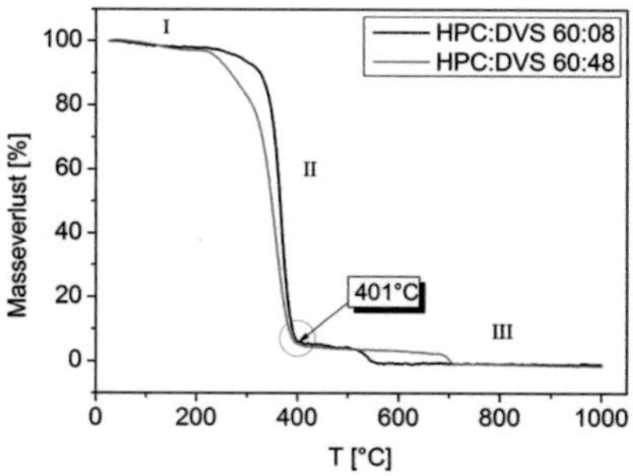

13.5.: Thermogramme ungefüllter HPC-Zylinder

Das Thermogramm enthält Informationen über den Anteil an Wasser, der noch im Hydrogel vorhanden war (Temperaturerhöhung bis 150 °C - Stufe I), den Bereich der größten Masseabnahme, welcher den Abbau der HPC charakterisiert (Temperaturerhöhung bis 400 °C - Stufe II) und die Menge des Rückstands, der bis 1000 °C nicht zersetzt wurde (Temperaturerhöhung ab 401 °C - Stufe III). Die Ergebnisse sind in Tabelle 13.5 gegenüber gestellt.

Stufe	Temperaturbereich	$\Delta m_{60:08}$ [%]	$\Delta m_{60:48}$ [%]
I	25 – 150 °C	1.75	2.33
II	150 – 400 °C	92.15	92.46
III	ab 401 °C	6.10	5.21

Tabelle 13.5.: Auswertung der Thermogramme der HPC-Zylinder

Beide Proben zeigten einen geringen Restfeuchteanteil unter 2.40 %, der auch nach mehreren Tagen im Vakuumtrockenschrank nicht entfernt werden konnte. Der Abbau des Hydrogels findet für beiden Proben in einem Bereich von 150 – 400 °C statt, wobei die größte Abnahme zwischen 300 – 400 °C detektiert wurde. Die Massenreduktion liegt bei über 90.00 %. Dies entspricht den aus der Literatur erwarteten Angaben (Vergleich [190]). Ab einer Temperatur von 401 °C bleibt ein thermisch stabiler Rückstand (RS_{HPC}) von ca. 5.20 % bzw. 6.10 %. Dieser muss bei der Berechnung des Füllgrads (FG_{NP}) von dem ermittelten Rückstand der gefüllten Hydrogele (RS_{HPC+NP}) abgezogen werden. Für die Ermittlung des Füllgrades wurden die gefüllten Hydrogele ebenfalls mittels TGA untersucht. Die Versuche erfolgten als Doppelbestimmung, die eingestellten Parameter entsprachen denen der ungefüllten Proben. Vergleicht man den Anteil der Restfeuchte, ergaben sich Werte bis maximal 3.50 %. Eine vollständige Trocknung konnte demnach auch hier nicht erreicht werden. Eine Erklärung für den höheren Wasseranteil könnte das fehlende Vakuum während der Probenpräparation und Messung sein, da die Proben so ständig der Luftfeuchte ausgesetzt waren. Der Bereich des größten Abbaus wurde bei den gefüllten Proben ebenfalls zwischen 300 – 400 °C gemessen. Insgesamt verloren die Proben zwischen 70.00 - 85.00 % an Gewicht. Der Rückstand ab 401 °C wurde dann als Ausgangspunkt der Berechnung verwendet. In Tabelle 13.6 sind die Ergebnisse für die beiden Ausgangskonzentrationen der Nanopartikel zusammengefasst.

NP	Probe	FG_{50} [wt%]	FG_{200} [wt%]
MAG	60:08	7.17	12.76
	60:48	4.54	2.80
CRO	60:08	9.72	7.94
	60:48	2.82	19.02
BAT	60:08	8.79	26.92
	60:48	2.71	12.66

Tabelle 13.6.: Anteil Nanopartikel in zylinderförmigen HPC-Hydrogelen

Eine Ausgangskonzentration von 50 mg/ 1 ml entspricht für das 60:08-Verhältnis ca. 40 wt% NP, für das 60:48-Verhältnis ca. 50 wt% NP, bezogen auf die Polymer-Einwaage. Vergleicht man nun den Füllgrad nach der Vernetzung, ergaben sich für die 60:08-Proben Werte von 7 - 10 wt% und für die 60:48-Proben 2 - 5 wt%, bezogen auf das Trockengewicht der HPC-Zylinder. Eine Ausgangskonzentration von 200 mg/ 1 ml entspricht für das 60:08-Verhältnis ca. 73 wt% NP, für das 60:48-Verhältnis ca. 80 wt% NP, bezogen auf die Polymer-Einwaage. Vergleicht man hier den Füllgrad, ergaben sich für die 60:08-Proben Werte von 7 - 13 wt% und für die 60:48-Proben 2 - 27 wt%, bezogen auf das Trockengewicht der HPC-Zylinder. Die Auswertungen der TGA-Messung zeigten daher, dass generell nur ein Bruchteil der Nanopartikel eingebaut werden konnten und die Steigerung der Ausgangskonzentration um das 4-fache kaum bzw. nur einen geringen Anstieg des Füllgrades ergab. Ein Trend war an Hand der wenigen vermessenen Proben nicht erkennbar. Für eine exakte Ermittlung des maximal möglichen Füllgrades wären daher weitere Untersuchungen notwendig. Durch Anhalten eines handelsüblichen Magnets, sowie anschließenden Magnetfeldmessungen der AG Mönch konnte gezeigt werden, dass die erhaltenen Füllgrade ausreichend waren um ein Magnetfeld zu detektieren. Die besten Ergebnisse wurden mit chromdioxidgefüllten Zylindern erhalten, daher wurden alle weiteren Untersuchungen mit 08CRO200-Ansätzen durchgeführt. Die Füllung mit Bariumtitanat diente dem Nachweis, dass auch Nanopartikel mit anderen sensorischen Eigenschaften eingebaut werden können.

Quellungscharakterisierung gefüllter HPC-Zylinder Für die folgende Charakterisierung des Quellungsverhaltens gefüllter HPC-Zylinder wurden exemplarisch zwei Proben ausgewählt:

1. Verhältnis$_{HPC:DVS}$: 60:08, Nanopartikel: Magnetit, Füllmenge$_{MAG}$: 200 mg/ 1 ml
2. Verhältnis$_{HPC:DVS}$: 60:48, Nanopartikel: Magnetit, Füllmenge$_{MAG}$: 200 mg/ 1 ml

Anhand des Massenquellungsgrades in Wasser soll der Einfluss der Füllstoffe auf den Quellgrad gezeigt werden. Dafür wurden die Proben zunächst vollständig getrocknet und anschließend bei Raumtemperatur in destilliertem Wasser eingelegt. Tabelle 13.7 zeigt die Zeitabstände der Gewichtsmessungen.

$t_{Messung}$ [min]	Δt [min]
0 - 20	1
20 - 40	2
40 - 100	5
100 - 160	10

Tabelle 13.7.: Zeitintervalle zur Bestimmung von Q_m (HPC-Zylinder gefüllt)

Die letzte Messung erfolgte nach 12 Stunden. Für die grafische Auswertung wurde der Massenquellungsgrad in Abhängigkeit von der Zeit aufgetragen. Tabelle 13.8 stellt die Ergebnisse für die beiden ausgewählten Proben gegenüber[29].

[29]die zugehörige grafische Auftragung befindet sich im Anhang D.6

Probe	$Q_{m(max)}$	$Q_{m(max-ohneNP)}$
60:08	5.4	33
60:48	2.0	8

Tabelle 13.8.: Vergleich Q_m in Abhängigkeit von t (HPC-Zylinder gefüllt)

Vergleicht man die Ergebnisse zunächst untereinander, zeigte sich auch hier der zuvor ermittelte Trend, dass mit steigendem Vernetzeranteil das Quellvermögen der Hydrogele abnimmt. Die 60:08-Probe wies einen maximalen Quellungsgrad von 5.4, die 60:48-Probe von nur 2.0 auf. In der Gegenüberstellung mit den ungefüllten Proben zeigte sich jedoch, dass die gefüllten Hydrogele deutlich weniger Quellmittel aufnahmen, als auf Grund der Füllgrade von 12.76 wt% (60:08) bzw. 2.80 wt% (60:48) zu erwarten war. Als Erklärung hierfür bieten sich verschiedene Ansätze an, die in der Summe den großen Unterschied erklären. Zunächst lag bei gleichem Probenvolumen in den gefüllten Zylindern ein deutlich geringerer Polymeranteil vor, als in den ungefüllten Zylindern. Somit ist ein geringerer QG die Folge. Weiterhin schränkten die starren Nanopartikel die Bewegung der Ketten ein, so dass sich die Hydrogele weniger flexibel ausdehnten. Auch die direkten Wechselwirkungen zwischen den Hydrogelketten und den magnetischen Füllstoffen führten zu einer Reduzierung der Ausdehnung. Für eine exakte Aufklärung der Anteile wären Rasterelektronenmikroskopieaufnahmen oder Messmethoden, die auf Reflexion und Streuung von Ultraschall beruhen, notwendig. Hiermit können Materialdichte, -zusammensetzung und Partikelverteilung im Inneren bestimmt werden. In der vorliegenden Arbeit wurden solche Versuche nicht durchgeführt. Für eine erste Charakterisierung der Abhängigkeit des Quellverhalten vom Einbau der Nanopartikeln, wurden anderer Geometrien sowie weitere Füllstoffe untersucht.
Die zylinderförmigen, gefüllten HPC-Hydrogele dienten in den anschließenden Funktionstests der Demonstratoren als Ausgangsmaterial für die sensorische Schicht (siehe Kapitel 15.1.2), da mit dem beschriebenen Verfahren in kurzer Zeit und mit geringem synthetischen Aufwand eine ausreichende Probenmenge darstellbar war. Im Folgenden sollte nun untersucht werden, ob weitere sensitive Polymere als zylinderförmige Hydrogele darstellbar sind, Nanopartikel in diese eingebaut werden können und sie für Prinziptests geeignet sind. Als vergleichbares Verfahren wurde dabei die photochemische Vernetzung von PNIPAAm ausgewählt.

13.1.2. Poly(N-Isopropylacrylamid)

Ermittlung der allgemeinen Synthesebedingungen Im ersten Schritt erfolgte die Herstellung ungefüllter PNIPAAm-Zylinder. Da die gewählte Vorschrift eine Adaption der Synthese freitragender Filme darstellte, mussten die Bestrahlungsparameter angepasst werden. Die Zusammensetzung der Ausgangslösung wurde exakt übernommen. Weil das zu bestrahlende Probenvolumen aber deutlich größer war, wurde die Vorkühlung auf 15 Minuten erhöht. Die Bestrahlungszeiten wurden von zehn bis 45 Sekunden variiert. Eine erste

Einschätzung erfolgte direkt nach der Bestrahlung:

- die Proben die zehn bzw. 15 sec bestrahlt wurde, zeigten keine Vernetzung;
- ab 20 sec zeigte sich eine teilweise Gelierung;
- eine Bestrahlung über 30 sec führte zu vollständigen Gelkörpern.

Jedoch ließen sich die Proben nicht, wie die HPC-Proben, direkt aus den Spritzen drücken, so dass sie für 48 Stunden bei 25 °C im Vakuumtrockenschrank getrocknet werden mussten. Danach konnten sie zur Extraktion in destilliertem Wasser eingelegt werden.

Visuelle Charakterisierung ungefüllter PNIPAAm-Zylinder Die visuelle Charakterisierung erfolgte an den Proben die zwischen 20 und 45 sec bestrahlt wurden. Tabelle 13.9 gibt einen Überblick über die Einschätzung der Qualität der Proben, in Abhängigkeit von der Bestrahlungszeit.

t_{UV} [s]	PROBENCHARAKTERISIERUNG	BILD
20	teilweise geliert, gelierte Anteile trüb, keine Zylinderform	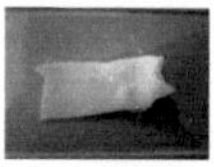
25	ungleichmäßige Vernetzung, trüb bis weiß, keine Zylinderform	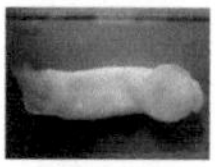
30	gleichmäßig vernetzt, weiß, keine Zylinderform	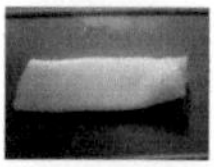
35	gleichmäßig vernetzt, weiß, Röhrenform	
40	gleichmäßig vernetzt, weiß, keine Zylinderform	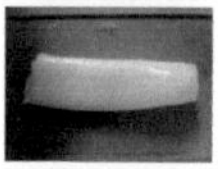
45	ungleichmäßig vernetzt, weiß, gerollter Film	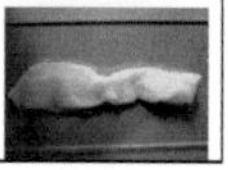

Tabelle 13.9.: Vergleich PNIPAAm-Zylinder

Die visuelle Einschätzung zeigte, dass die photochemische Vernetzung von PNIPAAm nicht für die Darstellung homogener, transparenter Hydrogelzylinder geeignet war. Auch eine Variation der Bestrahlungszeit, dem Abstand der Probe zur UV-Lampe, sowie die Verlängerung der Vorkühlzeit konnten keine bessere Ergebnisse liefern, so dass auf weitere Versuche verzichtet wurde. Grund hierfür könnte die durch die Rotation bedingte unterschiedliche Verteilung der Polymerlösung sein. Durch die Zentrifugalkraft wurde der Hauptanteil an die Spritzenrändern transportiert und dort vernetzt, die Mitte verarmte so weit, dass die resultierenden Hydrogele röhrenförmig vorlagen. Die stets auftretende Trübung, auch bei kurzen

Bestrahlungszeiten, ließ sich auf die hohen Reaktionstemperaturen zurück führen. Durch die Spritzenform konnte keine permanente Kühlung der kompletten Lösung gewährleistet werden. Der Phasenseparation trat daher unmittelbar ein. Die UV-Bestrahlung wurde daher ausschließlich für die Synthese freitragender Filme verwendet.

13.2. Sphärische Hydrogele - Poly(N-Isopropylacrylamid)

Bei der nächsten untersuchten Geometrie handelte es sich um kugelförmige Hydrogele auf Basis des NIPAAm-Polymers, hergestellt durch das Alginatverfahren (siehe Kapitel 8.2). Die Untersuchungen zur Auswahl der geeigneten Synthesebedingungen erfolgte zunächst an ungefüllten Proben. Im zweiten Schritt erfolgte dann die Charakterisierung gefüllter Gele.

Ermittlung allgemeiner Synthesebedingungen Für die Bestimmung der idealen Synthesebedingungen wurden zunächst ungefüllte PNIPAAm-Kugeln hergestellt. Zu den untersuchten Einflussparametern, die die Kugelgröße, -qualität, sowie deren Eigenschaften beeinflussen, gehörten die Abhängigkeit des Kugeldurchmessers vom Kanülendurchmesser und der Einfluss des Reinigungsprozess auf die Kugelgröße. Im ersten Schritt erfolgte die Untersuchung des Einflusses des Kanülendurchmessers auf den Kugeldurchmesser. Dafür wurden vier Kanülen ausgewählt, die Synthese entsprechend Kapitel 8.2 durchgeführt und anschließend die Kugeln am Mikroskop vermessen. Im nächsten Schritt erfolgte die Untersuchung des Einflusses der Reinigung auf den Kugeldurchmesser. Der Reinigungsprozess, während dem die Kugeln in eine wässrige EDTA-Lösung eingelegt wurden, diente dem Abbau der Alginathülle, um anschließend eine reine PNIPAAm-Kugel vorliegen zu haben. Die Charakterisierung des Einfluss erfolgte in Abhängigkeit von der Reinigungszeit. Dafür wurden jeweils zehn Kugeln ein bis vier, sowie für 24 Stunden eingelegt und anschließend am Mikroskop vermessen. In Abbildung 13.6 sind die Mittelwerte dargestellt.

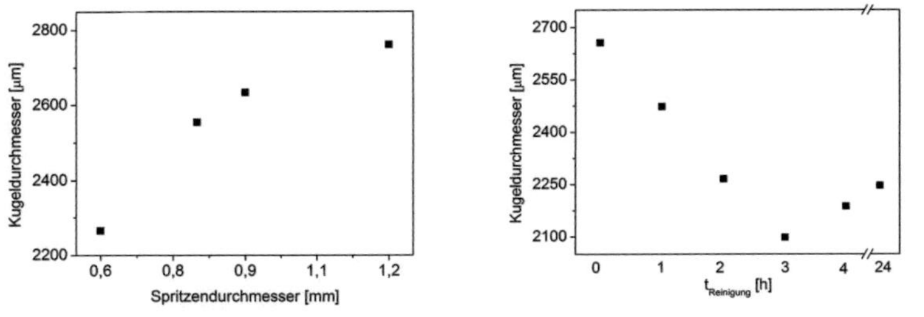

(a) Abhängigkeit vom $\oslash_{Spritze}$ (b) Abhängigkeit vom Reinigungsprozess

13.6.: Abhängigkeit des $\oslash_{Kugel}$ ungefüllter PNIPAAm-Kugeln

Die Auftragung der Abhängigkeit der Kugeldurchmesser vom verwendeten Spritzendurchmesser zeigt einen deutlichen Anstieg mit zunehmender Kanülengröße. Die kleinsten

Kugeln mit einem Durchmesser von ca. 2200 μm werden unter den gewählten Synthesebedingingen mit einer 0.6 mm Kanüle erhalten, die größten Durchmesser, ca. 2800 μm wurden mit einer 1.2 mm Kanüle erhalten. Für die Anwendung der Kugeln in den Demonstratortests eigneten sich vornehmlich die kleinsten Kugeln, da die aktive Fläche des Demonstrators $\leq$ (5x5) mm maß. Daher wurden diese Proben mit der 0.6 mm Kanüle hergestellt. Für die Untersuchung des Reinigungseinflusses wurden jedoch die Kugeln mit einer 1.2 mm Kanüle hergestellt, um möglichst deutliche Größenunterschiede nachweisen zu können. Die Auftragung des Durchmessers zeigt eine deutliche Abhängigkeit von der Reinigungszeit. Die Ausgangsgröße der Kugeln betrug im Durchschnitt ca. 2657 nm. Der Kurvenverlauf bis drei Stunden zeigte eine annähernd lineare Abnahme bis auf 2097 nm. Damit sank der Durchmesser um ca. 21 % durch die Reinigung. Verlängerte man allerdings die Zeit, stieg der Durchmesser wieder an, nach 24 Stunden bis auf 2246 nm. Grund hierfür könnte der zunächst unvollständig ablaufende Abbau der Alginathülle sein (siehe Abbildung D.7 Anhang). Ziel der Reinigung mit EDTA ist die Entfernung der Alginathülle, die während der Synthese der PNIPAAm-Kugel als "Korsett" für die gewünschte Kugelform dient. Die stabile Hülle wird augenblicklich beim Eintauchen des Tropfens in die $CaCl_2$-Lösung ausgebildet, während die eigentliche Gelbildung des PNIPAAm deutlich langsamer abläuft. Nach der erfolgten Reaktion soll das Alginat jedoch entfernt werden, damit das Hydrogel, entsprechend seiner Sensitivität, ohne Einschränkung quellen kann. Führt man nun den Reinigungsschritt mit begrenzter Zeit durch, gibt es Kugeln deren Hülle nur teilweise entfernt wurde. Die Kugeln sind zwar kleiner als die Ausgangsproben, spätere Quellversuche zeigen jedoch nur eine beschränkte Quellmittelaufnahme. Eine Erhöhung der Reinigungszeit bewirkt eine weitere Entfernung, der Kugeldurchmesser sinkt und das Quellvermögen erhöht sich, da die Ausdehnung der Netzketten nicht mehr limitiert wurde. Wurde aber die Hülle vollständig entfernt, stieg der Durchmesser der Kugeln wieder an, denn die Kugeln konnten nun uneingeschränkt Wasser aus der Lösung aufnehmen. Für die weiteren Experimente ergab sich aus den Untersuchungen damit eine ideale Reinigungszeit von mindestens vier Stunden.

Visuelle Charakterisierung ungefüllter PNIPAAm-Kugeln Nachdem die Parameter zur Synthese der Kugeln festgelegt worden waren, folgte der visuelle Vergleich der verschiedenen Spritzendurchmesser (Abbildung 13.7 (a))[30], sowie der Veränderung des Kugeldurchmessers durch die Reinigung (Abbildung 13.7 (b))[31].

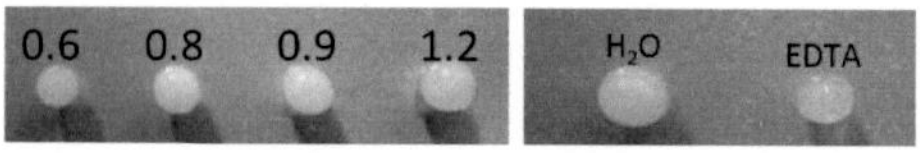

(a) Spritzendurchmesser (b) Reinigung

13.7.: Charakterisierung ungefüllter PNIPAAm-Kugeln

[30] untersuchte Durchmesser: 0.6, 0.8, 0.9, 1.2 mm

[31] am Beispiel einer 1.2 mm-Charge, H_2O = ungereinigt, EDTA = gereinigt

Die visuelle Einschätzung der verschiedenen Kugeln bestätigte die gemessenen Ergebnisse. Mit Zunahme des Spritzendurchmesser nahm die Größe der Kugeln deutlich zu. Desweiteren ließen sich makroskopisch keine zusätzlichen Unterschiede mehr feststellen. Unabhängig von der gewählten Kanüle entstanden runde Kugeln. Damit war die Form der sphärischen Hydrogele in diesem Größenbereich ausschließlich von der Zusammensetzung der Reaktanden und der Tropfhöhe abhängig.

Durch den Einsatz von EDTA sank hingegen der Gesamtdurchmesser der Kugeln. Die eigentliche Kugelform war jedoch stabil und wurde durch die Entfernung der Alginathülle nicht beeinflusst.

Quellungscharakterisierung ungefüllter PNIPAAm-Kugeln Im nächsten Schritt wurde die Quellfähigkeit der verschiedenen Kugeln untersucht. Dafür wurden jeweils fünf Kugeln der 0.6- und der 1.2-Charge[32] getrocknet, am Mikroskop vermessen, anschließend für 24 Stunden in destilliertem Wasser bei Raumtemperatur gequollen und erneut vermessen. Aus den Werten wurde dann entsprechend Gleichung 3.11 $Q_{V(max)}$[33] berechnet. In Tabelle 13.10 sind entsprechend die Mittelwerte gegenüber gestellt.

$\oslash_{Spritze}$ [mm]	$\oslash_{trocken}$ [μm]	$\oslash_{gequollen}$ [μm]	Q_{Vmax}
0.6	295	2226	7.6
1.2	362	2846	7.9

Tabelle 13.10.: Q_{Vmax} in Abhängigkeit vom $\oslash_{Kugel}$ (PNIPAAm-Kugeln)

Die Auswertung der Kugeldurchmesser, sowie des maximalen Volumenquellgrades zeigt, dass die Vergrößerung des Kanülendurchmessers nur eine geringfügige Zunahme des Kugeldurchmessers und des Quellgrades zur Folge hat. Die ungefüllten sphärischen PNIPAAm-Hydrogele wiesen eine Volumenzunahme um das sieben- bis achtfache auf.

Im nächsten Quellversuch sollte die Quellkinetik, d.h. die Zeit, die es benötigt, bis die Kugeln ihren maximalen Quellgrad in Wasser errreicht haben, bestimmt werden. Dafür wurden erneut fünf Kugeln der 0.6-Charge getrocknet, vermessen und anschließend in Wasser bei Raumtemperatur gequollen. Die Messung des Durchmessers erfolgte nach den in Tabelle 13.11 aufgelisteten Zeiten.

$t_{Messung}$ [min]	**Δt [min]**
0 - 20	1
20 - 78	2
78 - 133	5

Tabelle 13.11.: Zeitintervalle zur Bestimmung des Massenquellungsgrades - PNIPAAm-Kugeln

[32] bezogen auf den Kanülendurchmesser bei der Synthese

[33] $Q_{V(max)} = \oslash_{gequollen}/\oslash_{trocken}$

In Abbildung 13.8 ist die grafische Auftragung der Entwicklung des isotropen Volumenquellgrades in Abhängigkeit von der Zeit gezeigt.

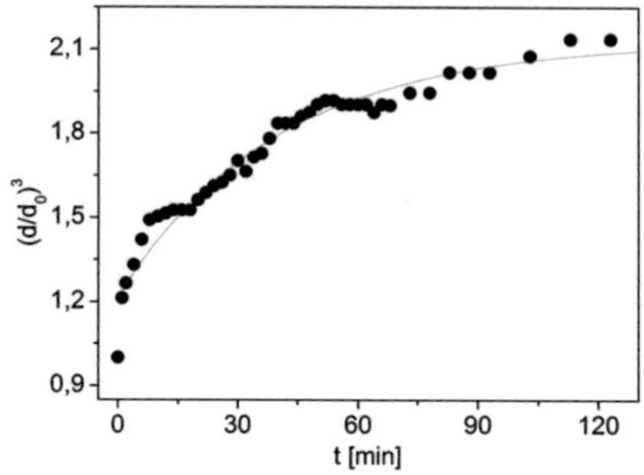

13.8.: Quellkinetik ungefüllter PNIPAAm-Kugeln

Der Kurvenverlauf zeigt eine stetige Zunahme des Volumenquellgrades mit der Zeit bis zu einem Maximalwert, anschließend liegen die Werte auf einem Plateau. Die Volumenzunahme verläuft damit einfach sigmoidal, das Maximum ist nach ca. 110 Minuten erreicht. Somit verhalten sich die vernetzen PNIPAAm-Kugeln bei der Quellung in Wasser wie erwartet.

Im nächsten Schritt wurde das temperaturabhängige Quellvermögen der sphärischen Hydrogele untersucht. Dazu wurden die Kugeln in einem Temperaturbereich von 10...60 °C vermessen. In Abbildung 13.9 ist der Verlauf dargestellt.

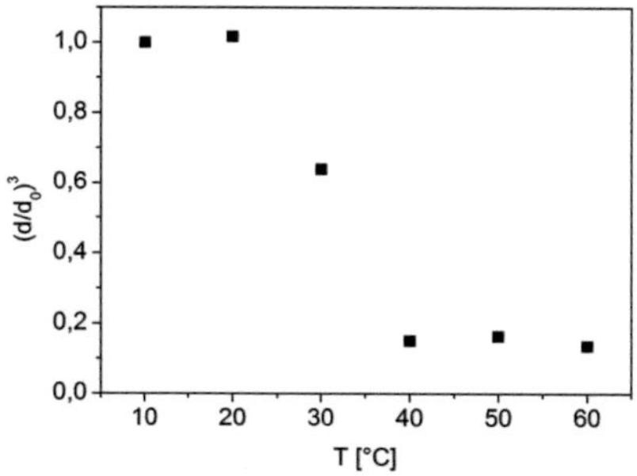

13.9.: Volumenquellungsgrad ungefüllter PNIPAAm-Kugeln

Der Kurvenverlauf zeigt den erwarteten sigmoidalen Verlauf mit einem Wendepunkt bei 30 °C. Der Volumenphasenübergang der kugelförmigen Gele lag zwischen 28 ° und 34 °C und bestätigt damit die Literaturangaben. Unterhalb von 28 °C liegen die Kugeln stark gequollen vor, oberhalb von 34 °C hingegen nahzu vollständig entquollen.

Mit Hilfe des Alginatverfahrens konnten stabile, quellfähige sphärische PNIPAAm-Hydrogele hergestellt werden. Das in der Arbeit verwendete manuelle Tropfverfahren führt zu einem darstellbaren Größenbereich von 2200-2900 μm. Nachteil dieser Methode ist die relative breite Größenverteilung, die pro Ansatz auftritt. Möchte man kleinere Dimensionen und eine engere Verteilung erreichen, müssen Änderungen bei der technischen Ausführung vorgenommen werden. Mögliche Ansatzpunkte sind die Verwendung einer dünneren Kanüle, die Nutzung des automatisierten Air-Jet-Verfahrens und der Einsatz eines zusätzlichen Argonstroms, der die vorgelegte Tropfengröße variiert. Auf diese Modifikationen der Synthese wurde jedoch verzichtet, da es ausschließlich um die Erfassung der zugänglichen Hydrogelformen ging und die darstellbaren Größen für einen Demonstratortest ausreichend waren.

Nachdem die Untersuchung der ungefüllten Kugeln abgeschlossen war, wurden die Hydrogele mit verschiedenen Nanopartikeln gefüllt. Zur Auswahl standen Magentit, Chromdioxid, Bariumtitanat und Neodym-Eisen-Bor. Die Synthese erfolgte entsprechend Kapitel ??. Im Folgenden werden die Ergebnisse vorgestellt.

Visuelle Charakterisierung gefüllter PNIPAAm-Kugeln Nach erfolgreicher Auswahl der Synthesebedingungen zur Darstellung der PNIPAAm-Kugeln, erfolgte im nächsten Schritt die Herstellung gefüllter sphärischer Hydrogele. Eingesetzt wurden gekaufte Magnetit-, Magtrieve- und Bariumtitanatpartikel, sowie die zur Verfügung gestellten Neodym-Eisen-Bor-Nanopartikel. Die Befüllung wurde für alle Nanopartikelsorten mit den aus der Zylindersynthese bekannten Konzentrationen durchgeführt[34]. Die erste Charakterisierung erfolgte daher immer in Abhängigkeit vom Füllgrad. Es wurden dabei folgende Abhängigkeiten untersucht:

- Einfluss des Füllgrades auf das Aussehen der gefüllten Kugeln,
- Einfluss der Reinigung auf das Aussehen der Kugeln, sowie die unterschiedliche
- Verteilung der Nanopartikel im sphärischen Netzwerk,
- Einfluss des Füllgrades auf die Kugelgröße, sowie die Änderung durch die anschließende Reinigung.

Die visuelle Einschätzung der Kugeln hinsichtlich der unterschiedlichen Beladung soll an Hand der FeNdB-Proben gezeigt werden (Abbildung 13.10).

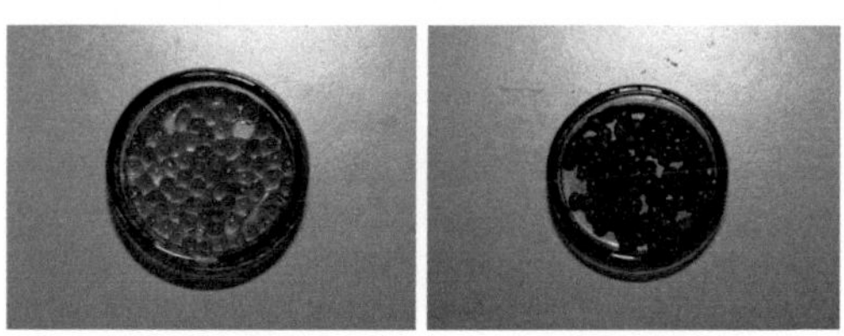

(a) NeFeB50 (b) NeFeB200

13.10.: PNIPAAm-Kugelfärbung in Abhängigkeit vom Füllgrad

[34] Die Probenbezeichnung ergibt sich aus dem verwendeten Nanopartikel und dem Füllrad

Jede Petrischale entsprach dem Volumen von 1 ml Ausgangslösung, vor der Behandlung mit EDTA, somit wurde hier repräsentativ ein vollständiger Synthesedurchlauf abgebildet. Der Einfluss des Füllgrads ist an Hand dieser Proben deutlich sichtbar. Je mehr Nanopartikel in der Ausgangslösung vorlagen, desto mehr Partikel konnten eingebaut werden. Die 200mg-Charge ist deutlich dunkler gefärbt, die 50mg-Charge hingegegen war noch leicht transparent. Weiterhin sieht man an den Bildern, dass, unabhängig vom Füllgrad, in einem Durchlauf Kugeln mit unterschiedlichem Füllgrad entstanden sind. Da der Eintropfvorgang, trotz des geringen Ausgangsvolumens, einige Minuten dauerte, sanken einzelne Partikel zu Boden und agglomerierten. Die resultierenden Füllgrade in den folgenden Kugeln stiegen an, Kugeln die hingegen zum Ende hin getropft wurden, waren weniger gefüllt. Der nachfolgend ermittelte, tatsächliche Füllgrad nach der Extraktion, kann daher nur als Mittelwert angesehen werden. Für Demonstratortests mit einzelnen Kugeln wurden diejenigen ausgewählt, die optisch die dunkelste Färbung aufwiesen.

Im nächsten Schritt wurde der Einfluss der Reinigung auf das Aussehen der Kugeln, sowie die Verteilung der Nanopartikel im Netzwerk untersucht. Abbildung 13.11 zeigt den Unterschied an Hand der *NdFeB*50-, sowie in der Detailaufnahme an einer MAG50-Charge[35].

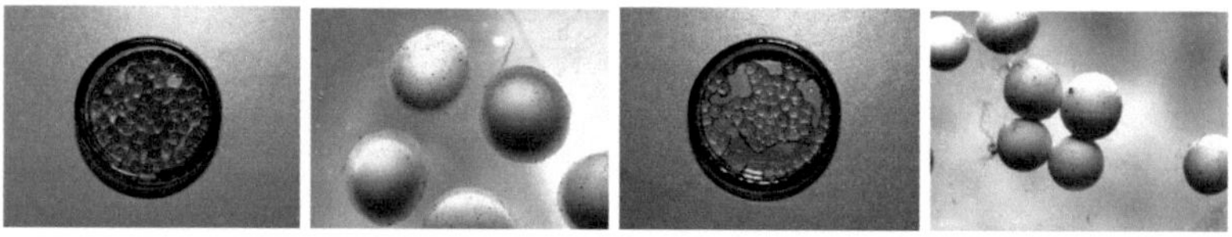

(a) NdFeB50 (b) MAG50 (c) NdFeB50 (d) MAG50

13.11.: PNIPAAm-Kugelfärbung in Abhängigkeit von der Reinigung

An den *NdFeB*50-Proben sieht man eine deutliche Änderung in der Färbung der Kugeln. Vor der Behandlung mit EDTA waren diese transparent mit einer Braunfärbung, nach der Reinigung waren sie vornehmlich transparent ohne Färbung. Nur in der Mitte sind noch dunkle Einschlüsse erkennbar, die auf eine zentrierte Einlagerung der Partikel im Inneren des sphärischen Netzwerkes hindeuteten. Ein Großteil des Füllmaterials wurde somit nicht stabil bzw. ausschließlich in der Alginathülle eingebaut, so dass diese durch die EDTA-Behandlung und die anschließende Extraktion ausgespült wurden. Mit Hilfe der Mikroskopieaufnahmen der MAG50-Probe konnte dies bestätigt werden. Auf dem linken Bild ist die Alginathülle deutlich erkennbar, die Kugeln sind zudem bräunlich gefärbt. Auf dem rechten Bild wurde die Hülle entfernt, nur noch wenige Partikel waren vorhanden. Die Verteilung der Partikel hauptsächlich in der Alginathülle und der geringe Einbau im Zentrum der Kugeln, deuten darauf hin, dass mit dieser Methode nur gering gefüllte Hydrogele darstellbar sind.

Mit Hilfe der folgenden TGA-Messungen wurde dann der Anteil der eingebauten Nanopartikel in Abhängigkeit von der eingesetzten Ausgangskonzentration exakt bestimmt.

[35] (a)/(b) vor der Reinigung, (c)/(d) nach der Reinigung

Bestimmung des Füllgrads Für die Bestimmung des Füllgrades der sphärischen Hydrogele wurden die Proben vor und nach der Behandlung mit EDTA mittels Thermogravimetrie untersucht (siehe Kapitel 13.5). Um den Verlauf des Massenverlustes zu ermitteln, wurden zunächst ungefüllte Proben vermessen. Anschließend erfolgte die Aufheizung der gefüllten Proben. Abbildung 13.12 zeigt die Thermogramme einer ungefüllten Charge vor und nach der Behandlung mit EDTA.

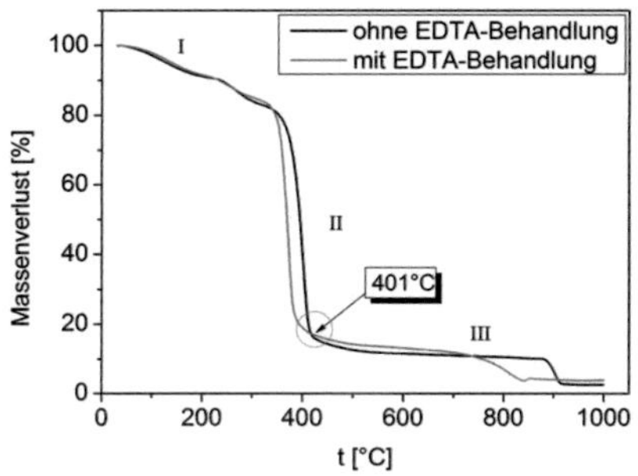

13.12.: Thermogramme der ungefüllten PNIPAAm-Kugeln

Das Temperaturverhalten der sphärischen Hydrogele lässt sich in drei Hauptabschnitte einteilen. Bis zu einer Temperaturerhöhung auf 150 °C (Stufe I) wird vornehmlich Wasser abgegeben, welches sich trotz Trocknung noch in den Gelen befand. Bis 400 °C (Stufe II) zeigte sich der Bereich der größten Masseabnahme, welcher den Abbau des PNIPAAms charakterisiert. Oberhalb dieser Temperatur ergab sich die Menge des Rückstands, der bis 1000 °C nicht zersetzt wurde (Temperaturerhöhung ab 401 °C - Stufe III). Tabelle 13.12 stellt die Ergebnisse für beide Chargen gegenüber.

Stufe	Temperaturbereich	Δm_{H_2O} [%]	Δm_{EDTA} [%]
I	30 – 150 °C	6.49	5.77
II	150 – 400 °C	59.76	81.07
III	ab 401 °C	35.71	14.99

Tabelle 13.12.: Auswertung der Thermogramme der PNIPAAm-Kugeln

Der Restfeuchteanteil der Kugeln liegt für die ungefüllten Proben zwischen 5.80 und 6.50 %. Der überwiegende Abbau des Hydrogels findet für beiden Proben in einem Bereich von 150 – 400 °C statt, wobei die größte Abnahme in einem relativen engen Temperaturbereich von 60 °C, zwischen 340 – 400 °C, detektiert wurde. Die Massenreduktion lag für diese Geometrie bei 60 - 80 %. Der Temperaturverlauf entsprach dem aus der Literatur bekannten, die Masseabnhame lag geringfügig unter den angegebenen Werten (Vergleich [191]). Ab einer Temperatur von 401 °C bleibt ein Rückstand ($RS_{PNIPAAm}$) von ca. 35.7 % bzw. 15 %, der auch erst oberhalb von 740 °C (EDTA-Charge) bzw. 870 °C (H_2O-Charge) noch einmal verringert wurde. Dieser muss bei der Berechnung des tatsächlichen Füllgrads

(FG_{NP}) von dem ermittelten Rückstand der gefüllten Hydrogele ($RS_{PNIPAAm+NP}$) abgezogen werden. Die Parameter der TGA-Messungen der gefüllten Hydrogele entsprachen den der ungefüllten Proben. Vergleicht man den Anteil der Restfeuchte, ergaben sich Werte von 2.80 - 7.40 %. Eine vollständige Trocknung konnte demnach auch hier nicht erreicht werden. Auch die fehlende Vakuumatmosphäre während der Probenpräparation und Messung bedingt den Wasserrückstand. Der Bereich des größten Abbaus wurde bei den gefüllten Proben zwischen 300 – 400 °C gemessen. Die Kugeln verloren zwischen 50.00 - 75.00 % an Gewicht. Der Rückstand ab 401 °C wurde dann als Ausgangspunkt für die Berechnung verwendet. In Tabelle 13.13 sind die Ergebnisse für die beiden Ausgangskonzentrationen der Nanopartikel zusammengefasst.

NP	**FG_{50} [wt%]**	**FG_{200} [wt%]**
MAG	< 1	11.55
CRO	< 1	4.68
BAT	15.27	15.05
NdFeB	7.39	23.91

Tabelle 13.13.: Anteil Nanopartikel in sphärischen PNIPAAm-Hydrogelen

Die Ausgangskonzentration von 50 mg/ 1 ml ergab für die sphärischen Hydrogle ca. 33 wt% NP, für 200 mg/ 1 ml ca. 57 wt% NP, bezogen auf die Polymer-Einwaage. Vergleicht man nun den Füllgrad nach der Vernetzung, ergaben sich für die NP50-Chargen Werte von $<$ 1 bis 15 wt% und für die NP200-Charge von 5 bis 24 wt%. Die Berechnungen zeigten daher, dass generell nur ein Bruchteil der Nanopartikel eingebaut werden konnten und die Steigerung der Ausgangskonzentration um das 4-fache nur einen geringen Anstieg des Füllgrades ergab. Ein Trend war anhand der wenigen vermessenen Proben nicht erkennbar. Die Unterschiede zwischen den verschiedenen Nanopartikel lässt sich durch das unterschiedliche Sedimentations- und Agglomerationsverhalten erklären. Die Magnetit- und Chromdioxidpartikel zeigten jeweils eine starke Ausprägung, so dass ein großer Teil bereits zu Beginn am Boden der Spritze lag und in die ersten Kugeln eingebaut wurde. Der Hauptteil der Kugeln war deutlich weniger gefüllt. Für eine exakte Ermittlung des maximal möglichen Füllgrades wären weitere Untersuchungen notwendig. Das Anhalten eines handelsüblichen Magnets, sowie Magnetfeldmessungen der Arbeitsgruppe Mönch zeigten jedoch, dass die erhaltenen Füllgrade ausreichend waren. Die besten Ergebnisse wurden mit chromdioxidgefüllten Kugeln erhalten, daher wurden die anschließenden Testversuche mit dem 08CRO200-Ansatz durchgeführt. Die Füllung mit Bariumtitanat diente dem Nachweis, dass auch Nanopartikel mit anderen sensorischen Eigenschaften eingebaut werden können.

Quellungscharakterisierung gefüllter PNIPAAm-Kugeln Im Rahmen der Experimente zum Quellungsverhalten der gefüllten PNIPAAm-Kugeln wurde zunächst die Reaktion in Wasser untersucht. Im Vergleich mit den Experimenten der ungefüllten Hydrogele wurde der isotrope Volumenquellgrad in Abhängigkeit von der Zeit gemessen. Exemplarisch ist in Abbildung 13.13(a) das Ergebnis für die magnetitgefüllten Kugeln dargestellte. In Abbildung 13.13(b) wurde der Einfluß der EDTA-Behandlung auf das temperatursensitive Quellverhalten an Hand der chromdioxidgefüllten Kugeln verglichen.

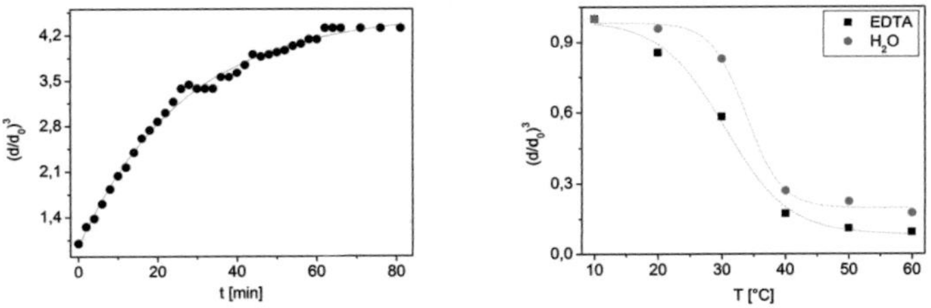

(a) Quellkinetik gefüllter PNIPAAm-Kugeln - Magnetit

(b) Einfluß der EDTA-Reinigung auf Q_V - Chromdioxid

13.13.: Quellverhalten gefüllter PNIPAAm-Kugeln

Die Kurve in (a) zeigte dieselbe gleichmäßige Zunahme des Volumenquellgrades mit der Zeit wie die ungefüllten Kugeln. Sie verlief somit ebenfalls einfach sigmoidal. Jedoch wurde der Gleichgewichtsquellungsgrad bereits nach 60 Minuten erreicht, da pro Kugel nur die Nanopartikel umhüllende Hydrogelschicht und nicht die komplette Kugel quellen musste. Weiterhin konnte eine größere Porösität, die durch den Einbau der NP entstand, einen beschleunigenden Einfluss auf die Wasseraufnahme haben. Die Messungen des temperatursensitiven Verhaltens in Wasser (b) zeigten den erwarteten sigmoidalen Verlauf, mit einem sprunghaften Abfall des Quellgrades zwischen 24 °C und 40 °C. Der geringe Unterschied der Minimalwerte der beiden Kurven erklärt sich durch die Alginathülle, die bei der H_2O-Probe als „Korsett“ wirkte und die Entquellung einschränkte. Dieser Versuch zeigte damit, dass der Reinigungsschritt nötig war, um das sensitive Quellvermögen der sphärischen PNIPAAm-Hydrogel vollständig nutzbar zu machen.

Im zweiten Versuchsteil wurde das Quellvermögen in Ethanol an Hand von *NdFeB*-gefüllter Kugeln untersucht. Abbildung 13.14 zeigt die temperaturabhängigen Kurvenverläufe[36] für unterschiedliche Ethanol/Wasser-Verhältnisse.

[36] d_0 entspricht dem Durchmesser im Trockenen

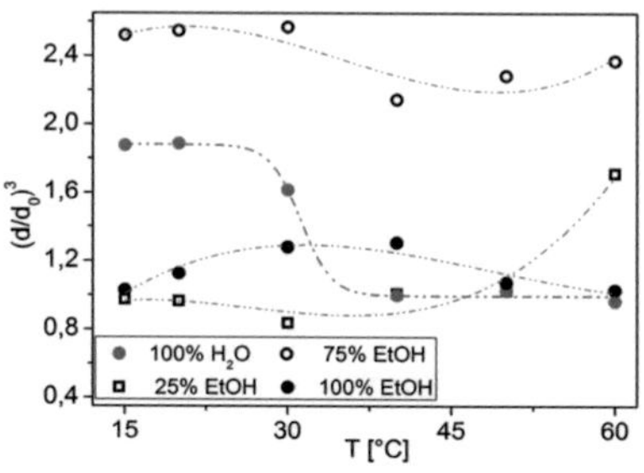

13.14.: Volumenquellungsgrad gefüllter PNIPAAm-Kugeln in Ethanol

Die Kurvenverläufe spiegelten in einem Konzentrationsverlauf von 0 % bis 75 % EtOH das typische Verhalten von PNIPAAm-Hydrogelen in organischen Lösungsmitteln wieder. Der bei 100 % erwartete Abfall hingegen blieb aus. Eine mögliche Erklärung ist ein verbliebener EDTA-Rückstand in den Kugeln, der das Quellverhalten beeinflusste. Unabhängig von der Temperatur zeigten die Kugeln kaum eine Volumenzunahme und somit auch kein nachweisbares sensitives Verhalten. Ethanol u.ä. ist damit zur Steuerung der Quellung in einem sensorischen System nicht geeignet.

13.3. Freitragende Filme

Für die nachfolgenden Testversuche mit den entworfenen Demonstratoren war es notwendig entsprechende Hydrogelstrukturen herzustellen, die für diese Versuche das geeignete sensorische Material darstellten. Für den Nachweis der allgemeinen Funktionstüchtigkeit und der Überprüfung der Empfindlichkeit eigneten sich vor allem freitragende Filme, da so für einen Messaufbau verschiedene Hydrogelfilme, mit unterschiedlichen Füllmaterialien und Schichtdicken verwendet werden konnten. Nach dem Versuch konnten sie einfach von der Oberfläche entfernt und die nächste Probe aufgelegt werden. Im Folgenden werden die Darstellung von HPC-, PVA/PAS- und PNIPAAm-Filmen vorgestellt, sowie eine erste Charakterisierung vorgenommen.

13.3.1. Hydroxypropylcellulose

Ermittlung allgemeiner Synthesebedingungen und visuelle Charakterisierung ungefüllter HPC-Filme Für die Darstellung der freitragenden HPC-Filme wurde die Methode der chemischen Vernetzung gewählt (siehe Kapitel 8.3.1). Mittels DVS als Vernetzer konnten so Proben unterschiedlicher Dicke und mit verschiedenen Vernetzungsgraden hergestellt werden. Für die Ermittlung der idealen Synthesebedingungen wurden zunächst ungefüllte Hydrogelfilme hergestellt und deren Quellungsverhalten untersucht. Im ersten Schritt galt es, das ideale Volumenverhältnis Polymer zu Vernetzer zu finden. Es wurden insgesamt sechs Mischungen getestet, wobei die anderen Parameter konstant gehalten wurden. In Tabelle 13.14 sind die Ergebnisse, wie erhaltene Trockenschichtdicke ($d_{trocken}$)[37] nach der Extraktion und die Filmqualität angegeben.

MISCHUNG	VERHÄLTNIS	$d_{trocken}$ [mm]	FILMQUALITÄT
I	60:10	-	keine Vernetzung
II	60:20	-	keine Vernetzung
III	60:30	0.6	klarer, stabiler Film
IV	60:40	0.65	klarer, aber brüchiger Film
V	60:60	0.73	trüber, stabiler Film
VI	60:120	0.79	milchig, spröder Film

Tabelle 13.14.: Qualität der freitragenden HPC-Filme

Die Mischungen I und II ergaben nach der Extraktion keine stabilen Filme. Die getrockneten Proben in den Petrischalen waren stückig, sodass kein zusammenhängender Film von mindestens (0.5 x 0.5) cm^2 ausgeschnitten werden konnte. Aus den Mischungen III bis VI konnten trockene Filme der geforderten Größe hergestellt werden, jedoch waren ausschließlich die 60:30-Proben transparent und stabil. Die Stücke der Mischung IV waren ebenfalls transparent, aber unter Belastung (Quellungstests) nicht stabil. Die Mischungen V und VI ergaben hingegen stabile Filme, die jedoch, auf Grund des hohen Vernetzeranteils, milchig bis trüb waren. Für die anschließende Quellungscharakterisierung wurden sie zum Vergleich trotzdem untersucht. Abbildung 13.15 zeigt die Filme der Mischung III (a) und VI (b) nach der Extraktion und Trocknung im Vergleich.

(a) Mischung III - 60:30 (b) Mischung VI - 60:120

13.15.: Charakterisierung ungefüllter HPC-Filme

Quellungscharakterisierung ungefüllter HPC-Filme Für die Quellungscharakterisierung der ungefüllten HPC-Filme wurde zunächst das Quellverhalten in Abhängigkeit von den Mischungsverhältnissen der eingesetzten Reaktanden (Abbildung 13.16(a)), sowie ein Temperaturzyklus (10 ° - 80 ° - 15 °C) für das 60:30-Verhältnis (Abbildung 13.16(b)) untersucht. In beiden Versuchen wurde destilliertes Wasser als Quellmittel verwendet, um den Volu-

[37] gemessen mit einer Mikrometerschraube

menquellungsgrad zu bestimmen. Die Quellzeit betrug pro eingestellter Temperatur zehn Minuten. Die Volumenänderung der (1 x 1) cm^2 Stücke wurde am Mikroskop vermessen und unter der Annahme einer isotropen Quellung aufgetragen.

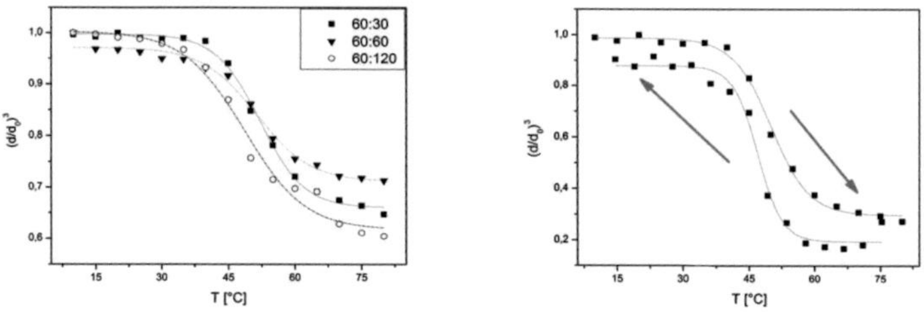

(a) Abhängigkeit von der Zusammensetzung

(b) Quellzyklus 60:30-Probe

13.16.: Volumenquellungsgrad ungefüllter HPC-Filme in Wasser

Vergleicht man zunächst die unterschiedlichen Ausgangsverhältnisse zeigten alle drei Zusammensetzungen den erwarteten sigmoidalen Verlauf. Bei Temperaturen von 10...30 °C lagen die Proben vollständig gequollen vor, die Temperaturerhöhung in diesem Bereich bewirkte keine Änderung des Quellgrades. Erst ab einer Temperatur von ca. 33 °C begann die sprunghafte Abnahme. Bis ca. 66 °C war damit der größte Volumenverlust detektierbar. Danach trat kaum noch eine Änderung im Quellgrad auf. Die Untersuchung des Temperaturzyklus zeigte, dass der Quellprozess reversibel durchführbar und die Probe nach der vollständigen Entquellung annähernd seinen Ausgangszustand wieder erreichte. Die Ergebnisse entsprachen damit den getroffenen Aussagen aus der Untersuchung der Zylinder.

Im zweiten Versuchsteil wurde die Abhängigkeit des Quellverhaltens von unterschiedlichen Quellmitteln untersucht. Zum Einsatz kamen Ethanol und Aceton. Variiert wurden dabei die Verhältnisanteile des organischen Lösungsmittel zu Wasser (siehe Tabelle 13.15), wobei die Quellung in reinem Wasser (grüne Kurve) zum Vergleich durchgeführt wurde.

Anteil Wasser [%]	Anteil Ethanol/ Aceton [%]
100	0
75	25
25	75
0	100

Tabelle 13.15.: Mischungsverhältnis Quellmittel - HPC-Filme

In Abbildung 13.17 wurden die Quellkurven für beide Quellmittelgemische in Abhängigkeit von der Temperatur aufgetragen.

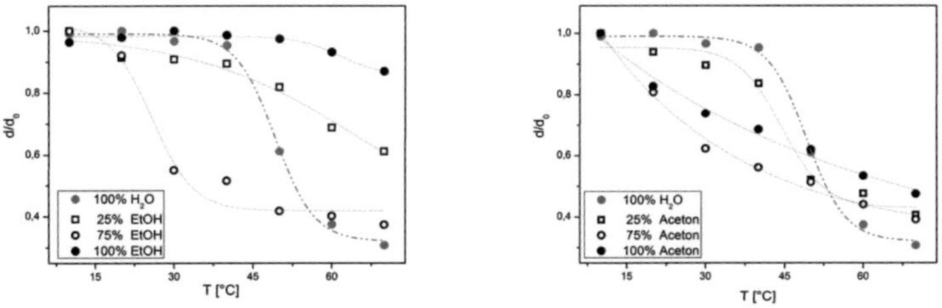

(a) Ethanol (b) Aceton

13.17.: Volumenquellungsgrad ungefüllter HPC-Filme in organischen Lösungsmitteln

Im Vergleich zur Volumenquellung in Wasser wiesen die HPC-Filme in Ethanol und Aceton eine Verschiebun des sensitiven Quellverhalten auf. Bei einen Anteil von 75 % war der sprunghafte Abfall auf 15 °C bis 35 °C verschoben. Ein Ethanolvolumen unter 50 % und über 75 % verhinderte einen sensitiven Verlauf nahezu, es wurden eine annähernd stetige Abnahme gemessen. Damit ergab sich für den Einsatz von Ethanol als Quellmittel nur ein sehr enger Bereich um eine sensitive Quellung zu initiieren.

Die Quellung in Aceton zeigte hingegen ein vollkommen anderes Verhalten. Enthielt die Quelllösung maximal 25% Aceton trat ein ähnliches sensitives Quellverhalten wie in reinem Wasser auf. Stieg die Konzentration, nahm der Q_V in Abhängigkeit von der Temperatur stetig ab und es konnte keine kritische Übergangstemperatur identifiziert werden. Somit ließen sich Aceton bzw. Aceton/ Wasser-Gemische nur bei isothermer Arbeitsumgebung zur Steuerung einer sensitive Quellung verwenden.

Visuelle Charakterisierung gefüllter HPC-Filme Zur Untersuchung des Einflusses von Nanopartikel auf das Vernetzungsverhalten und damit die Qualität der freitragenden Filme wurden für diesen Versuchsteil Magnetit-, Chromdioxid und kolloidale Goldteilchen zur Ausgangspolymerlösung zugegeben. Nach der Extraktion und Trocknung erfolgte die Einschätzung der Hydrogelproben.

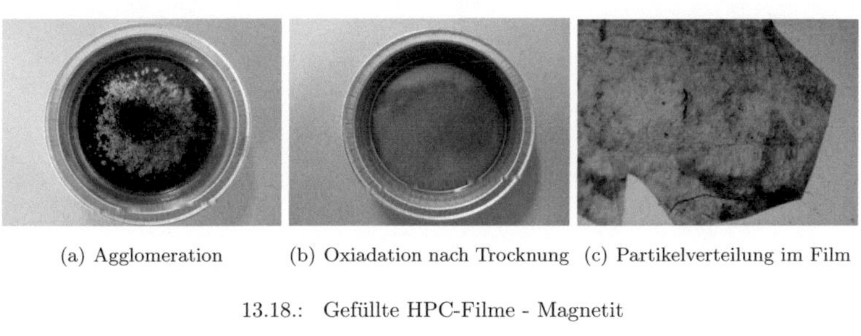

(a) Agglomeration (b) Oxiadation nach Trocknung (c) Partikelverteilung im Film

13.18.: Gefüllte HPC-Filme - Magnetit

Die Füllung freitragender HPC-Filme mit Magnetit (13.18) erbrachte kein zufriedenstellendes Ergebnis. Unabhängig vom Verhältnis Polymer:Vernetzer waren die Hydrogele unterschiedlich stark vernetzt, teilweise brüchig und zeigten eine ungleichmäßige Verteilung der Nanopartikel. Auf Grund der langen Trocknungszeit vor dem Aufsprühen der alkalischen Lösung, kam es noch in der Lösung zur Agglomeration der zugegebenen Nanopartikel, weiterhin oxidierte, bei der Trocknung an Luft, das Magnetit zu Maghemit. Die resultierenden Filme waren nicht mehr magnetisch. Magnetit ist damit ausschließlich für die Füllung von Hydrogelstrukturen geeignet, deren Vernetzung direkt nach Zugabe der Nanopartikel erfolgt.

(a) 60:30 - 33.4 wt% CrO_2 (b) 60:30 - 57.1 wt% CrO_2 (c) 60:120 - 57.1 wt% CrO_2

13.19.: Gefüllte HPC-Filme - Chromdioxid

Die Füllung mit Chromdioxid (13.19) brachte hingegen deutlich bessere Ergebnisse. Die Filme mit einem Verhältnis Polymer:Vernetzer von 60:30 waren, unabhängig von der zugegeben Partikelmenge, gleichmäßig vernetzt und zeigten auch nach der Extraktion die geforderten magnetischen Eigenschaften. Die Verteilung der Nanopartikel war homogen, sodass diese Filme für die anschließenden Funktionstests des Hall-Sensordemonstrators verwendet werden konnten. Die Filme des 60:120 Verhältnis zeigten zwar eine homogene Partikelverteilung, jedoch waren sie, wie auch die ungefüllten Beispiele brüchig, so dass keine verwertbaren Stücke entnommen werden konnten.

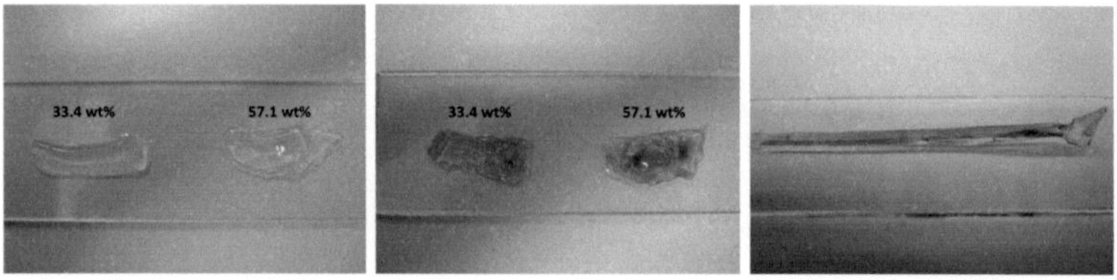

(a) mPEG-stabilisiert (b) Citratstabilisiert (c) eingerollt

13.20.: Gefüllte HPC-Filme - Gold

Für den Nachweis der Übertragbarkeit der Idee, gefüllte sensitive Hydrogele als sensorische Schicht einzusetzen, deren Signal jedoch nicht magnetisch ist, wurden kolloidale Goldnanopartikel (13.20) als Füllmaterial verwendet. Die resultierenden Filme waren, unabhängig vom verwendeten Stabilisator, transparent und gleichmäßig vernetzt. Jedoch hatte das zugefügte Volumen und der verwendete Stabilisator großen Einfluss auf die Qualität der Filme. Die mit mPEG-stabilisierten Partikeln gefüllten Proben zeigten für beide Füllgrade keine rote Färbung. Somit waren diese Goldteilchen als Füllmaterial nicht geeignet. Die citratstabilisierten Partikel zeigten in Abhängigkeit von der eingesetzen Menge eine entsprechende Färbung. Damit wurde nachgewiesen, dass diese Teilchen als Füllmaterial geeignet waren. Von einer weiteren Verwendung dieser Filme in Sensortest wurde trotzdem abgesehen, da sie sich außerhalb des Quellmittels sofort einrollten. Grund hierfür waren verschiedenen Vernetzungsdichten, die interne Spannungsunterschiede zur Folge hatten. Da auch eine Änderung des Goldlösungsvolumen keinen sichtbaren Erfolg brachte, wurde diese Synthese nicht weiter verfolgt.

13.3.2. Poly(N-Isopropylacrylamid)

Die Darstellung der PNIPAAm-Filme erfolgte nach der in Kapitel 8.3.2 vorgestellten Methode. Im Folgenden werden die Ergebnisse vorgestellt und hinsichtlich der Eignung für die Anwendung in einem sensorischen Aufbau diskutiert.

Ermittlung allgemeiner Synthesebedingungen und visuelle Charakterisierung ungefüllter PNIPAAm-Filme Im ersten Schritt wurden Master für die Form- und Schichtdickengebung angefertigt. Mittels mehrerer Klebebandschichten, aus denen ein Mittelsteg ausgeschnitten wurde, konnte die Abmessung in der Länge, Breite und Höhe variiert werden. Für die Vergleichbarkeit blieben die Länge und Breite (65 x 15) mm^2 konstant, verändert wurden ausschließlich die Schichtdicke, sowie die damit verbundenen Bestrahlungszeiten. In Tabelle 13.16 sind die dargestellten Dimensionen (im gequollenen Zustand) aufgelistet und in Hinblick auf ihre Qualität ausgewertet. Abbildung 13.21 zeigt einen Filmmaster.

13.21.: Formmaster

d [μm]	t_{UV} [s]	PROBENCHARAKTERISIERUNG
100	10	nicht vernetzt
100	15	gleichmäßig vernetzt, milchig, spröde
150	15	gleichmäßig vernetzt, transparent, stabil
370	30	ungleichmäßig vernetzt
370	35	gleichmäßig vernetzt, transparent, stabil
520	45	gleichmäßig vernetzt, transparent, stabil

Tabelle 13.16.: Charakterisierung ungefüllter PNIPAAm-Filme

Der Vergleich der hergestellten Proben ergab, dass Schichtdicken von 150 bis 520 μm gleichmäßig vernetzte, transparente und stabile Filme ergaben. Versuche mit $<$ 150 bzw. $>$ 520 μm waren nicht erfolgreich. Die notwendigen Bestrahlungszeiten für eine gleichmäßige Vernetzung führten jeweils zu milchig bis weißen Filmen, die brüchig und somit nicht verwendbar waren. Für die weiteren Untersuchungen wurden die 150 und die 520 μm Filme verwendet.

Quellungscharakterisierung ungefüllter PNIPAAm-Filme Für die Quellungscharakterisierung der ungefüllten PNIPAAm-Filme wurde zunächst das temperatursensitive Verhalten in Wasser untersucht. Abbildung 13.22 zeigt den Vergleich der Schichtdicken.

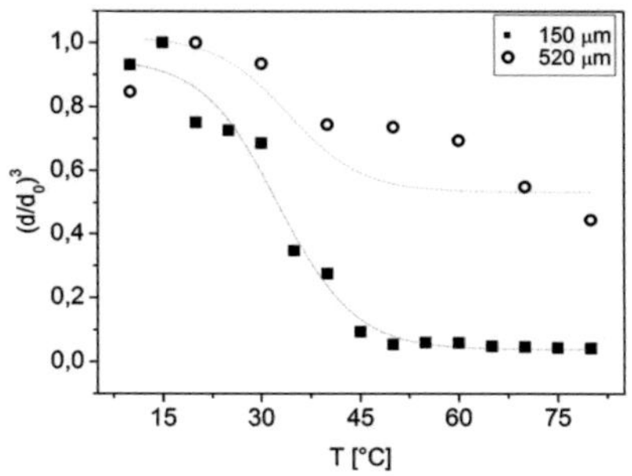

13.22.: Volumenquellungsgrad ungefüllter PNIPAAm-Filme in Wasser

Beide Proben zeigten den erwarteten temperatursensitiven Kurvenverlauf, wobei der Abfall des 520 μ-Films deutlich flacher verlief. Grund hierfür ist der höhere Vernetzungsgrad, der durch die längere Bestrahlungszeit bedingt wurde. Weiterhin zeigte sich, dass die Temperatur des Volumenphasenübergangs für beide Hydrogle zu niedrigeren Werten verschoben war und der Abfall deutlich weniger abrupt verlief, als beim unvernetzten Polymer (20° - 36 °C).

Im nächsten Schritt wurde das Verhalten der Filme in verschiedenen Ethanol/ Wasser-Gemischen untersucht. In Abbildung 13.23 ist exemplarisch der Massenquellungsgrad für einen 150 μ-Film in Abhängigkeit vom Mischungsverhältnis aufgetragen. Für den Versuch wurden die Filme bei Raumtemperatur zunächst in reines Wasser gelegt und der Quellgrad bestimmt. Anschließend wurde schrittweise der Ethanolgehalt erhöht und nach 30 Minuten der neue Wert errechnet.

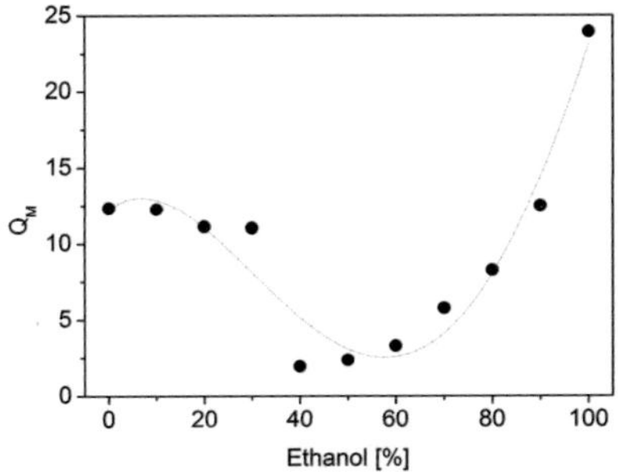

(a) Massenquellungsgrad

13.23.: Quellungsgrad ungefüllter PNIPAAm-Filme in Ethanol

Der Referenzwert (Quellung in 100% H_2O) lag um das 12.4-Fache, im Vergleich zur Trockendicke. Bis zu einem Gehalt von 30% Ethanol blieb dieser annähernd konstant. Für einen Gehalt von 40 bis 60 % fiel das Quellvermögen hingegen deutlich ab ($<$ 5-fache). Stieg der Gehalt jedoch weiter, stieg auch der Q_m wieder an, für 100% Ethanol lag er sogar deutlich über dem Quellgrad in reinem Wasser.

Visuelle Charakterisierung gefüllter PNIPAAm-Filme Nachdem die grundsätzliche Eignung der PNIPAAm-Filme als sensitive sensorische Schicht nachgewiesen werden konnte, wurde im nächsten Untersuchungsteil die Füllung mit verschiedenen Nanopartikeln untersucht. Entsprechend Kapitel 8.3.2 wurden der Ausgangslösung die Füllstoffe in zwei Konzentrationen zugegeben. Für die Synthese wurde der 520 μm-Master verwendet, sowie eine Bestrahlungszeit von 45 Sekunden eingestellt. Anschließend wurden die erhaltenen Filme hinsichtlich ihrer Qualität eingeschätzt.

Nach der Extraktion der Filme zeigte sich, dass ein Füllgrad von 33.4 wt% nicht ausreichend war. Die Filme waren zwar gleichmäßig vernetzt und stabil, aber nahezu transparent, die Lösung hingegen etsprechend gefärbt. Die Partikel konnten somit nicht nachhaltig eingebaut werden. Der höherere Füllgrad hingegen führte zu unregelmäßig vernetzten, überwiegend spröden Proben, die jedoch eine ausreichende Füllung zeigten. In Abbildung 13.24 sind exemplarisch Probenstücke des 57.1 wt%-Füllgrad dargestellt.

(a) Fe_3O_4 (b) CrO_2 (c) Au@Citrat (d) $BaTiO_3$

13.24.: Charakterisierung gefüllter PNIPAAm-Filme

Die Bilder zeigten, dass unabhängig vom verwendeten Füllstoff keine geeigneten Probenstücke von mindestens (0.5 x 0.5) cm^2 isoliert werden konnten. Bereits während der

Extraktion zerfielen die Filme. Auch hielten die kleineren Stücke der Belastung durch einen Quell-/ Entquellzyklus nicht stand. Eine Verringerung der Bestrahlzeiten führte zwar zu weniger spröden Proben, jedoch konnte keine durchgehende Vernetzung mehr gewährleitet werden. Trotzdem konnte gezeigt werden, dass eine Füllung sensitiver Hydrogelfilme grundsätzlich möglich war. Für einen Einsatz in sensorischen Systemen wird aber die Verwendung der ungefüllten Filme als quellfähige Schicht bevorzugt, auf die die magnetische Schicht auswechselbar aufgebracht werden kann.

13.3.3. Poly(vinylalkohol)/Poly(acrylsäure)-Blend

Ermittlung allgemeiner Synthesebedingungen und visuelle Charakterisierung ungefüllter PVA/PAS-Filme Neben der temperaturinduzierten, spielt vor allem die pH-induzierte Quellung eine große Rolle in der Entwicklung neuartiger Sensoren. Um eine Anwendung der hier entwickelten Sensormodelle in der chemoselektiven Detektionen zu diskutieren, war es notwendig, sensorische Schichten darzustellen, die durch pH-Wertänderung quellen bzw. entquellen. Da die Synthese von PVA/ PAS-Blend mittels chemischer Vernetzung eine einfache Methode darstellt, wurden diese Polymere ausgewählt. Die Herstellung der Filme erfolgte nach der in Kapitel 8.3.3 vorgestellten Vorschrift. Nach der Extraktion erfolgte die visuelle Einschätzung der Hydrogele. In Abbildung 13.25 ist ein Probenstück dargestellt.

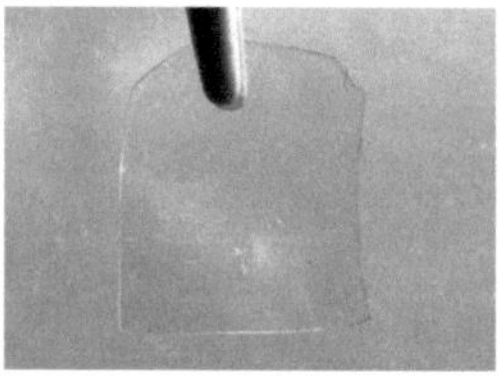

13.25.: Charakterisierung ungefüllter PVA/PAS-Filme

Die optimierte Synthese führte zu gleichmäßig vernetzten, stabilen, transparenten Filmen. Durch die langsame Trocknung konnten wellenfreie Hydrogele erzeugt werden. Für eine Anwendung als sensorische Schicht wurde im nächsten Schritt das Quellverhalten untersucht.

Quellungscharakterisierung ungefüllter PVA/PAS-Filme Für die Quellungscharakterisierung wurde die Änderung des Massenquellungsgrades in Abhängigkeit vom pH-Wert der Quelllösung untersucht. Zum Vergleich wurden die Messungen parallel bei 20 °, 30 ° und 40 °C durchgeführt. Dafür wurden Lösungen der entsprechenden pH-Werte hergestellt und die Proben jeweils für 15 Minuten gequollen. Abbildung 13.26 zeigt die drei Kurvenverläufe.

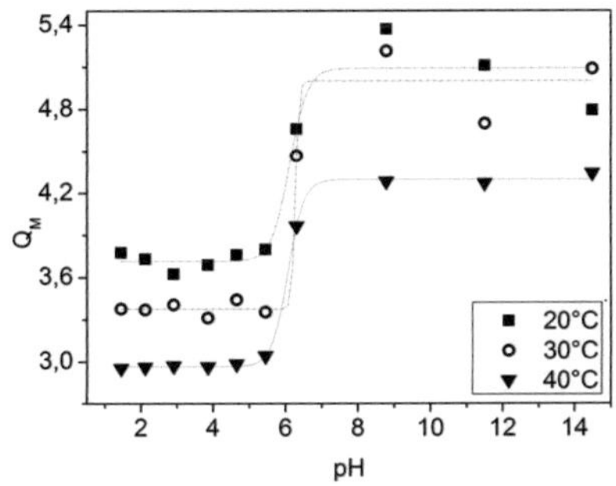

13.26.: pH-abhängiger Massenquellungsgrad ungefüllter PVA/PAS-Filme

Die Auftragung der Massenquellungsgrade zeigte, dass PVA/ PAS-Blends im Sauren (1.45 - 4.65) nur bedingt quellfähig waren. Stieg der Wert (5.45 - 6.5) kam es zu einem sprunghaften Anstieg, eine weitere Verschiebung ins Basische (bis 14.5) brachte keine weitere Änderung. Der Quellgrad verlief ab einem Wert von 6.5 plateauartig. Der sigmoidale Kurvenverlauf mit dem sensitiven Übergang trat bei allen drei Messungen, unabhängig von der Lösungstemperatur, auf. Generell hat sich aber gezeigt, dass die Proben bei hohen Temperaturen deutlich geringere Werte für den Quellgrad erreichen. Die absolute Änderung von $Q_{M(min)}$ zu $Q_{M(max)}$ hingegen, lag für die drei Messungen ähnlich (1.39- bis 1.75-fache). Somit zeigten die Blends insgesamt nur eine sehr geringe Quellmittelaufnahme.

Visuelle Charakterisierung gefüllter PVA/PAS-Filme Im nächsten Versuchsteil ging es um die Füllung der Blends. Dafür wurden 33.4 wt% bzw. 57.1 wt% der Magnetit- und der Chromdioxidnanopartikel der vereinten Ausgangslösungen vor dem Gießen in die Petrischalen zugesetzt. Nach der Trocknung, Vernetzung und Extraktion erfolgte die Einschätzung der Qualität. Abbildung 13.27 zeigt die Auswahl einiger Proben.

(a) 57.1 wt% Fe_3O_4 (b) 33.4 wt% CrO_2 (c) 57.1 wt% CrO_2

13.27.: Charakterisierung gefüllter PVA/PAS-Filme

Auch mit der Zugabe von Nanopartikeln konnten homogen vernetzte, stabile Filme hergestellt werden. Ein Volumen von 33.4 wt% Magnetit erzeugte jedoch keine sichtbar gefüllten Blends. Die entsprechenden Chromdioxidfilme (b) wiesen eine geringe Füllung auf. Die Füllung mit 57.1 wt% führte in beiden Fällen zu gleichmäßig gefüllten Hydrogelen. Da aber erste Tests mit einem Magneten keine Reaktion zeigten, wurden die gefüllten PVA/PAS-Filme im Rahmen dieser Arbeit nicht weiter verwendet. Grund hierfür war der lange Trocknungsprozess an Luft, der zur Oxidation der magnetischen Partikel führte. Das permanent magnetische Verhalten trat anschließend nicht mehr auf.

13.4. Angebundene Schichten

Die Darstellung der angebundenen Schichten erfolgte mittels flächiger Elektronenstrahlvernetzung. Dafür wurden die Polymerlösungen auf Siliciumwafer aufgetropft und anschließend bestrahlt. Vor der Anwendung dieser Vernetzungsmethode für flächige Hydrogele im sub-μm-Bereich wurden die zuvor ausgewählten Polymere auf ihre strahlenchemische Vernetzbarkeit untersucht. Dafür wurden die Proben als freitragende Filme bestrahlt und durch Sol-Gel-Analyse (siehe Kapitel 10.1) untersucht. Eine ausführliche Vorstellung der Ergebnisse für Hydroxypropylcellulose und Poly(4-vinylpyridin) erfolgt in [179]. Im Rahmen der vorliegenden Arbeit werden daher nur die wichtigsten Ergebnisse vorgestellt.

13.4.1. Bestrahlung trockener, freitragender Filme

Um grundlegende Kenntnisse über das Vernetzungsverhalten der beiden Polymere bei der Bestrahlung mit Elektronen zu erhalten, wurden die Experimente an trockenen, freitragenden Polymerfilmen (Bulk)[38] durchgeführt. Die Ergebnisse (Abbildung 13.28) haben gezeigt, dass vor allem die Atmosphäre während des Bestrahlungsvorgangs großen Einfluss auf den Gelgehalt der Proben hatte.

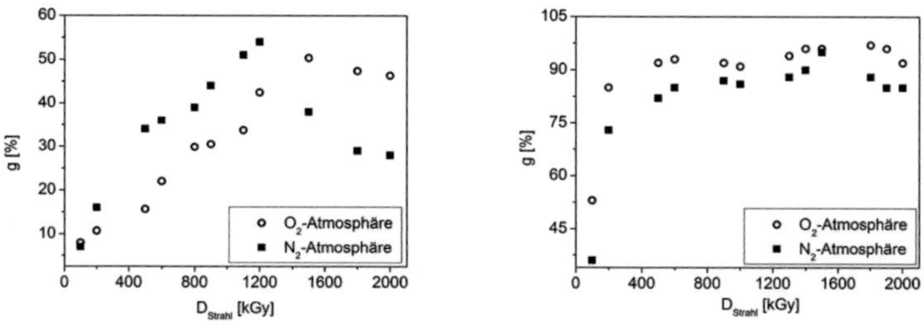

(a) HPC (b) P4VP

13.28.: Gelgehalt in Abhängigkeit von der Strahlendosis - Bulk

Die Auftragung ergab für beide Polymere, dass g sich in Abhängigkeit von der absorbierten Strahlungsdosis änderte. Das Maximum lag für dei HPC-Proben bei einer eingestrahlten Dosis von 1200/1300kGy, für P4VP bei 500 kGy. Da Sauerstoff durch seinen biradikalen Charakter Peroxidradikale ausbildet, die die Kettenspaltung begünstigen, muss

[38] $c_{HPC} = 3$ wt%, $c_{P4VP} = 4$ wt%

die Synthese unter Sauerstoffausschluss stattfinden. Alle weiteren Versuche wurden daher unter Stickstoffatmosphäre durchgeführt.

Nach der Ermittlung der idealen Vernetzungsbedingungen wurden an den HPC temperaturabhängige und an den P4VP-Proben pH-abhängige Quellungsmessungen durchgeführt. Diese zeigten, dass das sensitive Verhalten vom Polymer auf die Hydrogele übertragen wurde (Abbildung 13.29).

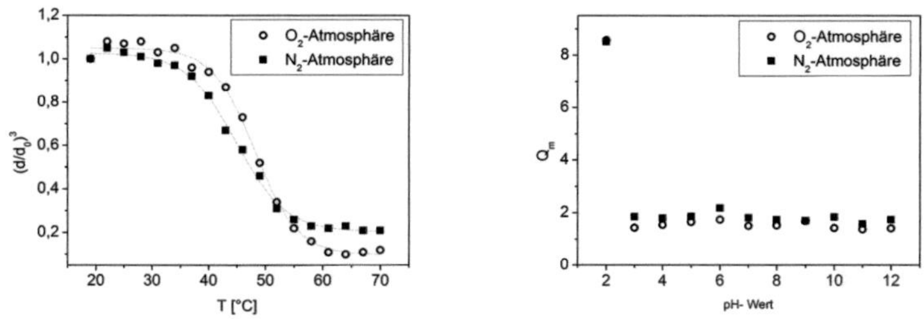

(a) HPC (b) P4VP

13.29.: Sensitives Quellverhalten - Bulk

Die Quellkurven der HPC-Hydrogele zeigten den erwarteten sigmoidalen Verlauf, mit einem Volumenphasenübergang zwischen 40 ° und 50 °C. Die P4VP-Filme zeigten in Abhängigkeit vom pH-Wert, ein unterschiedliches Quellungsverhalten. Im Sauren (pH 2) erreichten die Gele ihr maximales Quellvermögen. Sie waren in der Lage, das bis zu 9-fache an Quellmittel aufzunehmen. Wurde der pH-Wert erhöht, waren die Gele nur noch in der Lage, um das 1.5-fache zu quellen. Eine ausführliche Diskussion des pH-Verhaltens wurde in [179] vorgenommen.

Diese Kenntnisse wurden anschließend auf die Darstellung von angebunden Schichten im sub-μm-Bereich übertragen.

13.4.2. Bestrahlung angebundener Schichten

Die Grundlagenversuche zur Darstellung angebundener Schichten wurden ebenfalls umfassend in [179] diskutiert. Im Folgenden werden ausschließlich die Ergebnisse vorgestellt, die direkt für die anschließende Herstellung der angebundenen Strukturen eine Rolle spielten. Die Synthese der trockenen Polymerfilme, angebunden auf Siliciumwafern erfolgte mittels Spin Coating mit den in Kapitel 8.4.2 vorgestellten Parametern. Für eine Schichtdicke von ca. 250 nm wurde eine 3 wt%-wässrige HPC- bzw. eine 4 wt% ethanolische P4VP-Lösung verwendet. Die Auswertung des Gelgehalts in Abhängigkeit von der Strahlendosis ist für die Polymere in 13.30 dargestellt.

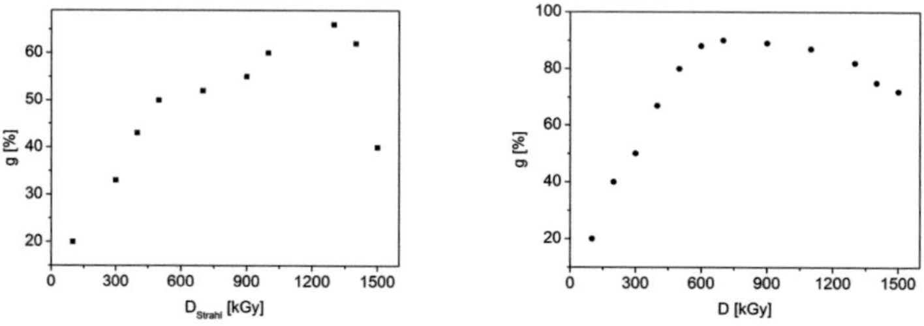

(a) HPC (b) P4VP

13.30.: Gelgehalt in Abhängigkeit von der Strahlendosis - angebundene Filme

Für beide Polymere konnte in den durchgeführten Versuchen nachgewiesen werden, dass sie unter den gewählten Bedingungen als angebundene Schichten vernetzt werden konnten und auch nach der Extraktion auf dem Siliciumsubstrat hafteten. Der Gelgehalt änderte sich analog zu den Bulks in Abhängigkeit von der Strahlendosis.

Die Charakterisierung des Quellverhalten der Schichten erfolgte mittels Ellipsometrie. Für die HPC-Proben wurde unter Anderem ein mehrzyklischer Temperaturdurchlauf untersucht. Dieser bestand jeweils aus dem Aufheizen von 24 ° bis 70 °C innerhalb von 2500 Sekunden und dem Abkühlen zurück auf 24 °C (Abbildung 13.31).

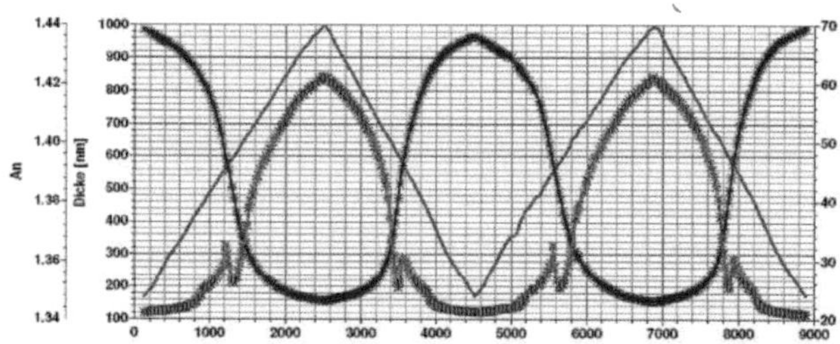

13.31.: Temperaturabhängiger Quellungsgrad - HPC-Schicht

Die blaue Kurve gab die Änderung der Schichtdicke, die grüne des Brechungsindex und die rote die Temperaturrampe bezogen auf die Zeit an. Zwischen 0 und 2500 Sekunden stieg die Temperaturkurve, sowie der Brechungsindex, gleichzeitig sank die Schichtdicke. Zwischen 2500 und 4500 Sekunden wurde die Temperatur wieder auf 24 °C abgesenkt. Das Netzwerk begann zu quellen, erkennbar an der Steigung der Schichtdickenkurve. Durch die Aufnahme des Quellmittels sank der Brechungsindex wieder. Ab 4500 Sekunden wurde der Zyklus erneut durchlaufen. Dabei zeigten sich für die Schichtdicke und den Brechungsindex die gleichen Kurvenverläufe. Die Maxima und Minima lagen in der gleichen Größenordnung. An Hand dieser Auswertung zeigte sich, dass die Hydrogelschicht in einem kritischen

Temperaturbereich von 40 ° bis 50 °C schaltbar war. Die Übertragung der Sensitivität auf die angebundene Schicht war erfolgt. Der Schaltvorgang war reversibel und das Hydrogel haftet auch nach mehrmaligem Zyklendurchlauf weiterhin auf dem Substrat. Während des Quellens und Entquellens traten keine Hystereseerscheinungen auf. Betrachtete man aber den Verlauf des Brechungsindexes in dem Bereich von 40 ° bis 50 °C (bzw. umgekehrt in der Abkühlphase) trat eine Anomalie (kleiner Ausschlag in der grünen Kurve) des Hydrogels auf. Wurde die Temperatur von 24 °C erhöht, stieg der Brechungsindex an, da die Probe entquoll. Der Wert setzt sich anteilig aus dem Brechungsindex des Polymers und des Wassers zusammens. Entquillt die Probe, wird der Wasseranteil geringer. Bei einer Temperatur von ca. 42 °C sank jedoch der Brechungsindex sprunghaft wieder bis zu einer Temperatur von ca. 47 °C. Im weiteren Verlauf, stieg der Wert erneut. Der konträre Verlauf trat ebenfalls in der Abkühlphase auf. Dieser Effekt war im zweiten Temperaturdurchlauf reproduzierbar. Ein Aufklärung dieser Anomalie erfolgte bisher nicht, da keine geeignete Analysemethode vorlag.

Die Untersuchung des Quellverhaltens der P4VP-beschichteten Siliciumsubstrate erbrachte keine Ergebnisse. Nachdem die Wafer in eine pH2-Lösungen gegeben wurden, lösten sich die Schichten komplett ab. Eine Untersuchung des pH-abhängigen Quellens mittels Ellipsometrie war daher nicht möglich. Zur Überprüfung des pH-abhängigen Haftungsvermögens der HPC-Schichten wurde ebenfalls ein beschichtetes Substrat in die Lösung eingelegt. Elektronenstrahlvernetzte P4VP-Schichten, die ohne Haftvermittler angebunden wurden, sind daher für den Einsatz in einem reinen ph-Sensor nicht geeignet.

13.5. Angebundene Strukturen

Die Synthese von angebundenen Strukturen teilt sich in die Herstellung von Einzelstrukturen, sowie der Kombination verschiedener Hydrogele auf einem Substrat. Die ausführliche Darstellung erfolgte in [179]. Nachfolgend werden die wichtigsten Ergebnisse zusammen gefasst.

13.5.1. Strukturierung von Hydrogel-Monoschichten

Die Darstellung der Monoschichten erfolgte wie in Kapitel 8.5 beschrieben. Für den Dosistest des Hydroxypropylcellulose-Hydrogels wurde das Siliciumsubstrat mit einer 3 wt%-wässrigen Polymerlösung rotationsbeschichtet und anschließend fokussiert mit Elektronenstrahllithografie in verschiedenen Strukturbildern bestrahlt. Abbildung 13.32 zeigt exemplarisch den Dosistest nach der Extraktion anhand der Kammerstruktur. Die Dosen wurden für den Test zwischen 12.5 und 1000 $\mu C/cm^2$ variiert. Die Beschleunigungsspannung lag bei 20 kV.

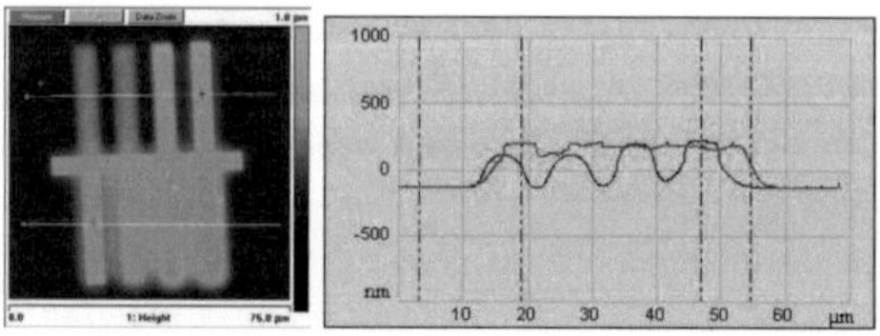

(a) Kammstruktur (b) Höhenprofil

13.32.: AFM-Aufnahme der HPC-Kammstruktur

Die mittels ESL erzeugten HPC-Hydrogelstrukturen hafteten auf dem Siliciumsubstrat. Scharfe Kanten ergaben sich bei einer Dosis von 100 μC/cm^2. Geringere Dosen führten zu Unterbelichtungen, das Polymer wurde nur unzureichend vernetzt. Höhere Dosen führten zu Überbelichtung und es waren keine scharfen Kanten der Strukturen möglich. Die Schichtdicken betrugen nach der Extraktion zwischen 250 nm (12,5 μC/cm^2) und 350 nm (1000 μC/cm^2). Für die Strukturierung der Multischichten ergaben diese Dosis- und Strukturvoruntersuchungen folgende Parameter:

- Dosis: 1000 μC/cm^2
- Energie: 3 kV
- Struktur: Rechtecke
- Abmessungen: 10 x 10 μm

Für den Dosistest des P4VP-Hydrogels wurde das Siliciumsubstrat mit einer 4 wt%-ethanolischen Polymerlösung beschichtet und nach der fokussierten Elektronenstrahllithografie mittels AFM untersucht. Abbildung 13.33 zeigt exemplarisch den Dosistest nach der Extraktion anhand der Kammerstruktur. Die Dosen wurden für den Test zwischen 12.5 und 1000 μC/cm^2 variiert. Die Beschleunigungsspannung lag bei 20 kV.

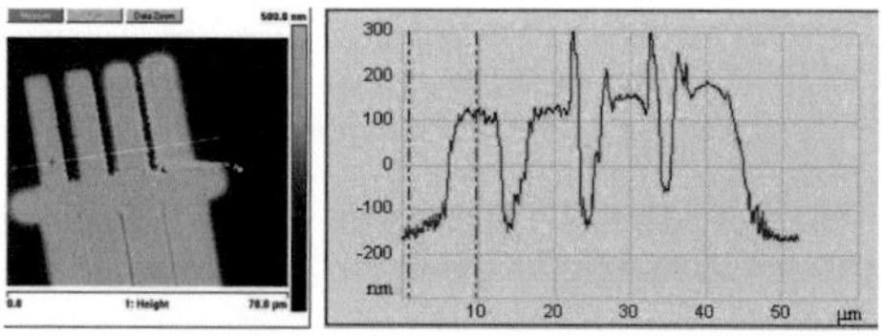

(a) Kammstruktur (b) Höhenprofil

13.33.: AFM-Aufnahme der P4VP-Kammstruktur

An den Kanten der Kammstruktur ist zu erkennen, dass für die Vernetzung von P4VP entweder Dosen kleiner als 12.5 μC/cm^2 oder eine geringere Beschleunigungsspannung ausreichend sind. Höhere Dosen führen bei 20 kV zu unscharfen Strukturen, ausgelöst durch Überbelichtungen. Das Höhenprofil ergibt für die Hydrogel-Struktur Schichtdicken von 260 nm (12.5 μC/cm^2) bis 330 nm (100 μC/cm^2). Für die Strukturierung der Multi-Schichten ergeben sich aus den Voruntersuchungen folgende Parameter:

- Dosis: 100 μC/cm^2
- Energie: 3 kV
- Struktur: Rechtecke
- Abmessungen: 5 x 5 μm

13.5.2. Strukturierung von Hydrogel-Multischichten

Zur Strukturierung der Multischichten wurde die in Kapitel 8.5 beschriebene Reihenfolge verwendet. Es wurde ein 2"-Wafer (vorstrukturiert) gereinigt und mit einer 3 wt%-wässrigen HPC-Lösung am Spin-Coater beschichtet. Nach 24 Stunden Trocknung wurde mit Elektronenstrahllithografie in einem 100 x 100 μm Schreibfeld ein Rahmen und vier Dots mit einer (10 x 10) μm-Abmessungen vernetzt. Abbildung 13.34) zeigt verschiedene AFM-Aufnahmen, sowie das zugehörige Höhenprofil.

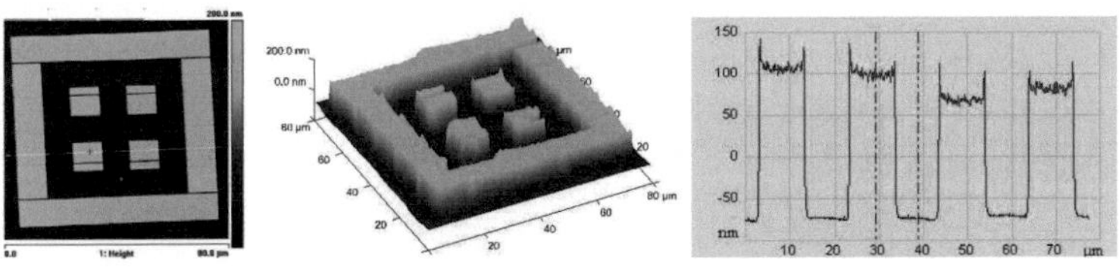

(a) AFM 2D (b) AFM 3D (c) Höhenprofil

13.34.: Aufnahmen der Multischicht - HPC

Die AFM-Aufnahme zeigte, dass die gewählten Parameter zu einem definierten Strukturbild mit hoher Kantenschärfe der einzelnen Strukturteile führt. Für die Schichtdicke ergab sich nach der Extraktion ein Wert von 170 nm.

Im zweiten Schritt wurde eine 4 wt%-ethanolische P4PV-Schicht mittels Spin-Coating aufgetragen. Als Struktur wurde zwischen den vier HPC-Dots ein Kreuz mit den Abmessungen (5 x 5) μm vernetzt (Abbildung 13.35).

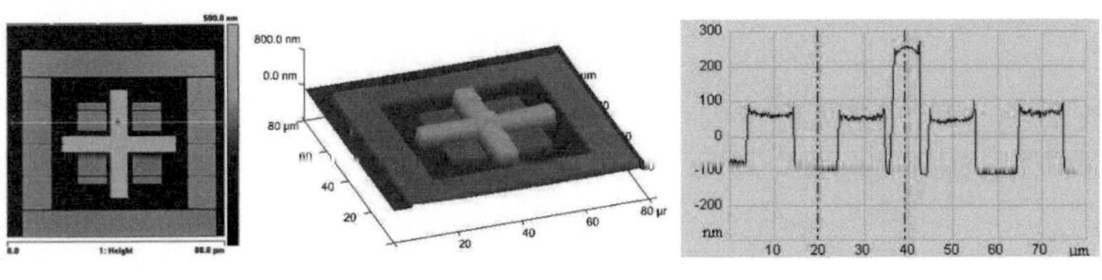

(a) AFM 2D (b) AFM 3D (c) Höhenprofil

13.35.: Aufnahmen der Multischicht - HPC/P4VP

Die Strukturierung der Hydrogelmultischicht aus HPC und P4VP auf Silicium war erfolgreich. Die ESL der zweiten Hydrogelschicht führte zu Strukturen mit einer hohen Kantenschärfe. Die Schichtdicke für P4VP betrug 350 nm. Es zeigten sich keine Überlappungen zwischen den Hydrogelen. Nach der Extraktion waren die HPC-Strukturen komplett von den unvernetzten P4VP-Anteilen frei. In späteren Untersuchung können die Gele so getrennt voneinander betrachtet werden. Für zukünftige Anwendungen in sensorischen Systemen ist es notwendig in fortführenden Arbeiten das kombinierte Quellverhalten der beiden Hydrogele als Multischicht zu untersuchen.

13.5.3. Strukturierung von gefüllten Hydrogel-Monoschichten

Erste Versuche zur Strukturierung von gefüllten Polymerschichten wurden mit Hilfe des Polymers HPC und der Magnetit-Partikel durchgeführt. Ziel war es die experimentellen Bedingungen für die Elektronenstrahllithografie zu ermitteln. Dafür wurde eine 2.5 wt% wässrige HPC-Lösung im Verhaltnis 1:3 mit den Nanopartikeln versetzt, entsprechend Kapitel 8.5 auf die Wafer aufgebracht und anschließend mittels ESL strukturiert. Die Strahlendosis variierte dabei zwischen 200 $\mu C/cm^2$ und 2000 $\mu C/cm^2$, die verwendete Beschleunigungsspannung lag bei 3 kV bzw. 20 kV. Abbildung 13.36 zeigt exemplarisch AFM-Aufnahmen (200 $\mu C/cm^2$, 3 kV) der strukturierten Dots (a) und Linien (b).

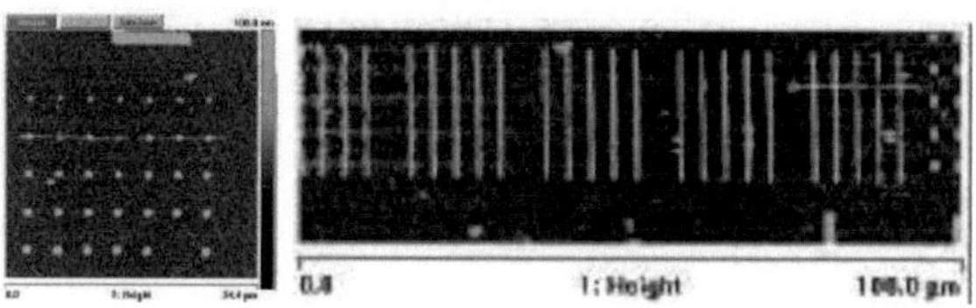

(a) Dots (b) Linien

13.36.: Strukturierung eine gefüllten HPC-Schicht

Die Aufnahmen zeigten, dass Dots und Linien mit einer Strukturbreite $<$ 200 nm realisiert werden können. Es konnte ebenfalls gezeigt werden, dass die für die Darstellung von gefüllten Hydrogelstrukturen notwendigen Dosis- und Spannungswerte vergleichbar mit denen der ungefüllten Strukturen war. Die in der Hydrogelschicht enthaltenen magnetischen Nanopartikel haben den Vernetzungsprozess nicht signifikant beeinflusst. Somit konnte die Grundvoraussetzung für die Umsetzung des Sensorkonzepts, auf der Basis sensitive, gefüllte Hydrogelstrukturen im nm-Bereich, bestätigt werden.

14. Voruntersuchungen elektronische Schicht

14.1. Hall-Kreuz

Für den Aufbau eines magnetisch sensitiven Sensors wurde ein Hall-Kreuz als elektronische Schicht ausgewählt. Bedingt durch die Vorgaben hinsichtlich Abmessung (sub-μm) und Temperaturbereich (RT/ $T_{crit(HG)}$), sowie den vernachlässigbaren Oberflächenentladungseffekten, die die magnetische Sensitivität beeinflussen, wurde Bismut (Bi) als Materialbasis ausgewählt. Da kommerziell erhältliche Hall-Kreuze diese Bedingungen nicht erfüllen, war es notwendig, die aktiven Flächen selbst herzustellen. Durch Elektronenstrahlverdampfung wurden so hochreine Bi-Schichten abgeschieden. Im Folgenden werden die wichtigsten Ergebnisse zum Einfluss der Abscheidebedingungen auf die Schichtqualität erläutert[39]. Hauptaugenmerk liegt dabei auf dem neu entwickelten Polierverfahren zur Darstellung hillocksfreier[40] Bismutschichten.

Kristalline Struktur der Bi-Schichten Die Auswertung des XRD-Spektrums ergab die Textur (Vorzugsrichtung) der Bi-Schichten (Abb. 14.1).

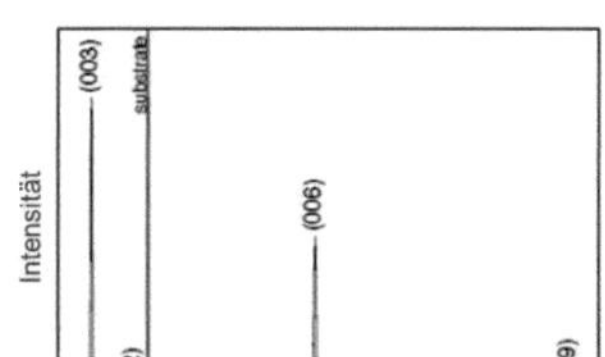

14.1.: XRD-Spektrum der Bismut-Schicht

Da der (003)-Peak die stärkste Ausprägung aufwies, wurde der quantitative Vergleich der strukturellen Merkmale auf der Grundlage des Vergleiches der Halbwertsbreite dieses Peaks ($FWHM_{003}$), der Kondensationsrate, sowie der durchschnittlichen Kristallitgröße (L_{003}, $\perp$

[39]Eine detaillierte Beschreibung aller Experimente wurde in Zusammenarbeit mit der AG Mönch in [192] veröffentlicht.

[40]Hillock aus dem engl.: hillock = Hügel, es handelt sich hierbei um Materialanhäufungen, die durch Elektromigration oder unterschiedliche Ausdehnungskoeffizienten angrenzender Schichten entstehen

zum Substrat) durchgeführt. In Abbildung 14.2 sind die genannten Abhängigkeiten der Schichtqualitäten gegeneinander aufgetragen.

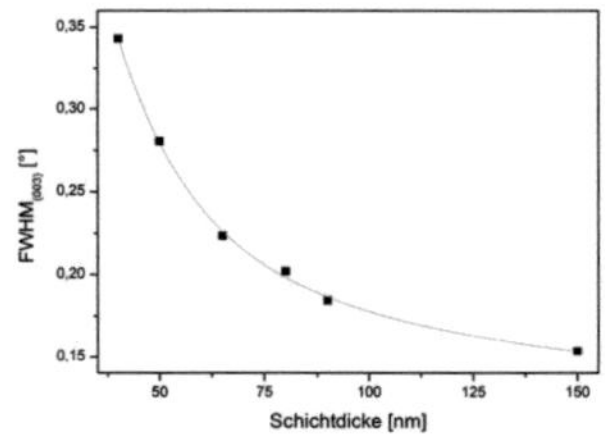

(a) FWHM$_{(003)}$ = f(Schichtdicke)

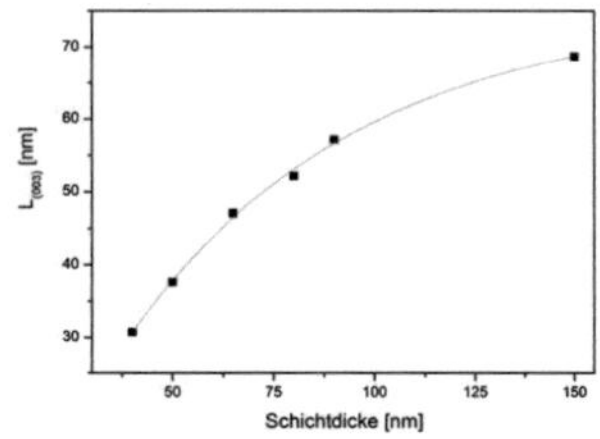

(b) L$_{(003)}$ = f(Schichtdicke)

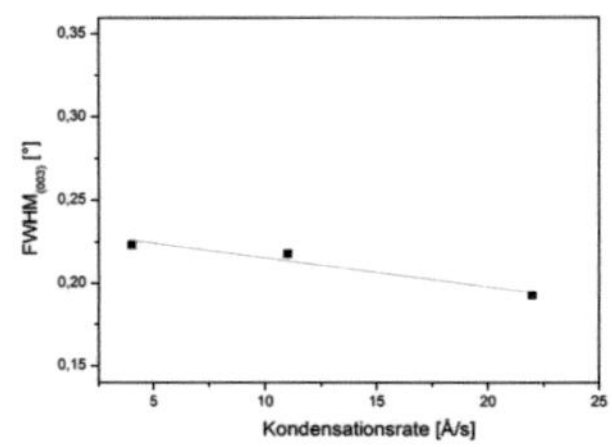

(c) FWHM$_{(003)}$ = f(Kondensationsrate)

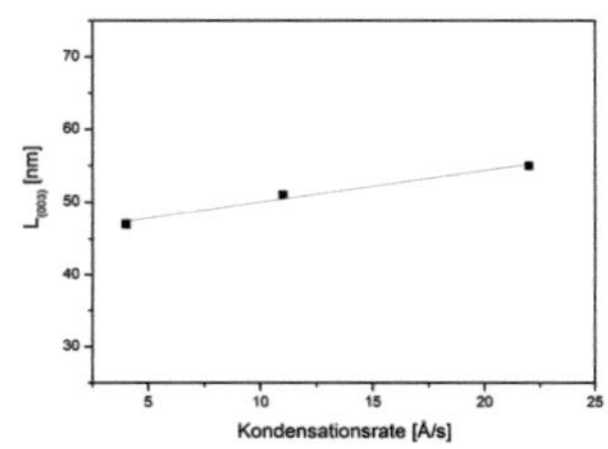

(d) L$_{(003)}$ = f(Kondensationsrate)

14.2.: Abhängigkeit der Abscheidebedingungen

Die Graphen (a) und (b) zeigen die Abhängigkeit der Halbwertsbreite bzw. der Kristallitgröße von der Schichtdicke. Die Graphen (c) und (d) beschreiben die Entwicklung der Merkmale in Abhängigkeit von der Kondensationsrate. Mit zunehmender Schichtdicke nimmt die Halbwertsbreite der Proben deutlich ab, was eine Verbesserung der kristallinen Schichtqualität anzeigt. Vor allem im unteren Schichtdickenbereich (40 - 80 nm) ist der Abfall signifikant (von 0.35° auf 0.2°), danach (80 - 150 nm) sinken die Werte nur noch langsam (von 0.2° auf 0.15°). Unter 40 nm konnte keine Auswertung vorgenommen werden, da für diese Proben die absolute Peakintensität zu gering war. Die Bestimmung der durchschnittlichen Kristallitgröße erfolgte auf Grundlage der Debye-Scherrer-Gleichung[41]. Nimmt die Schichtdicke zu, steigen die Werte für L_{003} an. Da die Messung der Kristallitgröße senkrecht zur Ebene der Reflexion und somit senkrecht zur Substratoberfläche erfolgte, kann die ermittelte Zunahme mit einem säulenartigen Kornwachstum erklärt werden. Besonders deutlich zeigt sich dies im Bereich von 40 bis 90 nm. Hier tritt eine Größenzunahme von 31 nm auf 57 nm auf. Bis 150 nm wachsen die Kristallite dann nur noch auf 69 nm. Die Änderung der Kondensationsrate hat demgegenüber kaum einen Einfluss auf die Halbwertsbreite und die Kristallitgröße. Die Abnahme der Schichtqualität (von 0.23° auf 0.19°)

[41] $\Delta 2\theta = K\lambda / L\cos\theta_0$, $\Delta 2\theta$ ist die Reflexverbreiterung, K der Scherrer-Formfaktor (≈ 1) und θ dem Beugungswinkel

bzw. die Zunahme der Kristallitgröße (von 47 nm auf 55 nm) sind minimal.

Oberflächenmorphologie der Bi-Schichten Nach der mathematischen Auswertung folgte die optische Einschätzung der Abhängigkeit der Schichtqualität von den Abscheidebedingungen. In den folgenden Abbildung (Abb. 14.3) sind AFM-Aufnahmen der *Bi*-Schichten gezeigt, die mit unterschiedlichen Schichtdicken (Kondensationsrate konstant 4 $\AA$/s) bzw. verschiedenen Kondensationsraten (Schichtdicke konstant 65 nm) präpariert wurden.

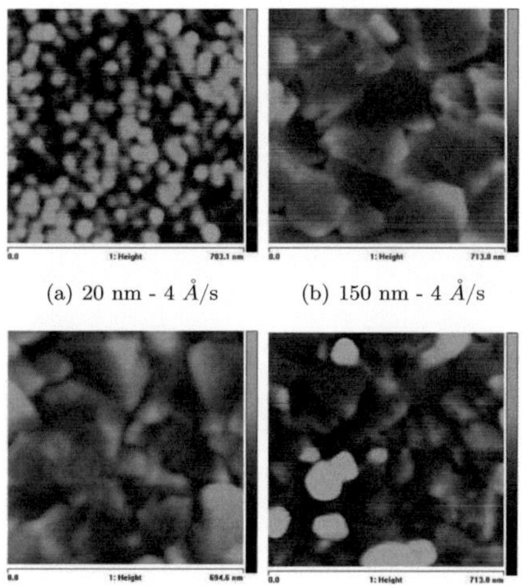

(a) 20 nm - 4 $\AA$/s (b) 150 nm - 4 $\AA$/s

(c) 4 $\AA$/s - 65 nm (d) 22 $\AA$/s - 65 nm

14.3.: AFM-Aufnahmen der Oberflächenmorphologie von Bi-Schichten

Der Vergleich beider Gegenüberstellungen zeigt eine deutliche Abhängigkeit der Korngrößen von den Synthesebedingungen. Wird die Schichtdicke bei konstanter Kondensationsrate erhöht, nimmt auch die Korngröße zu. Bleibt dagegen die Schichtdicke konstant und die Kondensationsrate wird erhöht, werden kleinere Körner ausgebildet. Zusätzlich zeigen sich eine große Anzahl von Hillocks auf den Substraten, die ein generelles Problem bei der Präparation hochqualitativer Schichten darstellen. Daher wurde im Rahmen der Voruntersuchungen ein neuartiges Verfahren zum mechanischen Polieren der Schichten entwickelt, welches die kristalline Struktur, sowie die elektronischen Eigenschaften nicht beeinträchtigt.

Verbesserungen der Oberflächenqualität - Mechanisches Polieren von Bi- Schichten Das Auftreten von Hillocks bei der Abscheidung von Bismut ist ein in der Literatur bekanntes Problem ([193],[194]). Für den Einsatz in einem Hall-Element, das die absolute Änderung der magnetischen Felder der Nanopartikel detektieren soll, ist jedoch eine homogene Schicht Grundvoraussetzung. Treten jedoch Hillocks auf ($\leq$ 100 nm) können die magnetischen Felder der NP nicht mit der aktiven Fläche wechselwirken, die auf oder zwischen den Hillocks sitzen (Abb. D.8 (Anhang) zeigt schematisch welchen Einfluss der Polierprozess auf die Detektion hat). Da die Oberflächenqualität durch die Variation der Abscheidungsbedingungen nicht ausreichend beeinflusst werden konnte, wurde eine neuartige Nachbehandlungsmethode entwickelt. Es handelt sich um ein mechanisches Polierverfahren mit einem Materialabtrag im nm-Bereich. Verwendet wurde eine Präzisionspoliermaschine[42] mit einem offenporigen Poliertuch[43], sowie einem Poliermittel[44] ohne Abrasivstoffe. Für die Bestimmung der idealen Polierbedingungen wurden die Parameter Polierdauer (in min), das Belastungsgewicht, mit dem die Probe auf das Poliertuch gedrückt wird (in g) und die Umdrehungen des Poliertuches pro Minute (in RPM) systematisch untersucht. In Abbildung 14.4 sind AFM-Aufnahmen der Oberfläche einer Bi-Schicht vor und nach dem Polieren. gezeigt. Die Polierdauer lag bei einer Minute bei einer Umdrehung von 5 RPM mit einer Druckbelastung von 30 g.

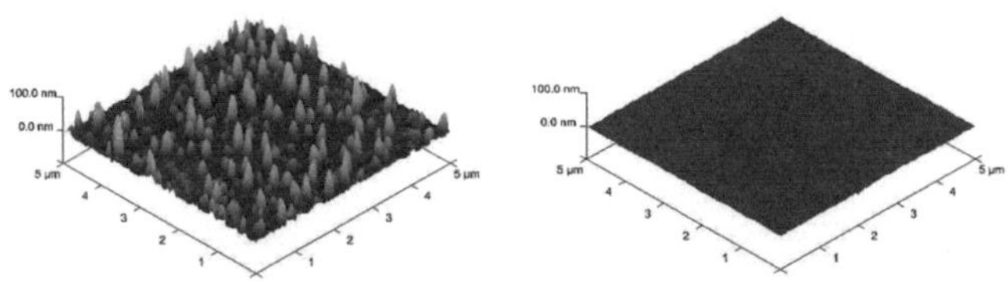

(a) vor dem Polieren (b) nach dem Polieren

14.4.: Einfluss des Polierens auf die Bi-Oberflächenqualität

Der Unterschied in der Oberflächenqualität ist eindeutig nachweisbar. Nach der Abscheidung zeigt die Schicht eine raue Oberfläche mit einer großen Anzahl von Hillocks (quadratischer Mittenrauwert (Rq) = 13 nm). Nach dem Poliervorgang ist die Oberfläche glatt, Rq konnte auf 1,5 nm verbessert werden.

In Abbildung 14.5 sind AFM-Aufnahmen, sowie die zugehörigen Linienprofile eines Hall-Kreuzes (aktive Fläche (5x5)μm^2) dargestellt, welches mit dem entwickelten Polierverfahren nachbehandelt wurde.

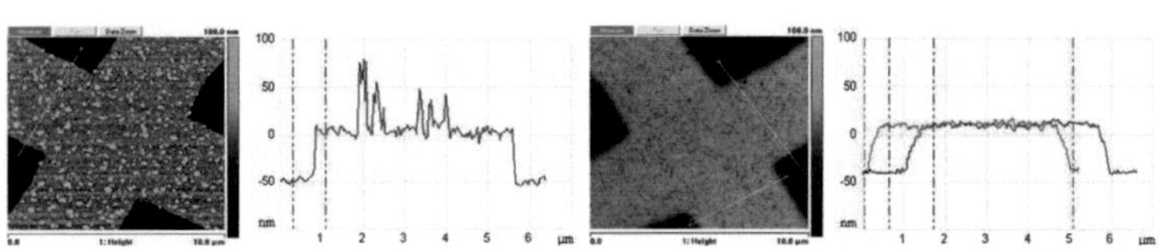

(a) vorher (b) Höhenprofil (c) nachher (d) Höhenprofil

14.5.: Einfluss des Polierens auf die Oberflächenqualität des Hall-Kreuzes

[42]Logitech, PP5 Precision Lapping and Polishing Jig
[43]Struers, MD-Chem, Neoprenschaum 300mm
[44]Struers, DP-Lubricant Red, pH 7-7.5

Die Aufnahmen zeigen, dass auch hier alle Hillocks gleichmäßig entfernt werden konnten, ohne dass das Hall-Element beschädigt wurde. Vor dem Polieren zeigt das Linienprofil Hillocks zwischen 10 und 80 nm an, nach dem Polieren sind keine Unebeheiten mehr nachweisbar.

Nachdem die Verbesserung der Morphologie nachgewiesen wurde, stellte sich die Frage nach dem Einfluss auf die elektrischen Eigenschaften. Abbildung 14.6 zeigt das XRD-Spektrum einer Bi-Schicht vor und nach dem Poliervorgang.

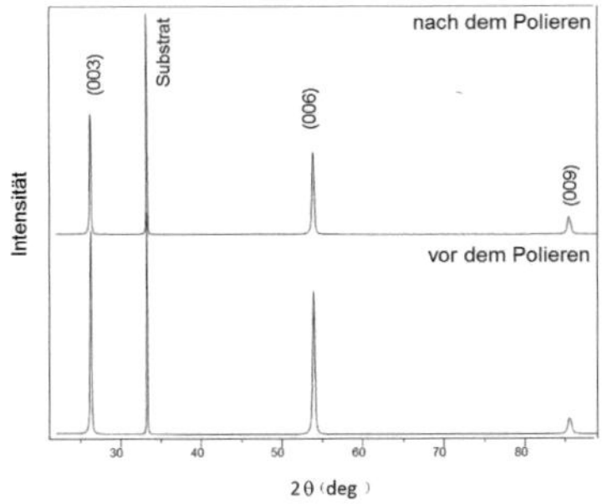

14.6.: XRD-Spektrum der Bismut-Schicht vor und nach dem Polieren

Aus dem XRD Spektrum in den unterschiedlichen Bearbeitungsstufen ist ableitbar, dass die gute Textur (hohe Ausprägung des (003)-Peaks) auch nach der Entfernung der Hillocks vorhanden ist.

Im nächsten Untersuchungsschritt stand die Charakterisierung der elektrischen Eigenschaften der Bi-schichten im Vordergrund.

Elektrische Eigenschaften der Bi-Schichten Da die Kristallinität und die Oberflächenmorphologie stark von der Schichtdicke und der Kondensationsrate abhängen sind, ist auch ein Einfluss auf die elektrischen Eigenschaften zu erwarten. Abbildung 14.7 zeigt die Abhängigkeit des spezifischen elektrischen Widerstand ρ_w von diesen beiden Parametern. Alle Experimente fanden bei Raumtemperatur statt.

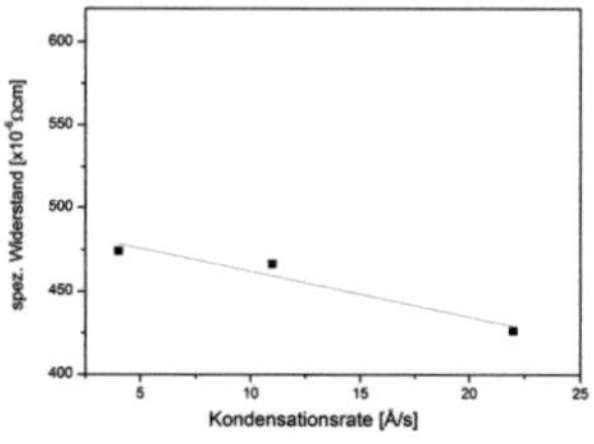

(a) $\rho = $ f(Kondensationsrate)

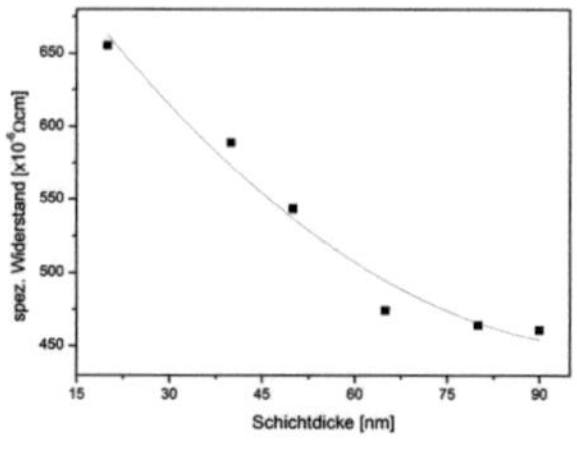

(b) $\rho = $ f(Schichtdicke)

14.7.: Einfluss des Polierens auf den spezifischen Widerstand der Bi-Schicht

Generell zeigen alle Messungen eine deutlich höheren spezifischen Widerstand, als das einkristalline Bismut (114 $\times 10^{-6}\Omega$cm). Grund hierfür ist, dass die Ladungsträgerbeweglichkeit in polykristallinen dünnen Filmen durch Streueffekte an der Oberfläche, sowie die Korngrenzen limitiert ist. Während der Einfluss der Kondensationssrate auf den spezifischen Widerstand relativ gering ist, zeigt die Änderung der Schichtdicke eine deutliche Wirkung. Bis zu einer Schichtdicke von 65 nm ist die Abnahme exponentiell (von 655 auf 474 $\times 10^{-6}\Omega$cm), danach verändert sich der Wert nur noch geringfügig (Minimum bei 90 nm 461 $\times 10^{-6}\Omega$cm).

Nachdem die Einflüsse der verschiedenen Syntheseparameter bestimmt wurde, folgte im letzten Schritt der Voruntersuchungen die Untersuchung der absoluten Sensorempfindlichkeit des hergestellten Hall-Kreuzes.

Absolute Sensorempfindlichkeit Die Hall-Spannung eines Sensorelementes ergibt sich nach Gleichung 6.7 und ist proportional zur Stärke des Feldes. Über die lineare Abhängigkeit der Hall-Spannung von der magnetischen Induktion lässt sich nach

$$S_A = \frac{\Delta V_H}{\Delta B} \tag{14.1}$$

die absolute Sensorempfindlichkeit S_A bestimmen. In Abbildung 14.8 ist diese als Funktion der Schichtdicke dargestellt.

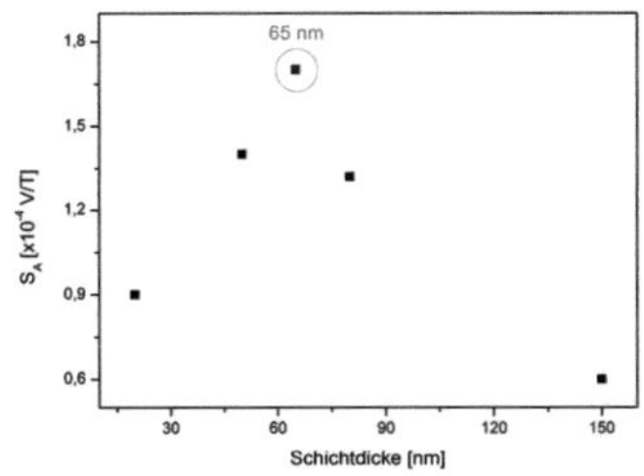

14.8.: Abhängigkeit der absoluten Sensorempfindlichkeit von der Schichtdicke

Die durchgeführten Experimente führten bei einer Schichtdicke von 65 nm zur höchsten Empfindlichkeit. Die Vorversuche zur Darstellung von Hall-Kreuzen, sowie die Untersuchungen der Schichteigenschaften haben gezeigt, dass die Umsetzung eines magnetischen Sensorprinzips im sub-μm-Bereich möglich ist. Durch die Variation der Abscheidebedingungen ist man in der Lage, ein breites Größenspektrum abzudecken und die elektrischen Eigenschaften zu beeinflussen. Durch die Synthese von nm-Hall-Strukturen können mehrere Einzelstrukturen auf einer Chipoberfläche kombiniert werden. In Abbildung 14.9 ist die SEM-Aufnahme solch einer Chipanschlussstruktur mit vier Hall-Kreuzen, sowie die AFM-Aufnahme des aktiven Bereichs ((150 x 150) nm^2) eines Hall-Kreuzes dargestellt.

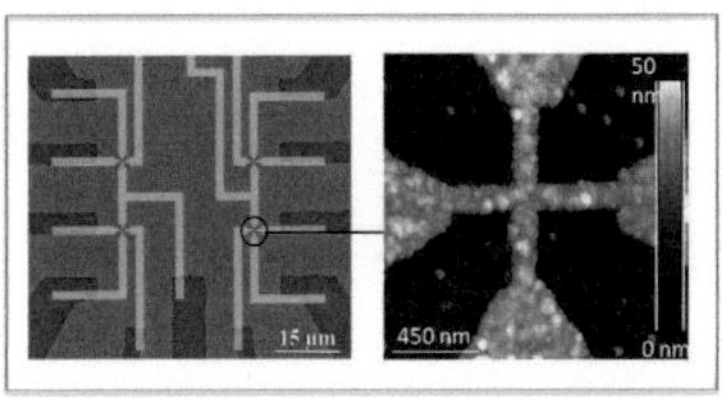

14.9.: Mikroskopieaufnahmen eines Hall-Kreuzes

In der Anwendung können so auf einer Chipfläche Hall-Elemente mit unterschiedlichen Empfindlichkeiten kombiniert werden, um beispielsweise verschiedene Lösungsbestandteile parallel zu detektieren.

14.2. GMR-Struktur

Für den Aufbau eines weiteren magnetisch sensitiven Sensorbeispiels wurden GMR-Stapel als elektronische Schicht ausgewählt. Bedingt durch die Anforderungen hinsichtlich der Abmessung (sub-μm), dem sensitiven Temperaturbereich (RT/ $T_{crit(HG)}$), sowie der Anwendbarkeit für flüssige Systeme, galt es die einzelnen Schichtbestandteile optimal zu kombinieren. Da bisher keine entsprechende Lösung kommerziell erhältlich ist, war es notwendig, die aktiven Flächen des GMR selbst herzustellen. Im Folgenden werden die wichtigsten

Ergebnisse zum Schichtaufbau, sowie die zugehörigen elektrischen Messungen vorgestellt.

Schichtaufbau Die Vorversuche dienten zur Ermittlung der Synthesebedingungen für den Aufbau der GMR-Stapel. Die ideale Sputter-Leistung betrug für die *Cu*-Stapel 49 W, für die *Py*-Stapel 92 W und es wurde mit einer Abscheidungsrate von 2 Å/ s gearbeitet. Mit einem Aufbau der 30 Multischichten (*Py* (1.5 nm) / [*Py* (1.5 nm) / *Cu* (2 nm)]$_{30}$) gelang es eine Empfindlichkeit des Sensors im Tieffeldbereich zu erreichen. Dieser Aufbau stellt somit einen guten Kompromiss zwischen hoher Empfindlichkeit und ausreichend hohem GMR-Verhältnis dar. Für die Überprüfung der elektrischen Messparameter wurden die Stapel anschließend in einen Fluidikkanal eingesetzt. Der Aufbau erfolgte einmal planar und zum Vergleich als „Rolled-Up"-Struktur.

Sensorempfindlichkeit Für die elektrische Charakterisierungen der GMR-Stapel wurde die prozentuale Widerstandsänderung und die Sensorempfindlichkeit bestimmt. Im Hinblick auf das „Rolled-Up"-Zieldesign wurde bei diesem Versuchsteil jeweils die Kurvenverläufe für einen planaren und einen „Rolled-Up"-Stapel verglichen. In Abbildung 14.10 sind die gemessenen Kurven dargestellt.

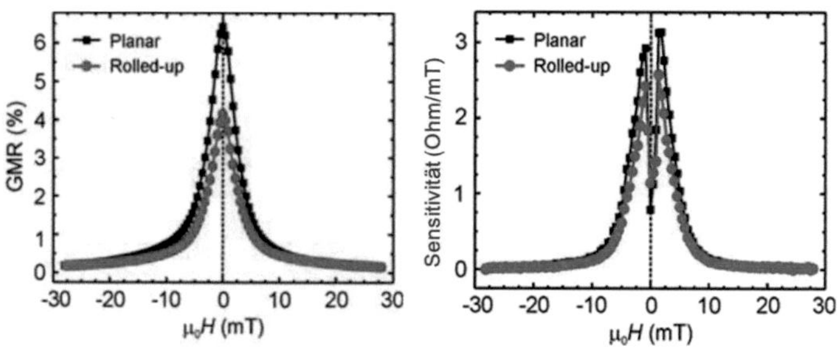

(a) $GMR_H = f(\mu_0 H)$ (b) Empfindlichkeit = $f(\mu_0 H)$

14.10.: GMR-Verhältnis in Abhängigkeit vom magnetischen Feld

Die prozentuale Widerstandsänderung wird dabei definiert als magnetfeldabhängige Veränderung des Probenwiderstands R_H, normiert auf den Wert des Widerstandes, wenn die Probe magnetisch gesättigt ist (entspricht R_{SAT})[45]. Der Wert lag für die planare Struktur bei ca. 6.5 %. Für die "Rolled-Up"-Struktur wurde ein Wert von ca. 4.0 % gemessen. Das GMR-Verhältnis der „Rolled-Up"-Struktur betrug damit ca. 60 % der planaren Struktur. Vergleicht man die gemessenen Sensitivitäten beider Strukturen ergaben sich die in Tabelle 14.1 gegenübergestellten Werte.

[45] $GMR_H = [R_H - R_{SAT}]/R_{SAT}$

Bereich	planar [Ohm/mT]	„Rolled-Up" [Ohm/mT]
Niederfeld	280	240
Hochfeld	310	250

Tabelle 14.1.: Sensitivitäten der GMR-Stapel

Die Auswertung hat ergeben, dass die Empfindlichkeit der Stapel abhängig vom magnetischen Feld waren, aber die gleichen Signalwerte für ein positives und ein negatives Feld zeigten. Die optimale Performance, in Bezug auf die Sensitivität, erreichte der Sensor, wenn das magnetische Feld etwa 3 mT betrug. Ohne ein dauerhaft eingebautes externes Magnetfeld ist der GMR-Aufbau für das in der Arbeit entwickelte Sensormodell nicht geeignet.

Zusammenfassend konnte damit gezeigt werden, dass die absolute Empfindlichkeit des GMR-Prinzips im Vergleich zum Hall-Aufbau deutlich höher ist. Da aber die Sensitivität direkt abhängig vom magnetischen Feld und damit vom Abstand der Nanopartikel ist, eignet sich dieses Design ohne ein angelegtes externes Magnetfeld nicht für einen Quellsensor. In der Umsetzung wird daher dieses Prinzip in einen Fluidikkanal intergirert, um so zur quantitativen Erfassung von gefüllten Hydrogelen verwendet zu werden.

Brückenspannung Der Nachweis der magnetischen Partikel im Demonstrator soll später mittels der Kombination der „Rolled-Up"- und der planaren GMR-Stapel als Teil einer Brücken-Konfiguration durchgeführt werden. Abbildung 14.11 zeigt die dafür relevante Brückenspannung als Funktion des externen magnetischen Feldes.

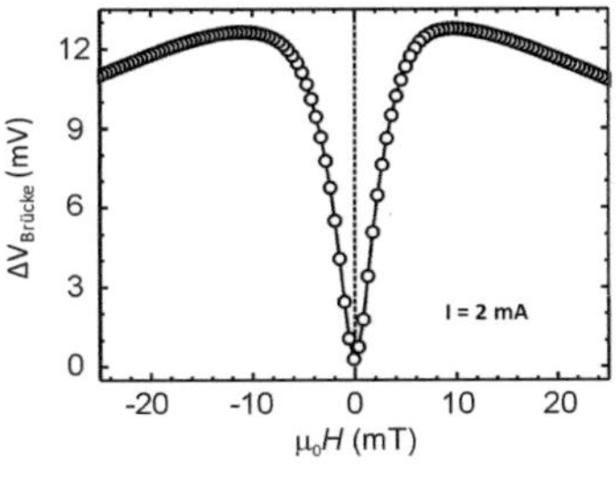

14.11.: Änderung der Brückenspannung in Abhängigkeit eines externen Feldes

Der Aufbau ergab bei einer magnetischen Flussdichte von $\mu_0 H = 1.4$ mT und einem Strom von $I = 2$ mA eine Sensitivität von 2.8 mV/mT. Jedoch befanden sich bei dieser Messung ausschließlich die gerollten Stapel auf dem Magnetfeld, die planaren lagen außerhalb. Es konnte dabei nur dann eine Differenz zwischen der Brückenspannungen gemessen werden, wenn das Magnetfeld angelegtwurde.

Optimierung der „Rolled-Up"-Geometrie Nach der Ermittlung der optimalen Schichtzusammensetzung und der elektronischen Charakterisierung, wurden die Metallschichten durch nasschemisches Ätzen behandelt, um die Mäanderform der Sensoren und die elektrischen Kontakte zu definieren. Mit Hilfe der verschiedenen Syntheseschritte war es möglich, Mäanderstrukturen mit einer Breite von 100 nm bis 50 μm herzustellen. Für das Verhältnis von Länge zu Breite des Sensors konnte so ein Bereich von 2 bis 2000 abgedeckt werden. Die endgültige Abmessung war jedoch abhängig von der Größe der Objekte, die erfasst werden mussten. Die Anzahl der Perioden in der Mäanderstruktur war ebenfalls von deren Größe abhängig. Der endgültig umgesetzte Demonstrator wurde für die Detektion von magnetischen Objekte mit einer Größe von 40 μm konzipiert und hatte die unten aufgelisteten Dimensionen. Abbildung 14.12 zeigt eine Mikroskopieaufnahme der optimierten Mäanderstruktur inklusive der Widerstände für die planare und die „Rolled-Up"-Stapel.

- 2.5 Windungen im GMR Mäander,
- 2.0 μm Mäanderbreite und
- (200 x 200) μm^2 Gesamtsensorfläche.

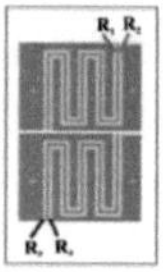

14.12.: Mäanderstruktur

Der „Rolled-Up"-Prozess wurde anschließend in Aceton, unter mikroskopischer Beobachtung, durchgeführt. Der abschließende Durchmesser des aufgerollten Schlauch, einschließlich der GMR-Sensors, betrug 60 μm, die Gesamtlänge der aufgerollten Architektur 15 mm.

Die Vorversuche zur Herstellung eines GMR-Sensorelements, sowie die elektronische Charakterisierung haben gezeigt, dass die Umsetzung des entwickelten Sensordemonstrators mit einer intergrierten „Rolled-Up"-Struktur im sub-μm-Bereich möglich ist. Durch die Variation in der Schichtzusammensetzung und der photolithografischen Strukturierung, ist man in der Lage ein breites Größenspektrum für die einzelnen GMR-Stapel abzudecken und damit die elektrischen Eigenschaften zu modifizieren.

15. Aufbau und Test der Sensordemonstratoren

Nachdem die idealen Synthesebedingungen für die einzelnen sensorischen und elektronischen Bauteile ermittelt und die Optimierung der Schichteigenschaften abgeschlossen waren, folgten erste Testmessreihen des Sensorprinzips. Die durchgeführten Experimente gliederten sich in Versuche mit ausschließlich magnetischer Schicht und mit gefüllter Hydrogelschicht.

15.1. Hall-Sensor

15.1.1. Testen des Quellsensors ohne Hydrogelschicht

Für den Test des Sensorprinzips wurden Hall-Kreuze mit verschieden großen aktiven Flächen hergestellt. Das Größenspektrum variierte dabei von (1x1) bis (900x900) nm^2. Um das Hall-Element vor dem Quellmittel zu schützen wurde mittels Atomic Layer Deposition[46] eine ca. 3 nm dicke Isolationsschicht aus Al_2O_3 aufgebracht. Für den Nachweis der prinzipiellen Verwendbarkeit wurden Nano- und Mikromagnete, sowie dünne magnetische Pulverschichten in mechanischem Kontakt mit dem Hall-Kreuz gebracht (Abb. D.9 Anhang). Als Mikromagnet wurde in diesem Versuchsaufbau ein (700x700) μm^2 Silizium-Substrat verwendet, welches mit einem 100 nm dünnen Cobalt-Film beschichtete wurde. Abbildung 15.1 zeigt eine Messsequenz um die lineare Abhängigkeit von UH_H von B nachzuweisen. Dafür wurde zunächst die Abhängigkeit der Hallspannung von einem äußeren Magnetfeld im Ausgangszustand detekteirt (grüne Kurve). Anschließend wurde auf der Sensorfläche ein ca. (700x700) μm^2 großes, mit 100 nm Co beschichtetes Si-Substrat platziert, welches das als Mikromagnet fungiert. Die Änderung der Hallspannung zeigt die rote Kurve. Der blaue Verlauf zeigte die Entwicklung der Hall-Spannung, wenn während der Messung der Magnet vom Hall-Kreuz entfernt wird.

[46]Cambridge Nanotech Savannah 100, H_2O und $Al_2(CH_3)_3$ als Ausgangsstoffe, 90 °C

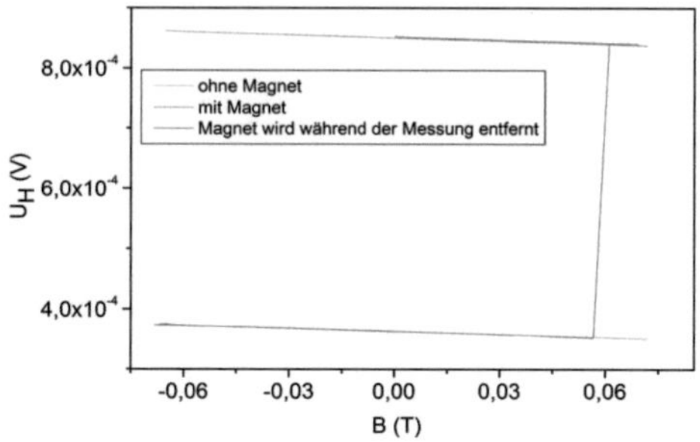

15.1.: Abhängigkeit der Hall-Spannung von der magnetischen Induktion

Die Kurvenverläufe für die Messung ohne und mit Magnet weisen den charakteristischen Verlauf und die damit verbundene lineare Abhängigkeit der Hall-Spannung von der magnetischen Induktion auf. Es konnte gezeigt werden, dass die Ausgangskurve mit unveränderter Steigung reproduziert wird. Lediglich eine geringe Zeitkonstante von < 0.3 s (entspricht dem zeitlichen Abstand von zwei aufeinanderfolgenden Messwerten) wurde nachgewiesen. Da der Einsatz des Elementes als Quellsensor nur im Eigenfeld der in die Hydrogelschicht eingebauten magnetischen Partikel erfolgen soll, sind insbesondere die Sensorkennwerte bei $B = 0$ von Bedeutung. Eine unter dieser Bedingung wichtige Kenngröße des Sensors ist die geringe Drift des Messwertes über die zu erwartende Messdauer. Systematische Versuche ergaben, bei einem Messstrom von 0.2 mA, eine Drift der Hallspannung von weniger als ± 0.2 μV. Bezogen auf Experimente mit Hydrogelschichten läge der verursachte Fehler, bezogen auf die Hall-Spannung, unter 1%.

Die zu erwartende Sensorspannung kann, entsprechend Gleichung 6.7, bei festgelegten Kennwerten und äußeren Bedingungen durch den angewandten Messstrom $B_H \sim I$ beeinflusst werden. So kann die Empfindlichkeit an die Messbedingungen angepasst werden. Abbildung 15.2 zeigt die Abhängikeit von Hall-Spannung und Messstrom.

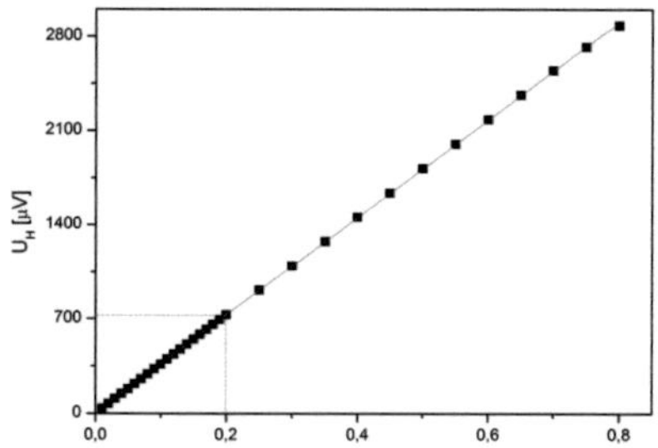

15.2.: Abhängigkeit der Hall-Spannung vom Messstrom

Für die Messung der Hall-Spannung wurde der Strom in Stufen von 0.01 bis 0.8 mA gesteigert, um so den maximalen Strom für den Betrieb des Sensors zu ermitteln. Der Kurvenverlauf ergibt eine ansteigende Gerade, was eine lineare Abhängigkeit der Meßgrößen darstellt. Oberhalb von 0.8 mA kann keine Spannung mehr gemessen werden, da das Hall-Element zerstört wird. Um eine elektrische Veränderung des späteren Sensors zu verhindern und die auftretenden Messungenauigkeiten im Nanovoltbereich möglichst gering zu halten, wurden die im Folgenden beschriebenen Realexperimente (Sensor mit Hydrogelschicht) bei 25 % des Maximalwertes, d.h. bei einem Meßstrom von 0.2 mA, durchgeführt. Die Abbildung zeigt jedoch, dass bei Bedarf weitere Reserven nutzbar gemacht werden können.

Für den Test des Sensorprinzips und zur Auswahl des aktiven Füllmaterials für die Hydrogele wurden auf einer aktiven Fläche von (5x5) μm^2 folgende pulverförmige Materialien (mit den entsprechenden Partikeldurchmessern bzw. -abmessungen und Koerzitivfeldstärken) verwendet:

- Fe_3O_4 ($\sim$ 7 nm (183 Oe))
- $CoFe_2O_4$ ($\sim$ 10 nm (30 Oe) und 20 nm (105 Oe))
- CrO_2 ($\sim$ 300 x 30 nm^3 (500 Oe))
- *NdFeB* ($\sim$ 1 μm (2830 Oe)).

Das Magnetitpulver, sowie $CoFe_2O_4$-Partikel $<$ 20 nm konnten nicht detektiert werden. Grund sind die zu kleinen Partikeldurchmesser, sowie die geringen Koerzitivfeldstärken. Für die anderen drei Materialien war eine Aufzeichnung der Spannungskurven möglich. In Abbildung 15.3 ist die Kurve für die $CoFe_2O_4$-Probe exemplarisch aufgetragen.

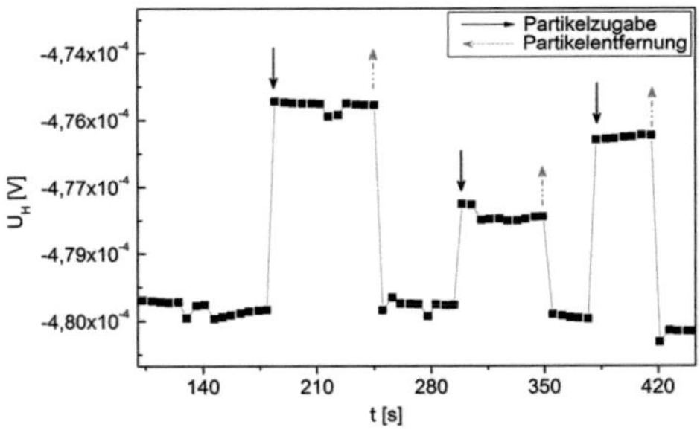

(a) $CoFe_2O_4$ 20 nm

15.3.: Realexperiment ohne Hydrogel - Hall

Der Kurvenverlauf zeigte den zu erwartenden Verlauf der Hall-Spannung. Liegt kein magnetisches Nanopartikel auf dem Hall-Element auf, ist nur eine geringe Spannung messbar. Wird das Pulver aufgebracht (schwarzer Pfeil) steigt die Spannung durch die magnetische

Induktion direkt an und bleibt konstant bis das Pulver wieder entfernt wird (roter Pfeil). Dieser Vorgang ist wiederholbar, auch wenn das Spannungsmaximum nicht in jedem Fall erreicht wird. Grund könnte die Handhabung des Pulvers sein, die eine gleichmäßige Verteilung und somit eine Reproduzierung der Messung erschwert, geht die Kurve jeweils auf das Ausgangsniveau zurück, wenn die Partikel nicht mehr aufliegen. Für die *NdFeB*-Probe ist der Prozess mit den gleichen Spannungs-Maxima und -Minima reproduzierbar. Beide Nanopartikelpulver sind daher für den Einsatz in der sensorischen Schicht geeignet.

Nach dem die generelle Funktionstüchtigkeit nachgewiesen wurde, stand die Frage nach den Grenzen des Prinzips. Dafür wurde auf den Sensordemonstrator verschiedene ungefüllte und gefüllte Hydrogele als sensorische Schicht aufgelegt und vermessen.

15.1.2. Testen des Quellsensors mit Hydrogelschicht

Im ersten Versuchteil zur Untersuchung des Sensorprinzips wurde gezeigt, dass der Messeffekt kleiner wird, wenn die magnetische Schicht weiter vom Sensor entfernt ist. Im diesem Versuchsteil sollte nun zunächst untersucht werden, wie sich das Messprinzip mit einer aufgelegten sensorischen Schicht verhält. Dafür wurde ein ungefüllter PNIPAAm-Film auf das Hall-Element aufgelegt und in unterschiedlichen Ethanol-Wasser-Gemischen gequollen. Nach der Einstellung des Gleichgewichtquellungsgrades wurde die jeweils gemessenen Hall-Spannung auf den entsprechenden Quellgrad normiert und mit den aus den Vorversuchen und der Literatur [195] bekannten Werten verglichen. Abbildung 15.4 zeigt die normierten Werte.

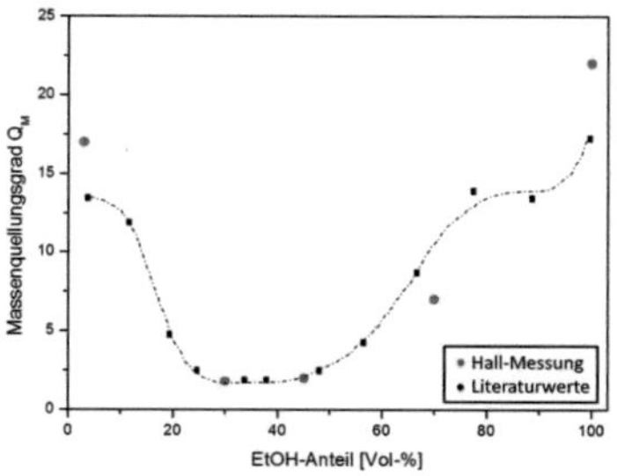

15.4.: Quellungsgrad PNIPAAm-Film in EtOH über eine Hall-Messung

Der Verlauf der durch die Hall-Messung erhaltenen Werte zeigte das aus der Literatur bekannte Verhalten. Steigt der Ethanolgehalt an (3 - 25 Vol-%), sinkt zunächst der Quellungsgrad, d.h. die gemessene Hall-Spannung wird größer. Zwischen 25 bis 50 Vol-% verliefen die Werte nahezu plateauartig, es wurde nur eine minimale Änderung detektiert. Erst ab einem Volumenanteil von 60 und mehr Vol-% steigt der Quellungsgrad erneut an, die gemessene Hall-Spannung wurde wieder kleiner.

Um die Grenzen des Sensorprinzips mit Hydrogel zu ermitteln, wurden im nächsten Schritt freitragende, ungefüllte HPC-Filme unterschiedlicher Dicke (0.5 und 1.0 mm im gequollenen Zusatnd) zwischen Isolatorschicht und feinverteilten *NdFeB*-Partikeln aufgelegt und die Hall-Spannung während des Entquell- und Quellprozesses detektiert (Abb. D.10 Anhang). Die Entquellung erfolgte unter Lufttrocknung bei Raumtemperatur, zur Quellung wurde stetig destilliertes Wasser zugegeben. Abbildung 15.5 zeigt die ermittelte Quellkinetik.

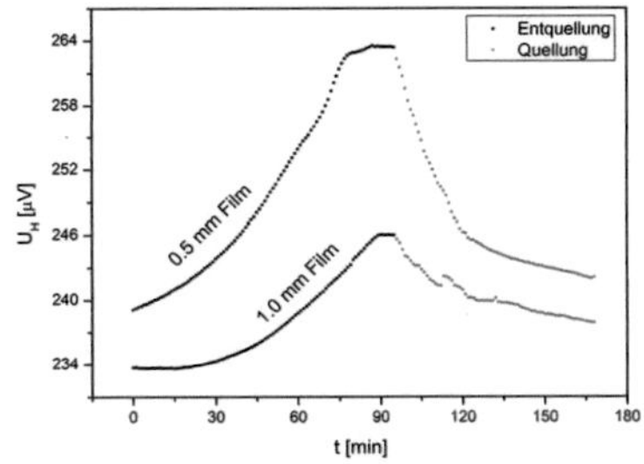

15.5.: Änderung der Hall-Spannung in Abhängigkeit vom Quellzyklus von HPC-Filmen

Die Messkurven zeigen für beide Schichtdicken die für eine Entquellung (Quellmittelabgabe an die Umgebung durch Verdunstung) und Quellung (konstante Wasserzugabe) typischen Verläufe, wobei die Signaländerung der Hall-Spannung beim Quellen deutlich schneller eintritt, als beim Entquellen. Zu Beginn verliefen Entquell- bzw. Quellprozess sehr schnell ab, die entsprechende Änderung von U_H ist groß. Nähert sich die Probe dem Quellungsgleichgewicht, verlaufen die Prozesse deutlich langsamer und U_H ändert sich kaum noch. Die Verschiebung der Messkurven zu kleineren Spannungswerten für die 1.0 mm-Probe, ist durch den größeren Abstand der magnetischen Partikel vom Sensor zu erklären und entspricht der zu erwartenden Tendenz.

Zur Untersuchung der realen Sensoreigenschaften wurden anschließend verschiedene gefüllte Hydrogelgeometrien als sensorische Schicht auf die Quellsensoren aufgebracht (Abb. D.11 Anhang). Im ersten Schritt erfolgte, in Anlehnung an die vorhergehenden Untersuchungen, die Messung des Spannungsverlaufs mit und ohne sensorische Schicht. Anwendung fanden die mit Chromdioxid gefüllten Hydrogelkugel sowie ein entsprechender freitragender

Hydrogelfilm. Abbildung 15.6 zeigt den Verlauf der Hall-Spannung für beide Geometrien.

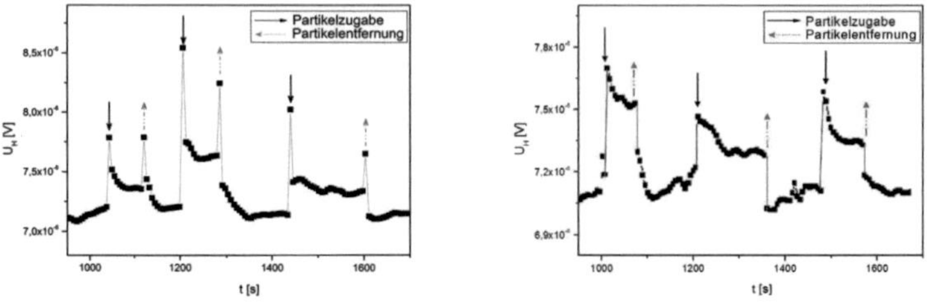

(a) gefüllte Hydrogelkugel (b) gefüllter Hydrogelfilm

15.6.: Realexperiment mit Hydrogel - Hall

Die ausgewählten Kurvenverläufe zeigten den zu erwartenden Verlauf und entsprachen den Vorgaben aus den Experimenten ohne ein sensitives Hydrogel. Liegt keine sensorische Schicht auf (Kugel oder freitragender Film), war nur eine geringe Spannung messbar. Wird das Pulver aufgebracht (schwarzer Pfeil) steigt die Spannung durch die magnetische Induktion direkt an und bleibt konstant bis das Pulver wieder entfernt wird (roter Pfeil). Dieser Vorgang ist wiederholbar, auch wenn das Spannungsmaximum nicht in jedem Fall erreicht wird. Grund könnte die erschwerte Aufbringung des Pulvers sein, die eine gleichmäßige Verteilung und somit eine identische Reproduzierung der Messung erschwert. geht die Kurve jeweils auf das Ausgangsniveau zurück, wenn die Partikel nicht mehr aufliegen. Für die *NdFeB*-Probe ist der Prozess mit den gleichen Spannungs-Maxima und -Minima reproduzierbar. Beide Nanopartikelpulver sind daher für den Einsatz in der sensorischen Schicht geeignet.

15.2. GMR-Sensor

15.2.1. Testen des Quellsensors ohne Hydrogelschicht

Für den allgemeinen Funktionstest des entwickelten GMR-Prinzips wurde zunächst, in Analogie zur Hall-Struktur, die Spannungsänderung durch Auflegen bzw. Entfernen von magnetischen Partikeln detektiert. Mit Hilfe des Chromdioxid-Pulvers wurde der in Abbildung 15.7 Verlauf erhalten.

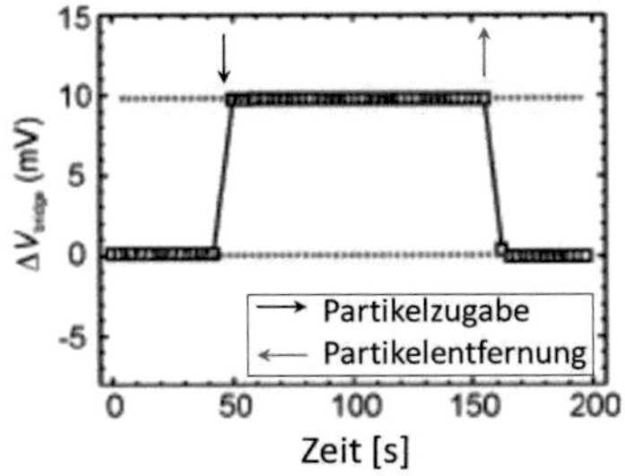

15.7.: Realexperiment ohne Hydrogel - GMR

Dieses Experiement fand mit ausschließlich auf der planaren Struktur statt. Ein Einzelpartikel wurde für 100 s direkt auf der sensorischen Fläche platziert und die Spannungsänderung aufgezeichnet. Befand sich kein Partikel über dem GMR-Mäander wurde keine Spannung gemessen (0 - 50 s). Sobald jedoch das magnetische Material auf den sensorischen Bereich kommt (bei 50 s), konnte ein Signal detektiert werden ($\Delta U(H) = 10$ mV). Die gemessene Spannungsänderung war konstant. Wurde das Partikel wieder entfernt (bei 150 s), fiel die Spannung erneut auf 0 mV ab. Der Vorgang ist somit reversibel.

15.2.2. Testen des Quellsensors mit Hydrogelschicht

Nachdem die allgemeine Funktionsfähigkeit des GMR-basierten Sensordemonstrators nachgewiesen wurden, folgte im zweiten Schritt die Detektion gefüllter HPC-Hydrogele. Auf Grund der limitierenden Größe des Fluidikkanals wurde für dieses Experiment die zylinderförmigen Proben in gemahlener Form verwendet. Es sollten so kleine, mit dem sensitiven Hydrogel ummantelte, magnetische Partikel für den Durchfluss durch den Fluidikkanal hergestellt werden. Nach der Trocknung der Zylinder unter Vakuum, wurden die Proben, unter Verwendung von Trockeneis, auf $-78\,^{\circ}$C abgekühlt. Es sollten eine vollständige Flüssigkeitsentfernung gewährleist werden, sowie die flexiblen Probenkörper für die anschließende Behandlung spröde und leicht zermahlbar werden. Das Zerkleinerung erfolgte durch mechanisches Fräsen, gefolgt von der Trennung der funktionalisierten Partikel nach ihrem Durchmesser. Es wurden Siebe mit den Maschenweiten 125, 100, 90, 75, 60, 40 und 20 μm verwendet. Für die Versuche in der vorliegenden Arbeit wurden Partikel ausgewählt, die durch die Siebe der Maschenweite 40 und 60 μm fraktioniert wurden. Anschließend wurden die Spannungsverläufe gemessen, die auftreten, wenn magnetisches Material die sensorische Fläche überquert. Abbildung 15.8 zeigt den Verlauf der Brückenspannung für die „Rolled-Up"-GMR-Stapelvariante.

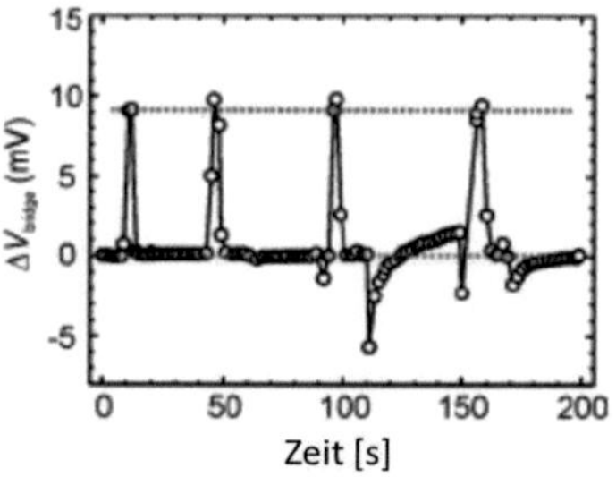

15.8.: Realexperiment mit Hydrogel - GMR

Der Versuchsaufbau der „Rolled-Up"-Struktur entsprach einem Durchlaufexperiment und zeigte den erwarteten Verlauf. Das magnetische Material wurde durch den Kanal geleitet und die zeitliche Entwicklung der Spannungsänderung beim Kontakt mit der sensorischen Fläche detektiert. Lief ein Partikel an der Sensorfläche entlang, änderte sich die Spannung durch die magnetische Induktion spontan von 0 auf 10 mV. Danach fiel die Spannung erneut auf 0. Jeder Ausschlag im Diagramm repräsentiert ein Partikel. Der Ausschlag in die positive oder negative Richtung war dabei von der Orientierung des magnetischen Feldes der Partikel abhängig. Das Erreichen des Ausgangsniveaus nach jeder Detektion, sowie die gleiche Ausschlagshöhe zeigte, dass die Messung reproduzierbar und der Anteil an magnetischem Material in den Hydrogelproben annähernd gleich war.

Beide Testversuche haben gezeigt, dass der GMR-Entwurf prinzipiell für die Detektion magnetisch markierter Partikel geeignet war. Für den in Kapitel 6.4 beschriebenen Sensoraufbau ist das Prinzip jedoch wegen der fehlenden Signalzuordnung ungeeignet. Daher wurde es im Weiteren in einen Fluidikkanal integriert um eine „Ja/ Nein"-Detektion, beispielsweise für ein Zählexperiment, zu realisieren.

16. Zusammenfassung und Ausblick

Zusammenfassung

Im Rahmen dieser Arbeit erfolgten die Synthese und Charakterisierung sensitiver Hydrogele. Es konnte erstmals ein umfassender Überblick über die Kombinationsmöglichkeiten verschiedener Veretzungsmethoden für die Variation von Geometrien und Dimensionen erstellt werden. Für die Vernetzung im cm-/ mm-Maßstab wurden chemische und photochemische Verfahren ausgewählt. Die Darstellung von angebundenen Schichten und Strukturen im sub-μm-Bereich erfolgte mittels hochenergetischer Elektronenstrahlung. Die erreichbaren minimalen Auflösungen der Strukturen wurden für verschiednen Polymere ermittelt. Damit wurde eine Methode erschlossen, die es ermöglicht, additivfrei Hydrogele herzustellen, die für biomedizinische oder nahrungstechnische Produkte einsetzbar sind. Eine tabellarische Zusammenfassung der Ergenisse ist in Abbildung 16.1 dargestellt.

Für die Anwendung als sensorische Schicht wurden die Polymernetzwerke mit unterschiedlichen anorganischen Nanopartikeln gefüllt und deren Einfluss auf die Qualität und das Quellvermögen untersucht. Für die Ausgabe eines elektrischen Signals, das die sensitive Quellung selektiv messbar machte, konnten somit zum ersten Mal verschiedene Füllmaterialien vorgestellt werden. Zu den untersuchten Partikeleigenschaften gehörten Magnetismus, elektrische Leitfähigeit, sowie Plasmonenabsorbtion, als Option die Zeitkonstante des Quellens/ Entquellens der auf einem Siliziumsubstrat erzeugten Gelstrukturen in Echtzeit zu messen. Eine tabellarische Zusammenfassung der Ergenisse ist in Abbildung 16.2 dargestellt.

In Zusammenarbeit mit der Arbeitgruppe Mönch wurden dafür zwei neuartige Sensorflächen entworfen, die auf dem Prinzip der Messung der Hallspannung bzw. dem GMR-Effekt basierten. Erste Funktionstests und der Nachweis der steuerbaren Quellfähigkeit der Hydrogele erfolgten an optimierten Demonstratoren.

Identifikation relevanter Polymere Auf Grund der festgelegten zwingenden und optionalen Bedingungen wurden die Polymere Hydroxypropylcellulose, Poly(4-vinylpyridin), Poly(N-Isopropylacrylamid) und Poly(vinylalkohol)/Poly(acrylsäure) als Ausgangsstoffe identifiziert. Grundlegende Voraussetzung waren dabei Sensitivität und strahlenchemische Vernetzbarkeit.

Vergleich verschiedener Vernetzungsmethoden und Variation der Probendimensionen Die ausgewählten Polymere wurden zunächst chemisch bzw. photochemisch vernetzt und charakterisiert. Dargestellt wurden zylinderförmige und sphärische Hydrogele, sowie freitragende Filme. Es wurden folgende transparente, stabile und sensitiv quellfähige Proben erhalten:

- HPC-Zylinder: chemische Vernetzung mit Divinylsulfon (Verhältnisse$_{HPC:DVS}$ zwischen 60:08 und 60:48),
- HPC-Filme: chemische Vernetzung mit DVS (ausschließlich das 60:30-Verhältnis),
- PVA/ PAS-Filme: thermisch induzierte, chemische Vernetzung (Filmdicke $\leq$ 1 mm),
- PNIPAAm-Filme: photochemische Vernetzung (Filmdicken 150 - 520 μm) und
- PNIPAAm-Kugeln: chemische Vernetzung in einer Alginathülle (Kugeldurchmesser 0.6 - 1.2 mm).

Die Ergebnisse der HPC-Zylinder konnten dabei durch die Erweiterung der Synthesevorschrift durch einen permanenten Rotationsvorgang optimiert werden.

Die Ergebnisse zum sensitiven Quellverhalten dienten als Vergleich für die Vernetzung mittels hochenergetischer Elektronenstrahlung. Es wurden angebundene Schichten und Strukturen hergestellt. Die Vernetzung der Polymerschichten erfolgte durch flächige Elektronenbestrahlung. Die detailierte Auswertung der HPC- und P4VP-Proben ergaben folgende Zusammenhänge:

- mit steigender Dosis nehmen die Gelgehalte und damit die Vernetzungsdichten zu,
- mit steigender Dosis sinkt das Quellvermögen und
- die Bestrahlung unter Stickstoff erhöht den Gelgehalt.

Das sensitive Quellverhalten konnte für HPC mittels Ellipsometrie nachgewiesen werden. Die P4VP-Schichten hafteten im Sauren nicht auf dem unbehandelten Substrat. Für die HPC-Schichten konnte die Übertragung der Sensitivität auf das Hydrogel, die Reversibilität der Quellung und das Haftungsvermögen auf dem Substrat in Wasser nachgewiesen werden. Mittels Elektronenstrahllithografie wurden Einzelstrukturen beider Polymere hergestellt und die Parameter für die Synthese der Multistrukturen festgelegt. Die Charakterisierung der Strukturen hinsichtlich Schichtdicke und Kantenschärfe erfolgte mittels AFM. Die Multistrukturierung lieferte für beide Hydrogele klar definierte Strukturen mit hoher Kantenschärfe, die auch nach mehrmaligen Quellen in Wasser stabil blieben. Die Methode der strahlenchemischen Vernetzung ermöglicht den Zugang zur Erzeugung von Strukturen im sub-μm-Bereich. Der Nachweis der Kombinationsfähigkeit verschiedener Hydrogele in diesem Größenbereich, lieferte einen maßgeblichen Beitrag für die Herstellung tragbarer Arrays.

Dimension	Geometrie	HPC			P4VP			PNIPAAm			PVA/PAS		
Vernetzungsmethode		(I)	(II)	(III)	(I)	(II)	(III)	(I)	(II)	(III)	(I)	(II)	(III)
cm	Zylinder	X	-	-	-	-	-	-	-	-	-	-	-
mm	Kugel	-	-	-	-	-	-	X	-	-	-	-	-
	Film	X	-	X	-	-	X	X	X	X	X	-	-
µm	Film	X	-	X	-	-	X	X	X	X	X	-	-
	Schicht	X	-	X	-	-	X	X	X	X	-	-	-
nm	Schicht	-	-	X	-	-	X	-	-	X	-	-	-
	Struktur	-	-	X	-	-	X	-	-	X	-	-	-

(I) ... chemisch/ (II) ... photochemisch/ (III) ... strahlenchemisch x ... geeignet/ - ... nicht geeignet

16.1.: Übersicht der darstellbaren Hydrogeldimensionen

Füllung mit anorganischen Nanopartikeln und Charakterisierung des Quellungsverhaltens Für die selektive Auswertbarkeit der Quellung wurden die magnetische Partikel Magnetit, Chromdioxid und Neodym-Eisen-Bor als Füllstoffe ausgewählt. Für den Einbau wurden verschiedene Verfahren diskutiert. Anwendung fand ausschließlich die direkte Füllung mit bereits synthetisierten Nanopartikeln während der Vernetzungsrekeaktion. Es konnten Befüllungen von 2.7 - 26.9 wt% erreicht werden. Es wurde nachgewiesen, dass der Einbau von Nanopartikel das sensitive Quellvermögen der Hydrogele nicht beeinflußt. Durch die Füllung mit Bariumtitanat und kolloidalem Gold wurde die Übertragbarkeit der Idee auf elektrische bzw. optische Wandlerprinzipien nachgewiesen.

Füllstoff	HPC				P4VP			PNIPAAm				PVA/PAS
Geometrie	Zylinder	Film	Schicht	Struktur	Film	Schicht	Struktur	Kugel	Film	Schicht	Struktur	Film
Fe_3O_4	X	X	X	X	X	X	X	X	X	X	X	X
CrO_2	X	X	X	X	X	X	X	X	X	X	X	X
$BaTiO_3$	X	X	X	X	-	-	-	X	X	-	-	X
NdFeB	X	X	X	X	X	X	X	X	X	X	X	X
Au@Citrat	X	X	-	-	X	-	-	X	X	-	-	X
Au@mPEG	-	-	-	-	-	-	-	-	-	-	-	-

strahlenchemisch x ... geeignet/ - ... nicht geeignet

16.2.: Übersicht der Kombinationen Hydrogel-Nanopartikel

Umsetzung eines Sensormodells Als Detektorprinzipien wurden Sensormodelle auf der Basis des Hall- und des GMR-Effekts entworfen. Für beide Ideen wurden zum ersten Mal Demonstratoren in verschiedenen Größen aufgebaut. So konnte gezeigt werden, dass die Anwendung in einem breiten Einsatzgebiet möglich ist. Die Optimierung der elektronischen Bauteile wurde zunächst ohne die Integration der sensorischen Schichten durchgeführt. Im Rahmen der Vorarbeiten wurde ein neuartiges mechanisches Polierverfahren entwickelt, dass die Darstellung hillocksfreier Bismutschichten für Hall-Kreuze ermöglichte. Die Umsetzung des Sensorentwurf auf der Grundlage des GMR-Prinzips erfolgte mit einer Wheatstonschen Brücke. Hierbei handelte es sich um eine Kombination von vier GMR-Stapeln, zwei innerhalb zur Detektion und zwei außerhalb als Referenz. Aufgebaut wurden entweder vier planare Stapel, bzw. zwei planarer und zwei "Rolled-Up"-Stapel. Aus diesen Voruntersuchungen ergaben sich für das Hall-Prinzip die mögliche Anwendungen in einem Quellungssensor und für das GMR-Prinzip, integriert in einem Fluidikkanal, in einem „Ja/ Nein"-Detektor. Mittels der verschiedenen Hydrogelgeometrien konnte so zum ersten Mal die allgemeine Funktionstüchtigkeit und die problemorientierte Übertragbarkeit der Sensormodelle nachgewiesen werden.

Ausblick

Für anschließende Arbeiten ergeben sich zwei Forschungsansätze. Zum einen sollten sich zukünftige Experimente mit der weiteren Optimierung der sensorischen Schicht bzw. der elektronischen Bauteile befassen. Das zweite Aufgabenfeld sollte die Identifizierung potentieller Einsatzgebiete der entwickelten Sensormodelle und die damit verbundenen Weiterentwicklungen beinhalten.

Aus den Voruntersuchungen der sensorischen Schicht und der elektronischen Bauteile ergeben sich unter anderem folgende Ideen:

- Darstellung weiterer Hydrogel-Dimensionen mit den ausgewählten Vernetzungsmethoden, um ein breites Einsatzfeld der Sensoren abzudecken. Vor allem die mögliche Miniaturisierung der Geometrien stellt einen wichtigen Ansatzpunkt dar.
- Identifikation weiterer Füllstoffe, um das sensitive Quellvermögen auch mit anderen Wandlerprinzipien selektiv messbar zu machen.
- Aufklärung des Haftungsmechanismus der Schichten und Strukturen und Verbesserung des Anbindungsvermögen im Sauren. So kann dann eine Umsetzung als pH-sensitiver Sensor im sub-μm-Maßstab diskutiert werden.
- Intergration eines permanenten Magnetfeldes in den GMR-Aufbau, um die Sensitivität des Sensors zu erhöhen, bzw. konstant zu halten.
- Kombination des GMR-Fluidikkanals mit einem Heizelement um die durchlaufenden Elemente sensitiv anzusteuern[47].
- Statistische Aufklärung des Zusammenhangs von Quellgrad und Intensität des elektrischen Messsignals.
- Darstellung unterschiedlich gefüllter Gelteilchen, die als Container fungieren und durch Ansteuerung ihren Füllstoff freisetzen.

Für die Ermittlung potentieller Anwendungsfelder ergeben sich für das Hall-Prinzip folgende Diskussionsansätze:

[47] Erste experimentelle Arbeiten zeigte die Gruppe um Mönch [196].

- Kombination verschiedener Hydrogele (Multischichten), um so unterschiedliche temperatursensitiven Bereichen auf einem Array zu erzeugen. Über ein integriertes Heizelement könnten die Strukturen einzeln angesteuert werden und entsprechen zur Quellung bzw. Entquellung angeregt werden.
- Kombination verschiedener Hydrogele mit unterschiedlichen Ionen- bzw. Enzymsensitivitäten, um ein tragbares Arry zu entwerfen, dass in-situ die Kontamination oder Intoxikation von Körperflüssigkeiten misst.

Die Integration des GMR-Prinzips in einem Fluidikkanal eröffnet folgende Möglichkeiten:

- Der Aufbau eines einzelnen Fluidikkanals kann zur Zählung von durchlaufenden Hydrogelen verwendet werden. Da man die Empfindlichkeit regulieren kann, ist man in der Lage nur ausreichend gefüllte Partikel zu registrieren und so eine Sortierung vorzunehmen.
- Integriert man ein Heizelement in den Kanal können so einzelne Hydrogele selektiv angesteuert werden, um diese beispielsweise als temporäres Ventil zu verwenden.

Für eine technische Anwendung der entwickelten Sensormodelle ist es außerdem notwendig, statistische Untersuchungen zur Zuverlässigkeit, Langzeitstabilität und der Rentabilität vorzunehmen.

Die beiden diskutierten Ansätze sollten jedoch in enger Verbindung bearbeitet werden, um problemorientierte Lösungen zu erhalten.

Teil V.

Anhang

A. Einleitung

A.1. Nanopartikel als Füllstoffe für sensitive Hydrogele

Geometrie	Polymer	Synthese der gefüllten Gele
Zylinder	PNIPAAm	NP-Zugabe zur Monomerlösung → Polymeraufbau und Vernetzung simultan
	HPC	NP-Zugabe zur Polymerlösung → Vernetzung
		NP-Zugabe zum Quellmittel des Hydrogels → nachträgliche Aufnahme durch Quellzyklen
Kugel	PNIPAAm	NP-Zugabe zur Monomerlösung → Polymeraufbau und Vernetzung simultan
Film	PNIPAAm	NP-Zugabe zur Monomerlösung → Polymeraufbau und Vernetzung simultan
	HPC, P4VP, PVA/PAS	NP-Zugabe zur Polymerlösung → Vernetzung
Schicht	HPC, P4VP, PVA/PAS	NP-Zugabe zur Polymerlösung → Vernetzung

Tabelle A.1.: Einbauvarianten der Nanopartikel

B. Theoretische Grundlagen

B.1. Verwendete Materialien - Goldnanopartikel

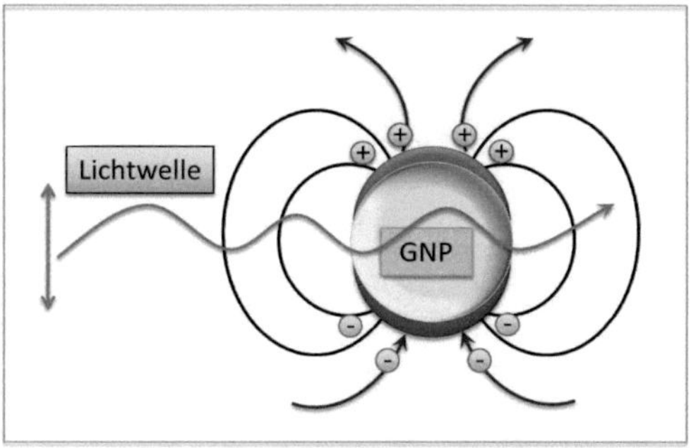

B.1.: Schematische Darstellung der Plasmonenhybridisierung

C. Experimentelle Grundlagen

C.1. Synthese anorganische Nanopartikel

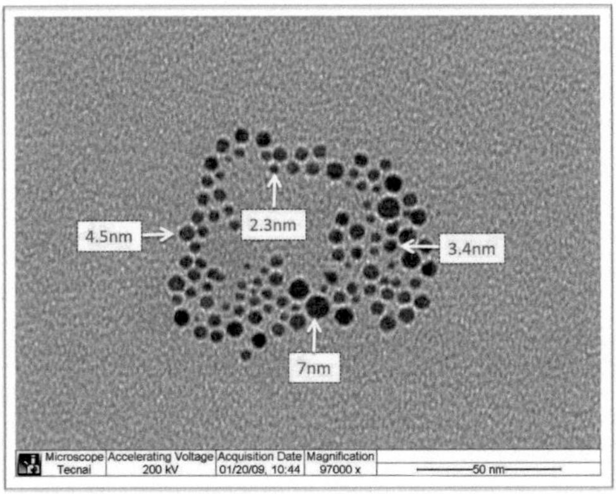

C.1.: TEM-Aufnahme der polymerstabilisierten Gold-Nanopartikel

C.2. Synthese sensorische Schicht

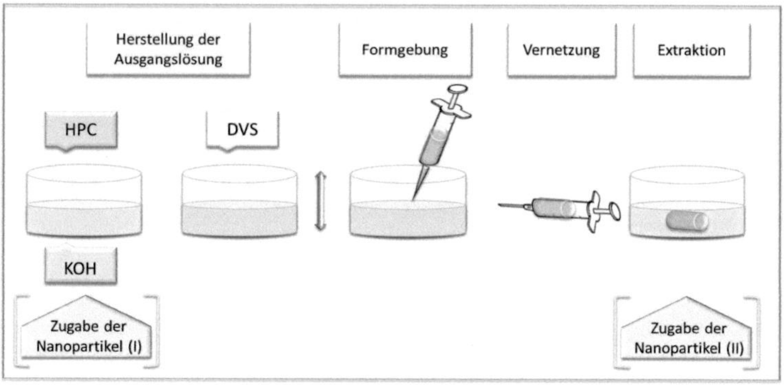

C.2.: Synthese HPC-Zylinder

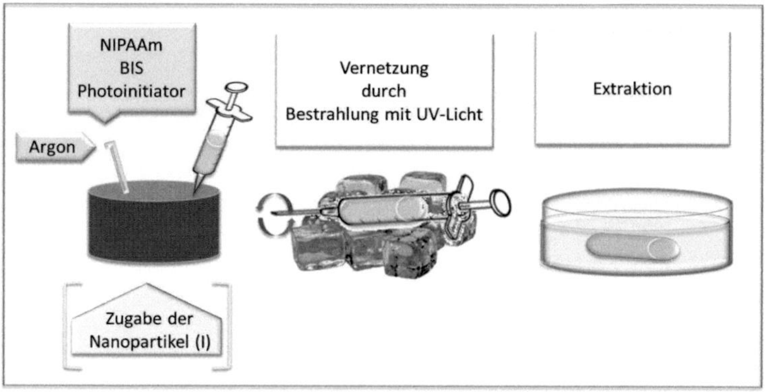

C.3.: Synthese PNIPAAm-Zylinder

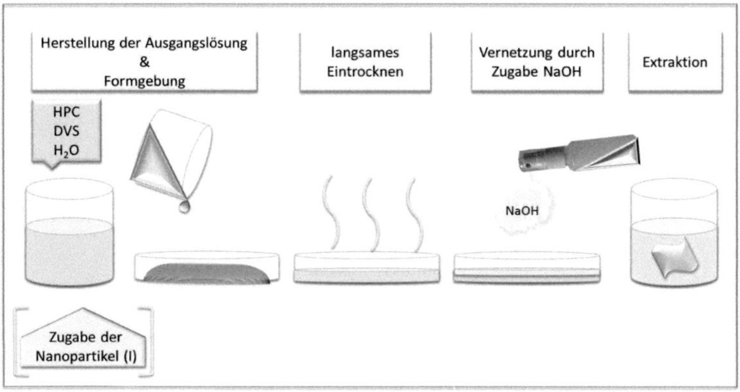

C.4.: Synthese der HPC-Filme

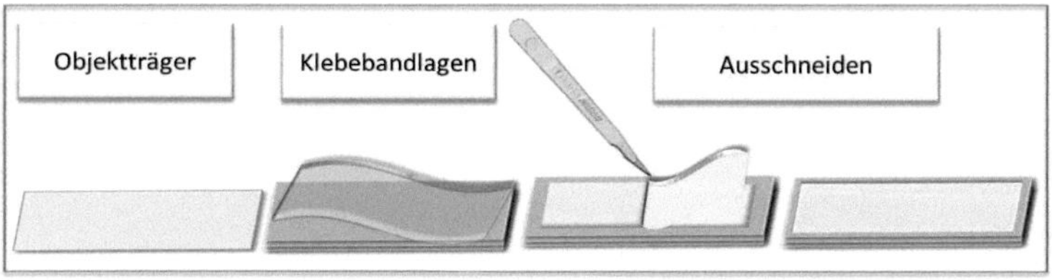

C.5.: Herstellung eines Formmasters

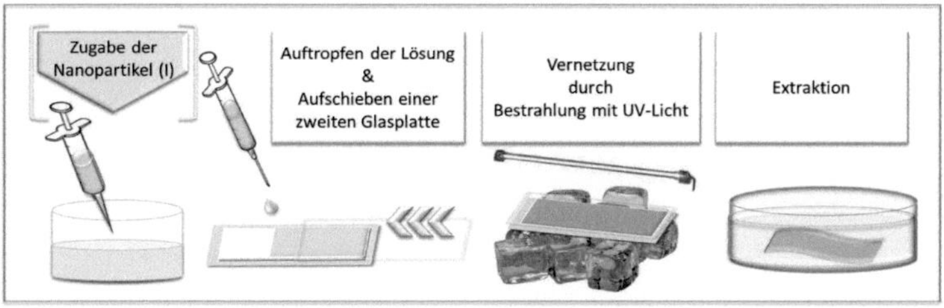

C.6.: Synthese der PNIPAAm-Filme

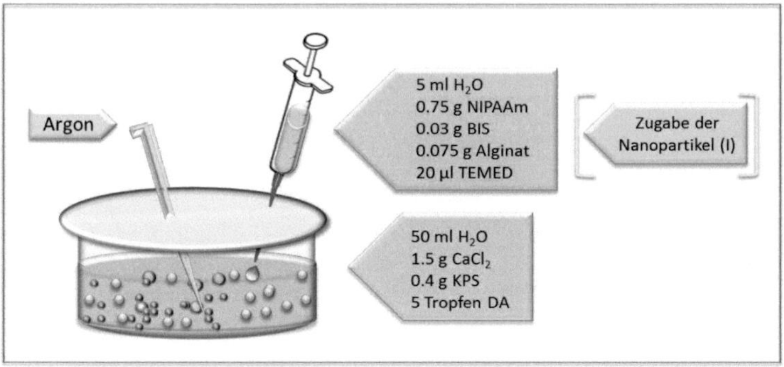

C.7.: Synthese der PNIPAAm-Mikrogelkugeln

C.8.: Oberflächenbeschichtung mittels Spray Coating

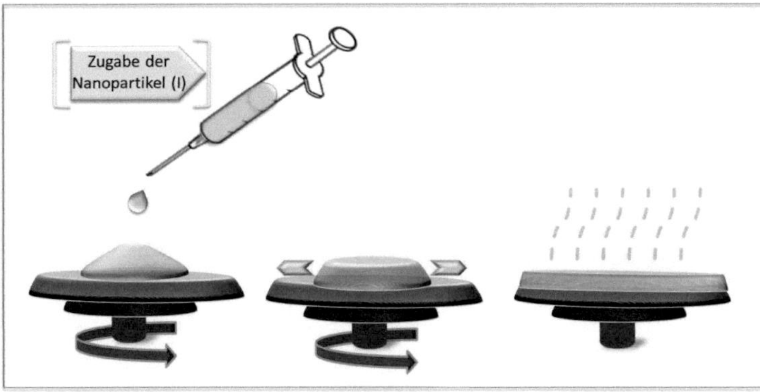

C.9.: Oberflächenbeschichtung mittels Spin Coating

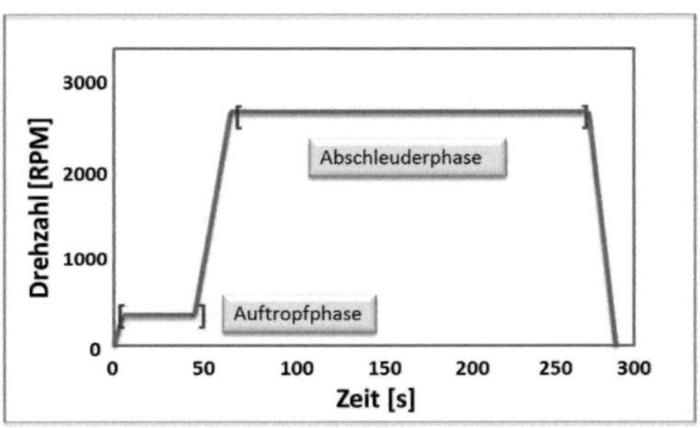

C.10.: Spin Coating Programm

C.3. Synthese elektronische Schicht

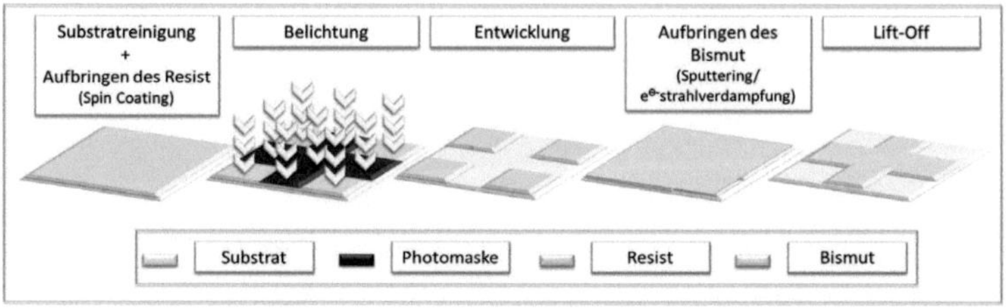

C.11.: Synthese des Bismut-Hall-Kreuz

D. Ergebnisse und Diskussion

D.1. Voruntersuchung

D.1.1. Sensorische Schicht

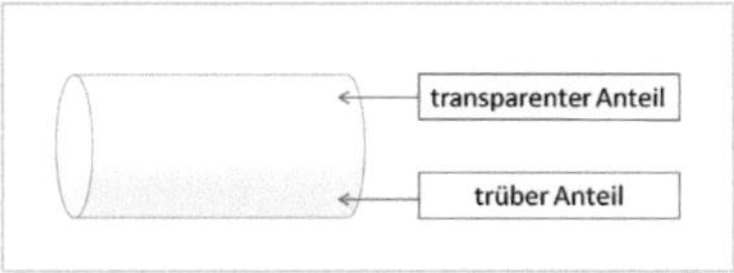

D.1.: Skizze eines inhomogen vernetzten HPC Zylinders

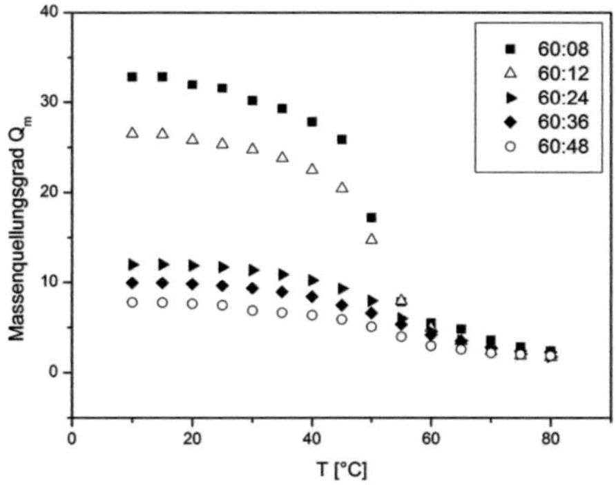

D.2.: Temperaturabhängiger Q_m aller Verhältnisse (HPC-Zylinder)

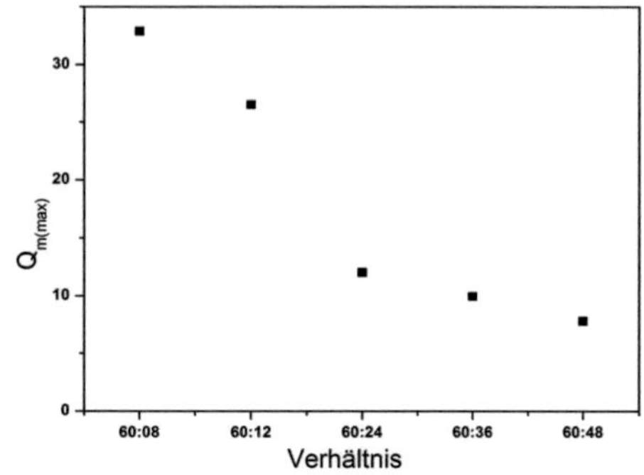

D.3.: $Q_m(max)$ in Abhängigkeit von der Vernetzerdosis (HPC-Zylinder)

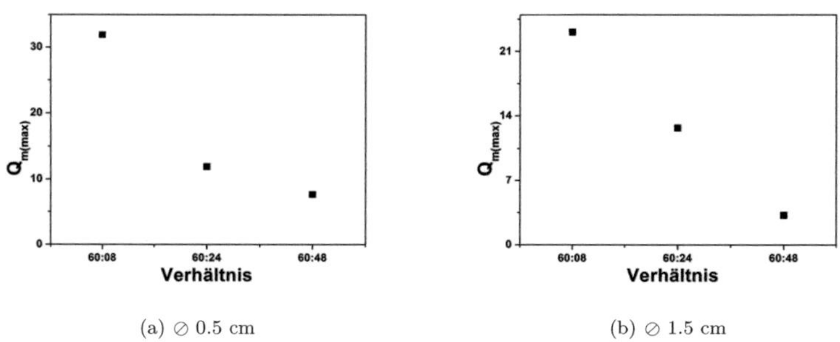

D.4.: Vergleich Q_m in Abhängigkeit vom ⊘ (HPC-Zylinder)

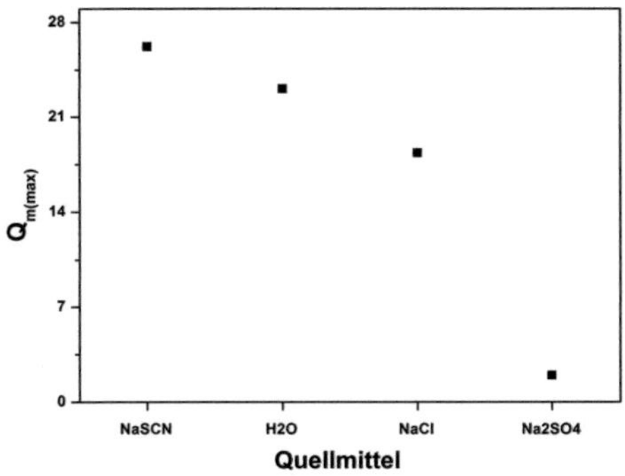

D.5.: $Q_m(max)$ nach der Hofmeister-Serie (HPC-Zylinder)

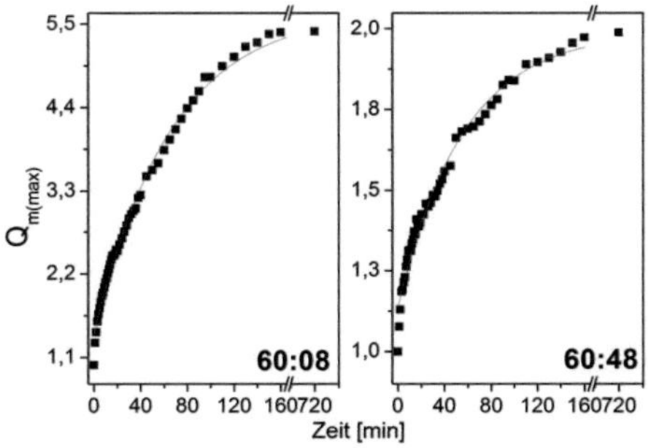

D.6.: Vergleich Massenquellungsgrad in Abhängigkeit von der Zeit (HPC-Zylinder gefüllt)

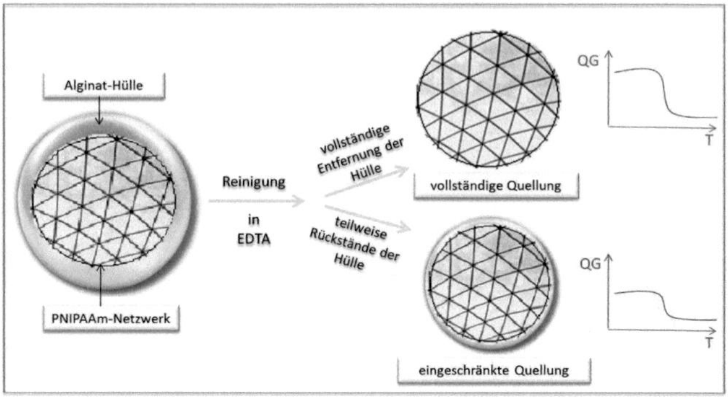

D.7.: Schema zur Kugelreinigung mittels EDTA

D.1.2. Elektronische Schicht

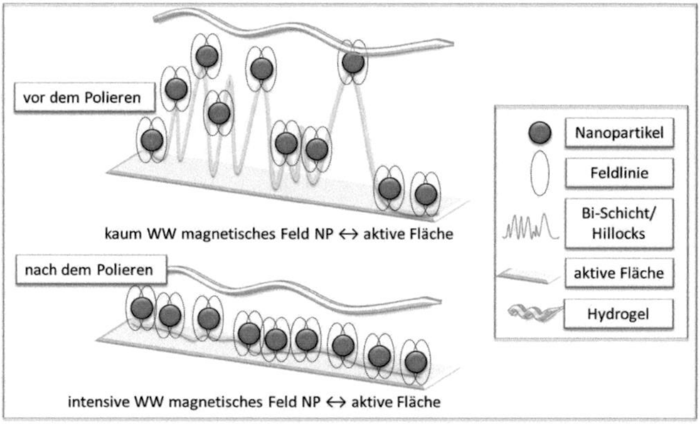

D.8.: Einfluss des Polierens auf die Detektion

D.2. Aufbau und Test der Sensordemonstratoren

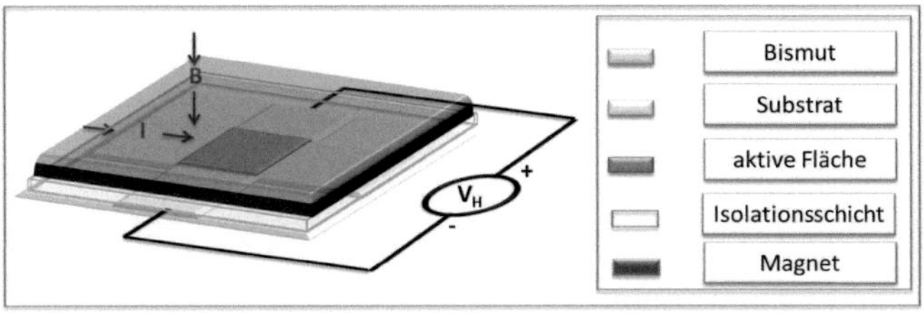

D.9.: Prinzipskizze des Testaufbaus ohne Hydrogelschicht

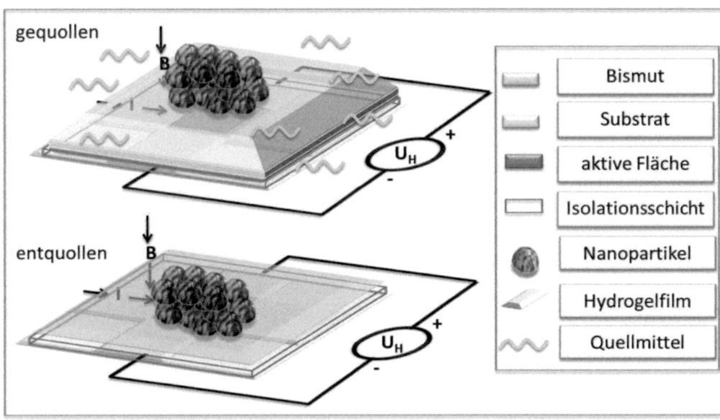

D.10.: Prinzipskizze des Testaufbaus mit Hydrogelschicht

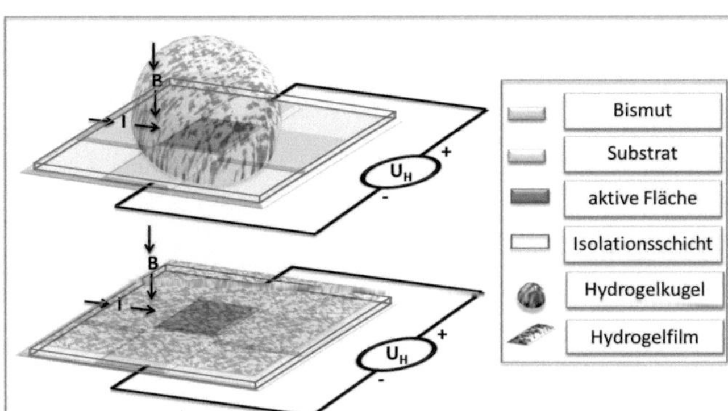

D.11.: Prinzipskizze des Testaufbaus mit gefüllter sensitiver Schicht

E. Danksagung

Ich danke der Deutschen Forschunggemeinschaft für die finanzielle Unterstützung im Rahmen des SPP 1259 „Intelligent Hydrogele“ (Förderkennzeichen AR 193/ 11-1 und AR 193/ 11-2). Im Rahmen dieses Projekts konnte so die hervorragende Kooperation mit Herrn Dr. MÖNCH, Frau Dr. KOSEVA und Frau EICHLER realisiert werden. Ich danke allen für die stetige Zusammenarbeit und die Beantwortung aller Fragen zum sensorischen Arbeitsgebiet während des gesamten Zeitraumes.

Mein besonderer Dank gilt Herrn Prof. ARNDT, der mir durch die Bereitstellung dieses interessanten Forschungsthemas die Möglichkeit gegeben hat, an seinem Lehrstuhl zu promovieren. Seine Unterstüzung in allen wissenschaftlichen Fragen haben maßgeblich zum Erfolg dieser Arbeit beigetragen.

Allen Kollegen des Arbeitskreises ARNDT möchte ich für die stete Diskussionsbereitschaft und das nette Arbeitsklima danken. Ein besonder Dank gehen an M.Sc. GROSSE für die ausführliche Hilfe bei der Synthese der gefüllten Mikrogelkugeln und Dipl.-Chem. JUNGHANS für seine Unterstüung bei der Synthese der freitragenden PVA/ PAS-Filme.

Ein weiterer Dank gilt Dipl.-Chem. LEHMANN und Dipl.-Ing. ZIMMER für deren unterstützende Arbeiten im Rahmen ihrer Diplomarbeiten, Frau DZIEWIENCKI für die TGA- und DSC-Messungen, sowie Frau KIESLICH und Frau TYPLT für die Unterstützung bei zahlreichen präparativen Arbeiten, die sie im Rahmen ihrer Ausbildung ausgeführt haben.

Ich danke M.Sc. DUBAVIK für die Synthese der kolloidalen Goldlösungen, sowie der gesamten Arbeitsgruppe EYCHMÜLLER für den wissenschaftlichen Austausch zur Thematik der anorganischen Nanopartikel.

Ich danke Frau Dr. GÜNTHER vom Institut für Festkörperelektronik der TU Dresden für die Hilfe bei der Schichtdickenanalyse mittels RIfS.

Weiterhin möchte ich mich bei den Mitarbeitern des IPF Dresden bedanken, die mich bei verschiedenen synthetischen und analytischen Aufgaben unterstützt haben. Insbesondere geht mein Dank an Herrn Dr. EICHHORN und Herrn SCHULZE (IPF Dresden) für die Untersuchungen der Quellvorgänge mittels Ellipsometrie und der Diskussion der Ergebnisse, sowie an Herrn Dr. GOHS für die Zusammenarbeit bei der elektronenstrahlchemischen Behandlung der Polymere.

Mein persönlicher Dank geht an Herrn GORSCHKOW für seine unendliche Geduld bei all meinen computertechnischen Fragen.

Von ganzem Herzen möchte ich meiner Familie, meinem Partner und meinen Freunden danken, die mich fortwährend auf meinem Weg unterstüzt haben.

F. Erklärung

Die vorliegende Arbeit wurde unter der wissenschaftlichen Betreuung von Prof. Dr. rer. nat. habil. KARL-FRIEDRICH ARNDT in der Zeit von August 2007 bis August 2011 an der Professur für Spezielle Physikalische Chemie / Physikalische Chemie der Polymere der Technischen Universität Dresden angefertigt.

Hiermit erkenne ich die Promotionsordnung der Fakultät Mathematik und Naturwissenschaften der Technischen Universität Dresden vom 23. Februar 2011 an.

Hiermit versichere ich, dass ich die vorliegende Arbeit ohne unzulässige Hilfe Dritter und ohne Benutzung anderer als der angegebenen Hilfsmittel angefertigt habe; die aus fremden Quellen direkt oder indirekt übernommenen Gedanken sind als solche kenntlich gemacht. Die Arbeit wurde bisher weder im Inland noch im Ausland in gleicher oder ähnlicher Form einer anderen Prüfungsbehörde vorgelegt.

Dresden, den

Literaturverzeichnis

[1] TANAKA, T.: Gels. In: *Sci. Am.* 244 (1981), S. 110 –123

[2] FUNKE, W.: Die Netzwerkdichte als Strukturgröße räumlich vernetzter Makromoleküle. In: *Colloid. Polym. Sci.* 197 (1964), S. 71 – 80

[3] ARNDT, K.-F. ; MÜLLER, G.: *Polymercharakterisierung*. Carl Hanser Verlag München, Wien, 1996

[4] THUONG, H. D.: *Versuche zum Einfluss der Netzwerkstruktur auf Quellungsgrad und Elastizitätsmodul von kovalent vernetzten hydrophilen Gelen*, Universität Karlsruhe, Diss., 1992

[5] OSADA, Y. ; KAJIWARA, K.: *Gels Handbook 1 - The Fundamentals*. Bd. 3. Academic Press, 2001

[6] GMBH, Goodyear Dunlop Tires G.: *Historie*. Website. `http://eu.goodyear.com/de_de/goodyear/brandhistory/(12.10.2010)`

[7] THIEL, J.M ; MAURER, G. ; PRAUSNITZ, J. M.: Hydrogele: Verwendungsmöglichkeiten und thermodynamische Eigenschaften. In: *Chem. Ing. Tech.* 67 (2004), S. 1567 – 1583

[8] SCHLIEBS, R. ; ACKERMANN, J.: *Chemie und Technologie der Silicone I*. Bd. 21(4). Chemie in unserer Zeit, 1987

[9] HOFFMAN, A. S.: Intelligent Polymers in Medicine and Biotechnology. In: *Macromol. Symp.* 98 (1995), S. 645 – 664

[10] TASUMI, M. ; SHIMANOUCHI, T.: Crystal Vibrations and Intermolecular Forces of Polymethylene Crystals. In: *J. Chem. Phys.* 43 (1965), S. 1245 – 1259

[11] DUŠEK, K. ; PATTERSON, D.: Transition in swollen polymer networks induced by intramolecular condensation. In: *J. Polym. Sci. A2* 6 (1968), S. 1209 – 1216

[12] SCHMIDT, T.: *Nano-Structured Temperature-Sensitive Hydrogels Crosslinked by High-Energy Radiation*, Technische Universität Dresden, Diss., 2005

[13] TANAKA, T.: Collapse of Gels and the Critical Endpoint. In: *Phys. Rev. Lett.* 40 (1978), S. 820 – 823

[14] HOOPER, H. H. ; BAKER, J. P. ; BLANCH, H. W. ; PRAUSNITZ, J. M.: Swelling Equilibria for Positively Ionized Polyacrylamide Hydrogels. In: *Macromolecules* 23 (1990), S. 1096 – 1104

[15] BELTRAN, S. ; BAKER, J. P. ; HOOPER, H. H. ; BLANCH, H. W. ; PRAUSNITZ, J. M.: Swelling Equilibria for Weakly Ionizable, Temperature-Sensitive Hydrogels. In: *Macromolecules* 24 (1991), S. 549 – 551

[16] KUCKLING, D. ; ADLER, H.-J. ; ARNDT, K.-F. ; HOFFMANN, J. ; PLÖTNER, M. ; WOLFF, T.: Photocrosslinking of Thin Films of Temperature Sensitive Polymers. In: *Polym. Adv. Technol.* 10 (1999), S. 345 – 352

[17] REE, M.: *Miscibility, Crystallization and Morphology of Crystalline /Crystalline Polymer Blends*, University of Massachusetts at Amherst, Diss., 1988

[18] CAI, T. ; HU, Z. ; PONDER, B. ; JOHN, St. J. ; MORO, D.: Synthesis and Study of and Controlled Release from Nanoparticles and their Networks Based on Functionalized Hydroxypropylcellulose. In: *Macromolecules* 36 (2003), S. 6559 – 6564

[19] KISHI, R. ; ICHIJO, H. ; HIRASA, O.: Fast Responsive Poly(N-isopropyl amide) Hydrogels Prepared by γ-ray Irradiation. In: *Polym. Gels Networks* 5 (1997), S. 145 – 151

[20] KRICHELDORF, H. R. ; SWIFT, G. ; NUYKEN, O.: *Handbook of Polymer Synthesis, Part A*. CRC Press, 1992

[21] HIROKAWA, Y. ; TANAKA, T.: Volume phase transition in a non-ionic gel. In: *AIP Conference Proceeding* 107 (1984), S. 203 – 208

[22] SIEGEL, R. A. ; FALAMARZIAN, M. ; FIRESTONEA, B. A. ; MOXLEY, B. C.: pH-Controlled Release from Hydrophobic/Polyelectrolyte Copolymer Hydrogels. In: *J. Controlled Release* 8 (1988), S. 179 – 182

[23] SIEGEL, R. A. ; FIRESTONE, B. A.: pH-Dependent Equilibrium Swelling Properties of Hydrophobic Polyelectrolyte Copolymer Gels. In: *Macromolecules* 21 (1988), S. 3254 – 3259

[24] FLORY, P.J. ; REHNER, J.: Statistical Mechanics of Cross-Linked Polymer Network. In: *J. Chem. Phys.* 11 (1943), S. 512 – 520

[25] SHIBAYAMA, M. ; TANAKA, T.: Responsive Gels: Volume Transitions I. In: *Adv. Polym. Sci.* 109 (1993), S. 1–62

[26] FLORY, P. J.: *Principles of polymer chemistry*. Cornell University Press, 1953

[27] TANAKA, T. ; FILLMORE, D. J.: Kinetics of Swelling of Gels. In: *J. Chem. Phys.* 70 (1979), S. 1214 – 1218

[28] TANAKA, T. ; HOCKER, L. O. ; BENEDEK, G. B.: Spectrum of light scattered from a viscoelastic gel. In: *J. Chem. Phys.* 59 (1973), S. 5151 – 5159

[29] ARNDT, K.-F. ; KUCKLING, D. ; RICHTER, A.: Application of Sensitive Hydrogels in Flow Control. In: *Polym. Adv. Technol.* 11 (2000), S. 496 – 505

[30] ARNDT, K.-F. ; RICHTER, A. ; MÖNCH, I.: Synthesis and Application of Stimuli-Sensitive Hydrogels in the μm and sub-μm Range by Radiation Techniques and their Application. In: *Hydrogels - Biological Properties and Applications* Springer (2009), S. 121 – 140

[31] HUTCHINSON, Alex: *Big Ideas: 100 Modern Inventions That Have Transformed Our World.* Hearst Books, 2009

[32] Schutzrecht EP 0327351 A3 (1989). MEYER, W. C. (Erfinder).

[33] Schutzrecht US 2004/0006175 A1 (2003). DIENER, B. (Erfinder).

[34] Schutzrecht DE 202006020295 U1 (2008). KG, Geohumus International Research & Development GmbH & C. (Erfinder).

[35] WICHTERLE, O. ; LIM, D.: Hydrophilic Gels for Biological Use. In: *Nature* 185 (1960), S. 117–118

[36] KISHI, R. ; ICHIJO, H. ; HIRASA, O.: Thermo-Responsive Devices Using Poly(vinyl methyl ether) Hydrogels. In: *J. Intell. Mater. Syst. Struct.* 4 (1993), S. 533 – 537

[37] LUTOLF, M.P. ; RAEBER, G.P. ; ZISCH, A.H. ; TIRELLI, N. ; HUBBELL, J.A.: Cell-responsive synthetic hydrogels. In: *Adv. Mater.* 15 (2003), S. 888 – 892

[38] GERLACH, G. ; GUENTHER, M. ; SUCHANECK, G. ; SORBER, J. ; ARNDT, K.-F. ; RICHTER, A.: Application of Sensitive Hydrogels in Chemical and pH Sensors. In: *Macromol. Symp.* 210 (2004), S. 403 – 410

[39] RICHTER, A. ; PASCHEW, G. ; KLATT, S. ; LIENIG, J. ; ARNDT, K.-F. ; ADLER, H.-J. P.: Review on Hydrogel-based pH Sensors and Microsensors. In: *Sensors* 8 (2008), S. 561 – 581

[40] GERLACH, G. ; ARNDT, K.-F.: *Hydrogel Sensors and Actuators: Engineering and Technology (Springer Series on Chemical Sensors and Biosensors).* Springer Heidelberg, 2009

[41] HALTNER, E.: *Bindung und Endozytose von Lektinen durch Caco-2 Monolayer: Perspektiven für den kontrollierten Transport makromolekularer Arzneistoffe über biologische Barrieren*, Universität des Saarlandes, Diss., 1997

[42] HAAG, R.: Supramolecular Drug-Delivery Systems Based on Polymeric Core-Shell Architectures. In: *Angew. Chem.* 116 (2004), S. 280 –284

[43] FEYNMAN, R.: There's Plenty of Room at the Bottom. In: *Adv. Mater. Sci. Eng.* 23 (1960), S. 22

[44] WAUTELET, M. ; HOPPE, B.: *Nanotechnologie.* Oldenbourg Verlag München, 2008

[45] OBERPAUL, P.: *Kohlenstoff - seine Elementmodifikationen -.* Didaktik der Chemie Universität Bayreuth, 2001

[46] STEINDL, A.: *Modellierung, Simulation und Stabilitätsuntersuchung von Weltraumstrukturen.* Arbeitsgruppe für Angewandte Mechanik TU Wien, 2010

[47] MIJATOVIC, D. ; EIJKEL, J. C. T. ; BERG, A. van d.: Technologies for Nanofluidic Systems: Top Down vs. Bottom Up - a Review. In: *Lab Cip* 5 (2005), S. 492 – 500

[48] LU, W. ; LIEBER, C. M.: Nanoelectronics from the bottom up. In: *Nat. Mater.* 6 (2007), S. 841 – 850

[49] WANG, M.-F. ; RAGHUNATHAN, N. ; ZIAIE, B.: A Nonlithographic Top Down Electrochemical Approach for Creating Hierarchical (Micro - Nano) Superhydrophobic Silicon Surfaces. In: *Langmuir* 23 (2007), S. 2300 – 2303

[50] PASCHEN, H. ; COENEN, C. ; FLEISCHER, T. ; GRÜNWALD, R. ; OERTEL, D. ; REVERMANN, C.: *Nanotechnologie in Forschung, Entwicklung, Anwendung: Stand und Perspetiven.* Springer Berlin, 2004

[51] TSENG, R. J. ; OUYANG, J. ; CHU, C.-W. ; HUANG, J. ; YANG, Y.: Nanoparticle-induced negative differential resistance and memory effect in polymer bistable light-emitting device. In: *Appl. Phys. Lett.* 88 (2006), S. 123506 – 123506–3

[52] DRESSEN, J. ; FELLENBERG, R.: Nanotechnologie in der Automobiltechnik. In: *Vakuum in Forschung und Praxis* 17 (2005), S. 306 – 309

[53] GLEICHE, M. ; HAUMANN, C. ; BARON, W. ; DRESSEN, J.: Ein-Blick in die Nano-Elektronik: Bausteine, Funktionsprinzipien und virtuelle Reisen. In: *Vakuum in Forschung und Praxis* 18 (2006), S. 26 – 31

[54] HOFFBAUER, J.: Verwendung von Nanopartikeln in Lebensmitteln und Kosmetika - Statusbericht. In: *Journal für Verbraucherschutz und Lebensmittelsicherheit* 3 (2008), S. 290 – 293

[55] PHOENIX, C.: Design of a Primitive Nanofactory / Center for Responsible Nanotechnology. 2003. – Report

[56] SALATA, O. V.: Applications of nanoparticles in biology and medicine. In: *J. Nanobiotechnol.* 2 (2004), S. 16 – 21

[57] MÖNCH, J. I. ; MEYE, A. ; LEONHARDT, A. ; KRÄMER, K. ; KOZHUHAROVA, R. ; GEMMING, T. ; WIRTH, M. P. ; BÜCHNER, B.: Ferromagnetic filled carbon nanotubes and nanoparticles: Synthesis and lipid-mediated delivery into human tumor cells. In: *J. Magn. Magn. Mater.* 290 - 291 (2005), S. 276 – 278

[58] LAI, C. W. ; LAI, Y. H. Wangand C. H. ; YANG, M. J. ; CHEN, C. Y. ; CHOU, P. T. ; CHAN, C. S. ; CHI, Y. ; J. K. HSIAO, Y. C. C.: Iridium-complex-functionalized Fe_3O_4/SiO_2 core/shell nanoparticles: a facile three-in-one system in magnetic resonance imaging, luminescence imaging, and photodynamic therapy. In: *Small* 4 (2008), S. 218 – 224

[59] RODAL, G. H. ; RODAL, S. K. ; MOAN, J. ; BERG, K.: Liposome-bound Zn(II)-phthalocyanine. Mechanisms for cellular uptake and photosensitization. In: *J. Photochem. Photobiol., B* 45 (1998), S. 150 – 159

[60] NAM, J. M. ; MIRKIN, C. C. Thaxton C. A.: Nanoparticles-based bio-barcodes for the ultrasensitive detection of proteins. In: *Science* 301 (2003), S. 1884 – 1886

[61] MAHTAB, R. ; ROGERS, J. P. ; MURPHY, C. J.: Protein-sized quantum dot luminescence can distinguish between straight, bent and kinked oligonucleotides. In: *J. Am. Chem. Soc.* 117 (1995), S. 9099 – 9100

[62] ONDRACEK, G.: *Verbundwerkstoffe , Stoffverbunde in Technik und Medizin.* DGM Informationsgesellschaft-Verlag, 1989

[63] MYERS, D.: *Surfaces, Interfaces, and Colloids: Principles and Applications.* Wiley-VCH, 1999

[64] JANOVÁK, L. ; DÉKÁNY, I.: Optical properties and electric conductivity of gold nanoparticle-containing, hydrogel-based thin layer composite films obtained by photopolymerization. In: *Appl. Surf. Sci.* 256 (2010), S. 2809 – 2817

[65] XIANG, Y ; CHENG, D.: Preparation of a Novel pH-Responsive Silver Nanoparticle/Poly(HEMA-PEGMA-MAA) Composite Hydrogel. In: *Eur. Polym. J.* 43 (2007), S. 4178 – 4187

[66] PARDO-YISSAR, V. ; GABAI, R. ; SHIPWAY, A. N. ; BOURENKO, T. ; WILLNER, I.: Gold Nanoparticle/Hydrogel Composites with Solvent - Switchable Electronic Properties. In: *Adv. Mater.* 13 (2001), S. 1320 – 1323

[67] TÜRK, M. ; LIETZOW, R.: Stabilized Nanoparticles of Phytosterol by Rapid Expansion from Supercritical Solution into Aqueous Solution. In: *AAPS PharmSciTech* 5 (2004), S. 1 – 10

[68] KIM, D. K. ; MIKHAYLOVA, M. ; ZHANG, Y. ; MUHAMMED, M.: Protective Coating of Superparamagnetic Iron Oxide Nanoparticles. In: *Chem. Mater.* 15 (2003), S. 1617 – 1627

[69] FRENS, G.: Particle Size and Sol Stability in Metal Colloids. In: *Colloid. Polym. Sci.* 250 (1972), S. 736 – 741

[70] BANERT, T. ; PEUKER, U. A.: Herstellung von hochgefüllten Fe_3O_4/PMMA - Nanokompositen im Spruehprozess. In: *Chem. Ing. Tech.* 77 (2005), S. 224 – 227

[71] GROSSE, A.: *Synthese und Charakterisierung sphärisch vernetzter Polymere*, Technische Universität Dresden, Masterarbeit, 2010

[72] THEISS, D.: *Temperatursensitive Hydrogele mit ferroelektrischen/ ferromagnetischen Füllstoffen*, Technischen Universität Dresden, Diplomarbeit, 2002

[73] KLEMM, A.: *Hydrogelsensoren mit elektrischem Wandlerprinzip*, Technische Universität Dresden, Diplomarbeit, 2010

[74] SHEENEY-HAJ-ICHIA, L. ; SHARABI, G. ; WILLNER, I.: Control of the Electronic Properties of Thermosensitive Poly(N-isopropylacrylamide) and Au-Nanoparticle/Poly(N-isopropylacrylamide) Composite Hydrogels upon Phase Transition. In: *Adv. Funct. Mater.* 12 (2002), S. 27 – 32

[75] GIPSTEIN, E. ; WELLISCH, E.: Hydroxypropylcellulose - the Reaction of Alkali Cellulose with Propyl Oxide. In: *J. Appl. Polym. Sci.* 17 (1973), S. 2783 – 2790

[76] SUTO, S. ; TASHIRO, H. ; KARASAWA, M.: Circular Dichroism Study of Crosslinked Cholesteric Liquid Crystalline Hydroxypropyl Cellulose Solid Films. In: *J. Mater. Sci. Lett.* 9 (1990), S. 768 – 769

[77] SONG, C. Q. ; LITT, M. H. ; MANAS-ZLOCZOWER, I.: Structures of liquid-crystalline hydroxypropylcellulose films crosslinked under shear flow fields. In: *Macromolecules* 25 (1992), S. 2166 – 2169

[78] WACH, R. A. ; MITOMO, H. ; Y., F. ; KUME, T.: Hydrogel of Radiation-Induced Cross-Linked Hydroxypropylcellulose. In: *Macromol. Mater. Eng.* 287 (2002), S. 285 – 295

[79] GOTTLIEB, R. ; KAISER, C. ; GOHS, U. ; ARNDT, K.-F.: Temperature Sensitive Hydrogels Based on Hydroxypropylcellulose by High Energy Irradiation. In: *Macromol. Symp.* 254 (2007), S. 361 – 369

[80] LÓPEZ-VELÁZQUEZ, D. ; BELLO, A. ; PÉREZ, E.: Preparation and Characterisation of Hydrophobically Modified Hydroxypropylcellulose: Side-Chain Crystallisation. In: *Macromol. Chem. Phys.* 205 (2004), S. 1886 – 1892

[81] BOHRISCH, J. ; WENDLER, U. ; JAEGER, W.: Controlled radical polymerization of 4-vinylpyridine. In: *Macromol. Rapid Comm.* 18 (1997), S. 975 – 982

[82] CACUTECERES, P. ; PIÉROLA, I. F. ; HORTA, A.: Vinyl polymers with heterocyclic aromatic side groups having no excimer emission, 1. Poly(4-vinylpyridine). In: *Macromol. Rapid Comm.* 8 (1987), S. 573 – 578

[83] XIA, J. ; ZHANG, X. ; MATYJASZEWSKI, K.: Atom Transfer Radical Polymerization of 4-Vinylpyridine. In: *Macromolecules* 32 (1999), S. 3531 – 3533

[84] CHEN, Z. ; CAI, J. ; JIANG, X. ; YANG, C.: Nitroxide-mediated radical polymerization of 4-vinylpyridine and its application on modification of silicon substrate. In: *J. Appl. Polym. Sci.* 86 (2002), Nr. 11, S. 2687 – 2692

[85] CHARLESBY, A.: *Atomic radiation and polymers*. Bd. 1. Pergamon Press Oxford, 1960

[86] ACAR, N.: Synthesis and swelling characteristics of poly(4-vinylpyridine) gels crosslinked by irradiation. In: *J. Appl. Polym. Sci.* 81 (2001), S. 2609 – 2614

[87] QIU, Y. ; PARK, K.: Environment - sensitive hydrogels for drug delivery. In: *Adv. Drug Delivery Rev.* 53 (2001), S. 321 – 339

[88] FÄNGER, C.: *Schaltbare polymere Hydrogele für die reversible Immobilisierung von Enzymen*, Universität Duisburg-Essen, Diss., 2005

[89] FERSE, B.: *Smarte Nano-Komposit-Hydrogele*, Technische Universität Dresden, Diplomarbeit, 2007

[90] KUHN, W.: Prinzip der Erzeugung mechanischer Energie durch niakromolekulare Systeme. In: *Makromol. Chem.* 35 (1960), S. 200 –221

[91] KUHN, W. ; THÜRKAUF, M.: Über die Herstellung und Vorführung von pH-Muskeln. In: *Kolloid-Zeitschrift und Zeitschrift für Polymere* 184 (1962), S. 114 – 117

[92] KUHN, W. ; TOTH, I. ; KUHN, H. J.: Über die Vernetzungskontraktion des Polyvinylalkohol-Cu-Muskels - Der E-Modul-Wirksamkeitsfaktor der Cu-Vernetzung. In: *Makromol. Chem.* 60 (1963), S. 77 – 88

[93] ARNDT, K.-F. ; RICHTER, A. ; LUDWIG, S. ; ZIMMERMANN, J. ; KRESSLER, J. ; KUCKLING, D. ; ADLER, H.-J.: Poly(vinyl alcohol)/Poly(acrylic acid) Hydrogels: FT-IR Spectroscopic Characterization and Work at Transition Point. In: *Acta Polym.* 50 (1999), S. 383 – 390

[94] JUNGHANS, T.: *Arbeitstitel: Sensitive Hydrogele für chemische Sensoren auf Basis von Dickenscherschwingern (persönliche Mitteilung)*, Technische Universität Dresden, Diss., 2010

[95] VÁZQUEZ-TORRES, H. ; CAUICH-RODRÍGUEZ, J. V. ; CRUZ-RAMOS, C. A.: Poly(vinyl alcohol)/Poly(acrylic acid) Blends: Miscibility Studies by DSC and Characterization of their Thermally Induced Hydrogels. In: *J. Appl. Polym. Sci.* 50 (1993), S. 777 – 792

[96] GÜNTHER, M. ; SORBER, J. ; GERLACH, G. ; SUCHANECK, G. ; THONG, T. Q. ; ARNDT, K.-F. ; RICHTER, A.: Piezoresistive Chemosensoren auf der Basis von Hydrogelen. In: *Technisches Messen* 72 (2005), S. 93 – 102

[97] LIU, T.-Y. ; HU, S.-H. ; LIU, K.-H. ; SHAIU, R.-S. ; LIU, D.-M. ; CHEN, S.-Y.: Instantaneous Drug Delivery of Magnetic/Thermally Sensitive Nanospheres by a High-Frequency Magnetic Field. In: *Langmuir* 23 (2008), S. 13306–13311

[98] HOLLEMAN, A. F. ; WIBERG, E.: *Lehrbuch der Anorganischen Chemie.* 102. Walter de Gruyter, Berlin und New York, 2007

[99] CHAMBERLAND, B. L.: Crystal growth of CrO2. In: *Mater. Res. Bull.* 2 (1967), S. 827 – 835

[100] LEE, R. A. ; DONALD, D. S.: Magtrieve - an efficient, magnetically retrievable and recyclable oxidant. In: *Tetrahedron Lett.* 38 (1997), S. 3857 – 3860

[101] FELSER, C. ; FECHER, G. H. ; BALKE, B.: Spintronik: eine Herausforderung für Materialwissenschaften und Festkörperchemie. In: *Angew. Chem.* 119 (2007), S. 680 –713

[102] KOROTIN, M. A. ; ANISIMOV, V. I. ; KHOMSKII, D. I. ; SAWATZKY, G. A.: CrO_2: a self-doped double exchange ferromagnet. In: *Phys. Rev. Lett.* 80 (1998), S. 4305 – 4308

[103] KG, ChenYang-Technologies GmbH & C.: *NdFeB Magnete (Neodym Eisen Bor - Seltenerdmagnete.* http://www.cy-magnetics.com (besucht am 12.01.2010), 2010

[104] ALSFASSER, R. ; JANIAK, C. ; KLAPÖTKE, T. M. ; MEYER, H.-J.: *Moderne Anorganische Chemie.* 3. Erwin Riedel, 2007

[105] PETZOW, G.: *Hochleistungskeramiken : Herstellung, Aufbau, Eigenschaften ; Beiträge zum Abschlußkolloquium im Schwerpunktprogramm -Keramische Hochleistungswerkstoffe- der Deutschen Forschungsgemeinschaft.* Deutsche Forschungsgemeinschaft, 1994 (17./ 18.)

[106] BEAUGER, A. ; MUTIN, J. C. ; NIEPCE, J. C.: Synthesis reaction of metatitanate BaTi03. In: *J. Mater. Sci.* 18 (1983), S. 3041 – 3046

[107] NIEPCE, J. C. ; THOMAS, G.: About the mechanism of the solid-way synthesis of barium metatitanate. Industrial consequences. In: *Solid State Ionics* 43 (1990), S. 69 – 76

[108] MULDER, B. J.: Preparation of BaTiO3 and other ceramic powder by coprecipitation of citrates in alcohol. In: *Ceramic Bulletin* 49 (1970), S. 990–993

[109] MAZDIYASNI, K. S. ; DOLLOFF, R. T. ; SMITH, J. S.: Preparation of High-Purity Submicron Barium Titanate Powders. In: *J. Am. Ceram. Soc.* 52 (1969), S. 1551 – 2916

[110] UREK, S. ; DROFENIK, M.: The hydrothermal synthesis of BaTiO3 fine particles from hydroxide - Alkoxide precursors. In: *J. Eur. Ceram. Soc.* 18 (1998), S. 279 – 286

[111] GOPALAKRISHNAMURTHY, H. S. ; RAO, M. S. ; KUTTY, T. R. N.: Thermal decomposition of titanyl oxalates -(I): Barium titanyl oxalate. In: *J. Inorg. Nucl. Chem.* 37 (1975), S. 891 – 898

[112] GABLENZ, S.: *Sprühtrocknung und Sprühhydrolyse - neue Methoden zur Herstellung von Metalloxiden und zur Modifizierung von BaTiO3*, Martin-Luther-Universität Halle-Wittenberg, Diss., 2001

[113] DANIEL, M.-C. ; ASTRUC, D.: Gold Nanoparticles: Assembly, Supramolecular Chemistry, Quantum-Size-Related Properties, and Applications toward Biology, Catalysis, and Nanotechnology. In: *Chem. Rev.* 104 (2004), S. 293 – 346

[114] PRIESNER, C. ; FIGALA, K.: *Alchemie. Lexikon einer hermetischen Wissenschaft.* C.H. Beck München, 1998

[115] FARADAY, M.: The Bakerian Lecture: Experimental Relations of Gold (and Other Metals) to Light. In: *Philos. Trans.* 147 (1857), S. 145 – 181

[116] SCHMID, G. ; CORAIN, B.: Nanoparticulated Gold: Syntheses, Structures, Electronics, and Reactivities. In: *Eur. J. Inorg. Chem.* 17 (2003), S. 3081 – 3098

[117] TURKEVICH, J. ; STEVENSON, P. C. ; HILLIER, J.: A study of the nucleation and growth processes in the synthesis of colloidal gold. In: *Discussions of the Faraday Society* 11 (1951), S. 55 – 75

[118] FRENS, G.: Controlled nucleation for the regulation of the particle size in monodisperse gold suspensions. In: *Nature* 241 (1973), S. 20 – 22

[119] MULVANEY, P.: Surface Plasmon Spectroscopy of Nanosized Metal Particles. In: *Langmuir* 12 (1996), S. 788 – 800

[120] MIE, G.: Contribution to the Optics of Turbid Media. Particulary of Colloidal Metal Solutions. In: *Ann. Phys.* 25 (1908), S. 377 – 445

[121] HARSH, D. C. ; GEHRKE, S. H.: Controlling the Swelling Characteristics of Temperaturesensitive Cellulose Ether Hydrogels. In: *J. Controlled Release* 17 (1991), S. 175 – 186

[122] ELIAS, H.-G.: *Polymere Von Monomeren und Makromolekülen zu Werkstoffen.* UTB für Wissenschaft, Wepft Verlag Zug, Heidelberg, Oxford, CT/USA, 1996

[123] WOLF, F. ; TAEGER, E. ; ALLOUSH, S. ; DIALLO, C.: Additionsreaktionen mit Divinylsulfon (DVS). In: *Zeitschrift für Chemie* 7 (1967), S. 156 – 157

[124] FINCH, C.A.: *Chemistry and Technology of Water-Soluble Polymers.* Plenum Press, 1983

[125] SANNINO, A. ; MENSITIERI, G. ; NICOLAIS, L.: Water and Synthetic Urine Sorption Capacity of Cellulose-Based Hydrogels under a Compressive Stress Field. In: *J. Appl. Polym. Sci.* 91 (2004), S. 3791 – 3796

[126] SANNINO, A. ; PAPPAD, S. ; GIOTTA, L. ; VALLI, L. ; MAFFEZZOLI, A.: Spin Coating Cellulose Derivatives on Quartz Crystal Microbalance Plates to Obtain Hydrogel-Based Fast Sensors and Actuators. In: *J Appl Polym Sci* 106 (2007), S. 3040 – 3050

[127] PELTON, R. H. ; CHIBANTE, P.: Preparation of Aqueous Latices with N-isopropylacrylamide. In: *Colloids Surf.* 20 (1986), S. 247 – 256

[128] WU, C. ; ZHOU, Q.: Laser Light Scattering Study of the Phase Transition of Poly(N-isopropylacrylamide) in Water. 1. Single Chain. In: *Macromolecules* 28 (1995), S. 8381 – 8387

[129] DOWDING, P.J. ; VINCENT, B. ; WILLIAMS, E.: Preparation and Swelling Properties of Poly(NIPAM) "Minigel" Particles Prepared by Inverse Suspension Polymerization. In: *J. Colloid Interf. Sci.* 221 (2000), S. 268 – 272

[130] PARK, T. G. ; HOFFMAN, A. S.: Preparation of Large, Uniform Size Temperature-Sensitive Hydrogel Beads. In: *J. Polym. Sci., Part A: Polym. Chem.* 30 (1992), S. 505 – 507

[131] KUCKLING, D. ; SCHMIDT, T. ; FILIPCSEI, G. ; ADLER, H.-J.P. ; ARNDT, K.-F.: Preparation of Filled Temperature-Sensitive Poly(N-isopropylacrylamide) Gel Beads. In: *Macromol. Symp.* 210 (2004), S. 369 – 376

[132] PARK, T. G. ; HOFFMAN, A. S.: Estimation of temperature-dependent pore size in poly(N-isopropylacrylamide) hydrogel beads. In: *Biotechnol. Prog.* 10 (1994), S. 82 – 86

[133] OUWERX, C. ; MESTDAGH, N. Velingsand M. M. ; AXELOS, M. A. V.: Physico-chemical properties and rheology of alginate gel beads formed with various divalent cations. In: *Polym. Gels Networks* 6 (1998), S. 393 – 408

[134] HIRAI, T. ; OKINAKA, T. ; AMEMIYA, Y. ; KOBAYASHI, K. ; HIRAI, M. ; HAYASHI, S.: pH-Induced Structure Change of Poly(vinyl alcohol) Hydrogel Crosslinked with

Poly(acrylic acid). In: *Die Angewandte Makromolekulare Chemie* 240 (1996), S. 213 – 219

[135] GUDEMAN, L. F. ; PEPPAS, N. A.: Preparation and Characterization of pH-Sensitive, Interpenetrating Networks of Poly(vinyl alcohol) and Poly(acrylic acid). In: *J. Appl. Polym. Sci.* 55 (1995), S. 919 – 928

[136] ELIAS, H. G.: *Makromoleküle - Band 1: Chemische Struktur und Synthesen*. 6. Auflage. Wiley-VCH Weinheim, 1999

[137] AZUMA, C. ; HASHIZUME, N. ; SANUI, K. ; OGATA, N.: Synthesis and properties of photosensitive rubbers. IV. Photosensitive rubbers from hydroxyethyl cinnamate and polyisoprene modified with maleic anhydride. In: *J. Appl. Polym. Sci.* 28 (1983), Nr. 2, S. 543 – 557

[138] ARNDT, K.-F. ; SCHMIDT, T. ; MENGE, H.: Poly (vinyl methyl ether) Hydrogel Formed by High Energy Radiation. In: *Macromol. Symp.* 164 (2001), S. 313 – 322

[139] SCHMALJOHANN, D. ; NITSCHKE, M. ; SCHULZE, R. ; EING, A. ; WERNER, C. ; EICHHORN, K.-J.: In Situ Study of the Thermoresponsive Behavior of Micropatterned Hydrogel Films by Imaging Ellipsometry. In: *Langmuir* 21 (2005), S. 2317 – 2322

[140] HEGER, A.: *Technologie der Strahlenchemie von Polymeren*. Akademie-Verlag Berlin, 1990

[141] CHARLESBY, A.: Cross-Linking of Polythene by Pile Radiation. In: *P. Roy. Soc. A-Math. Phy.* 215 (1952), S. 187–214

[142] LITTLE, K.: Irradiation of Linear High Polymers. In: *Nature* 170 (1952), S. 1075 – 1076

[143] BRAY, J. C. ; MERRILL, E. W.: Poly(vinyl alcohol) hydrogels. Formation by electron beam irradiation of aqueous solutions and subsequent crystallization. In: *J. Appl. Polym. Sci.* 17 (1973), S. 3779 – 3794

[144] ROSIAK, J. M. ; ULANSKI, P. ; PAJEWSKI, L. A.: Radiation formation of hydrogels for biomedical purposes. Some remarks and comments. In: *Radiat. Phys. Chem.* 46 (1996), S. 161–168

[145] CLOUGH, R. L.: High-energy radiation and polymers: A review of commercial processes and emerging applications. In: *Nucl. Instrum. Meth. B* 185 (2001), S. 8 – 33

[146] PANDA, A. ; MANOHAR, S. B. ; SABHARWAL, S. ; K. BHARDWAJ y. ; MAJALI, A. B.: Synthesis and swelling characteristics of poly(n-isopropylacrylamide) temperature sensitive hydrogels crosslinked by electron beam irradiation. In: *Radiat. Phys. Chem.* 58 (2000), S. 101–110

[147] Janik, I. ; Kasprzak, E. ; Al-Zier, A. ; Rosiak, J. M.: Radiation crosslinking and scission parameters for poly(vinyl methyl ether) in aqueous solution. In: *Nucl. Instrum. Methods Phys. Res., Sect. B* 208 (2003), S. 374 – 379. – ISSN 0168–583X. – Ionizing Radiation and Polymers

[148] Rosiak, J. M.: Gel/ Sol Analysis of Irradiated Polymers. In: *Radiat. Phys. Chem.* 51 (1998), S. 13 – 17

[149] Olejniczak, J. ; Rosiak, J. ; Charlesby, A.: Gel/dose curves for polymers undergoing simultaneous cross-linking and scission. In: *Int. J. Radiat. Appl. Instrum. Part C* 38 (1991), S. 113 – 118. – ISSN 1359–0197

[150] Krsko, P. ; Sukhishvili, S. ; Mansfield, M. ; Clancy, R. ; Libera, M.: Electron-Beam Surface-Patterned Poly(ethylene glycol) Microhydrogels. In: *Langmuir* 19 (2003), S. 5618 – 5625

[151] Schmidt, T. ; Mönch, J. I. ; Arndt, K.-F.: Temperature-Sensitive Hydrogel Pattern by Electron-Beam Lithography. In: *Macromol. Mater. Eng.* 291 (2006), S. 755 – 761

[152] Gohs, U.: Application of an alanine dosimetry system for industrial irradiation and radiation protection. In: *Appl. Radiat. Isot.* 47 (1996), S. 1169 – 1170. – ISSN 0969–8043. – ESR Dosimetry and Applications: Proceedings of the 4th International Symposium

[153] Hauptmann, P.: *Sensoren - Prinzipien und Anwendungen.* Carl Hanser Verlag München, Wien, 1990

[154] Mikroelektronik Stuttgart (IMS CHIPS), Institut für: *SensorLab Demo.* Homepage. `http://sensorlab.ims-chips.de/content/index.htm(21.01.2011)`. Version: 2005

[155] Luo, X.-L. ; Xu, J.-J. ; Zhang, Q. ; Yang, G.-J. ; Chen, H.-Y.: Electrochemically deposited chitosan hydrogel for horseradish peroxidase immobilization through gold nanoparticles self-assembly. In: *Biosens. Bioelectron.* 21 (2005), S. 190 –196

[156] Günther, M.: *Anwendung polymerer Funktionsschichten in piezoresistiven chemischen und Feuchtesensoren. Dresdner Beiträge zur Sensorik.* Bd. 38. Gerlach, G., 2009

[157] Günther, M. ; Gerlach, G.: *Hydrogels for chemical sensors. In: Hydrogel Sensors and Actuators. Springer Series on Chemical Sensors and Biosensors.* Bd. 6. Gerlach, G. and Arndt K.-F., 2009

[158] Schümann, D. ; Windisch, M.: Einfache Messung der Konzentration von Badinhaltsstoffen. Hydrogelsensoren zur Prozessüberwachung. In: *Dresdner Transferbrief*

TU Dresden Forschungsförderung / Transfer TechnologieZentrumDresden GmbH / BTI Technologieagentur Dresden GmbH / GWT-TUD GmbH 1.10 (2010), S. 8 – 9

[159] LOHSE, A. ; SCHÜMANN, L.: Sensibel im Bad. Hydrogelsensoren zur Prozessüberwachung. In: *av - chemie-anlagen + verfahren* 9 (2009), S. 28 – 29

[160] HALL, Edwin E.: On a New Action of a Magnet on Electric Currents. In: *American Journal of Mathematics* 2 (1879), S. 287 – 292

[161] KUYPERS, F. ; HUMMEL, H. ; KEMPF, J. ; WILD, E.: *Physik für Ingeniuere II: Elektrizität und Magnetismus, Wellen, Atom- und Kernphysik.* Wiley VCH Verlag GmbH, 1997

[162] AVERY, G. D.: *Ferromagnetic article detector with dual Hall-sensors.* US Patent 4518918, 1985

[163] VANHA, R. S.: *Rotary Switch and Current Monitor by Hall - Based Microsystems*, ETH Zürich, Diss., 1999

[164] PITSCH, H.: *Informationserfassung durch galvanomagnetische und strukturierte Komponenten in Sensorsystemen*, Universität Duisburg - Essen, Diss., 2003

[165] JEFFERIES, D. W. ; BURNIE, G. ; NAVIASKY, E. H. ; GRONE, D. J. ; HENDERSON, J. G.: *Automotive current sensor.* US Patent 5426416, 1995

[166] DEVALE, D.: *Computer controlled sensor for beverage dispenser.* US Patent 4437499, 1994

[167] RIPKA, P.: Magnetic sensors for industrial and field applications. In: *Sens. Actuators, A* 42 (1994), S. 394 – 397

[168] SANDHU, A. ; HANDA, H.: Practical Hall Sensors for Biomedical Instrumentation. In: *IEEE T. Magn.* 41 (2005), S. 4123 – 4127

[169] SANDHU, A. ; HANDA, H. ; ABE, M.: Synthesis and applications of magnetic nanoparticles for biorecognition and point of care medical diagnostics. In: *Nanotechnology* 21 (2010), S. 2001 – 2023

[170] SMITH, C. H. ; SCHNEIDER, R. W. ; TONDRA, M.: Magnetic Biosensors. In: *Sensors* 16 (1999), S. 1

[171] (IBM), International Business Machines C.: *IBM Archives Documents.* Homepage. `http://www-03.ibm.com/ibm/history/documents/index.html(24.02.2011)`. Version: 1997

[172] DRESSEN, J. ; BULLINGER, H.-J. (Hrsg.): *Technologieführer Grundlagen - Anwendungen - Trends.* Springer, 2007

[173] DAUGHTON, J. M.: GMR and SDT Sensor Applications. In: *IEEE T. Magn.* 36 (2000), S. 2773 – 2778

[174] BRUGGEN, M.P.B. van: Theoretical description of a responsive magneto-hydrogel transduction principle. In: *Sens. Actuators, A* 158 (2010), S. 240 – 248

[175] LEHMANN, S.: *Untersuchung der Vernetzung gefüllter, sensitiver Polymere und Charakterisierung der Hydrogele*, Technische Universität Dresden, Diplomarbeit, 2009

[176] BROWN, K. R. ; WALTER, D. G. ; NATAN, M. J.: Seeding of Colloidal Au Nanoparticle Solutions. 2. Improved Control of Particle Size and Shape. In: *Chem. Mater.* 12 (2000), S. 306 – 313

[177] SHIMIZU, T. ; TERANISHI, T. ; HASEGAWA, S. ; MIYAKE, M.: Size Evolution of Alkanethiol-Protected Gold Nanoparticles by Heat Treatment in the Solid State. In: *J. Phys. Chem. B* 107 (2003), S. 2719 – 2724

[178] MEYERHOFER, D.: Characteristics of resist films produced by spinning. In: *J. Appl. Polym. Sci.* 49 (1978), S. 3993 – 3997

[179] KAISER, C.: *Strahlenchemische Synthese und Charakterisierung dünner Hydrogel - Multi - Schichten*, Technische Universität Dresden, Diplomarbeit, 2007

[180] HEGEWALD, J.: *Strahlenchemische Synthese und Charakterisierung dünner, temperatursensitiver PVME-Schichten*, Technische Universität Dresden, Diplomarbeit, 2004

[181] MÖNCH, I. ; MAKAROV, D. ; KOSEVA, R. ; BARABAN, L. ; KARNAUSHENKO, D. ; KAISER, C. ; ARNDT, K.-F. ; SCHMIDT, O. G.: Rolled-up magnetic sensor: Nanomembrane architecture for in-flow detection of magnetic objects. In: *ACS Nano* (2011)

[182] SCHWEDT, G.: *Analytische Chemie: Grundlagen, Methoden und Praxis.* Wiley-VCH Weinheim, 2008. – Copyright Wiley-VCH Verlag GmbH & Co. KGaA. Reproduced with permission.

[183] FRANKE, R.: DSC - Überblick Methode und Gerätetechnik / NETZSCH Gerätebau GmbH. 2010. – Forschungsbericht

[184] GAUB, H. E.: *Aufbau und Funktionsweise eines Rasterkraftmikroskops.* Ludwig-Maximilians-Universität München, 2005

[185] PHARMACY, Uppsala U. o.: *Atomic force microscopy (AFM)* Homepage. `http://www.farmfak.uu.se/farm/farmfyskem-web/instrumentation/afm.shtml(29.03.2011)`. Version: 2010

[186] BEZANILLA, M. ; DRAKE, B. ; NUDLER, E. ; KASHLEV, M. ; HANSMA, P. K. ; HANSMA, H. G.: Motion and enzymatic degradation of DNA in the atomic force microscope. In: *Biophys. J.* 67 (1994), S. 2454 – 2459

[187] Binnig, G. K. ; Despont, M. ; Drechsler, U. ; Durig, U. ; Haberle, W. ; Lutwyche, M. I. ; Rothuizen, H. E. ; Stutz, R. ; Vettiger, P. ; Widmer, R.: The 'Millipede'–More than one thousand tips for future AFM data storage. In: *IBM Journal of Research & Development* 44 (2000), S. 323 – 340

[188] Wegner, M.: *Einsatz von temperaturabhängigen RIfS- Messungen zur Untersuchung der Hybridisierung von Oligonukleotiden*, Eberhard - Karls- Universität Tübingen, Diplomarbeit, 2001

[189] Herold, M.: *Modifikation von Festkörperoberflächen und ihre Charakterisierung durch Ellipsometrie*, Eberhard - Karls - Universität Tübingen, Diss., 2001

[190] Khutoryanskiy, V. V. ; Cascone, M-G. ; Lazzeri, L. ; Barbani, N. ; Nurkeeva, Z. S. ; Mun, G. A. ; Dubolazov, A. V.: Morphological and thermal characterization of interpolymer complexes and blends based on poly(acrylic acid) and hydroxypropylcellulose. In: *Polym. Int.* 53 (2004), S. 307 – 311

[191] Schild, H. G.: Thermal decomposition of PNIPAAM: TGA - FTIR analysis. In: *J. Polym. Sci., Part A: Polym. Chem.* 34 (1996), S. 2259 – 2262

[192] Koseva, R. ; Mönch, I. ; Schumann, J. ; Arndt, K.-F. ; Schmidt, O.G.: Bismuth Hall probes: Preparation, properties and application. In: *Thin Solid Films* 518 (2010), S. 4847 – 4851

[193] Sandhu, A. ; Kurosawa, K. ; Dede, M. ; Ora, A.: 50nm Hall Sensors for Room Temperature Scanning Hall Probe Microscopy. In: *Jpn. J. Appl. Phys.* 43 (2004), S. 777 – 778

[194] Kim, D.-H. ; Lee, S.-H. ; Kim, J.-K. ; G.-H, Lee: Structure and electrical transport properties of bismuth thin films prepared by RF magnetron sputtering. In: *Appl. Surf. Sci.* 252 (2006), S. 3525 – 3531

[195] Chiarelli, P. ; Domenica, C. ; Genuini, G.: Crazing dynamics in the swelling of thermally crosslinked poly(vinyl alcohol) - poly (acrylic acid) films. In: *Material Science: Materials in Medicine* 4 (1993), S. 5 – 11

[196] Mönch, I. ; Schumann, J. ; Stockmann, Arndt K.-F. M. ; Schmid, O. G.: Multifunctional nanomembranes self-assembled into compact rolled-up sensor-actuator devices. In: *Smart Mater. Struct.* 20 (2011), S. 10 – 13